了不起的化学元素

让孩子轻松进入化学的奇妙世界

[西] 亚历西奥·迈尔斯◎著　杨子莹◎译　张军刚◎审订

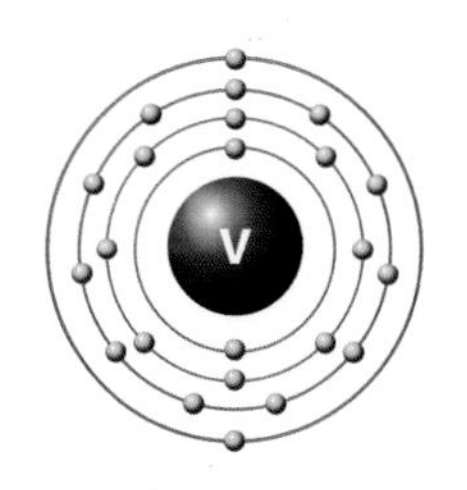

ILLUSTRATED ATLAS

ATOMS AND MOLECULES

北京科学技术出版社

著作权合同登记号　图字：01-2022-1518

图书在版编目（CIP）数据

了不起的化学元素 /（西）亚历西奥·迈尔斯著；杨子莹译. — 北京：北京科学技术出版社，2023.5

ISBN 978-7-5714-2897-6

Ⅰ. ①了… Ⅱ. ①亚… ②杨… Ⅲ. ①化学元素—青少年读物 Ⅳ. ① O611-49

中国国家版本馆 CIP 数据核字 (2023) 第 024293 号

策划编辑：廖　艳
责任编辑：廖　艳
责任校对：贾　荣
图文设计：天露霖
责任印制：李　茗
出 版 人：曾庆宇
出版发行：北京科学技术出版社
社　　址：北京西直门南大街16号
邮政编码：100035
ISBN 978-7-5714-2897-6

电　　话：0086-10-66135495（总编室）
　　　　　0086-10-66113227（发行部）
网　　址：www.bkydw.cn
印　　刷：北京宝隆世纪印刷有限公司
开　　本：720 mm × 1000 mm　1/16
字　　数：359千字
印　　张：15
版　　次：2023年5月第1版
印　　次：2023年5月第1次印刷

定　　价：98.00元

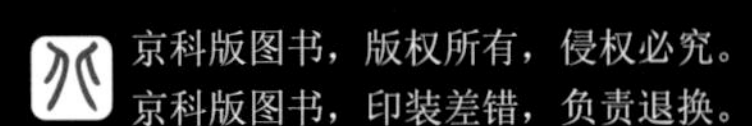

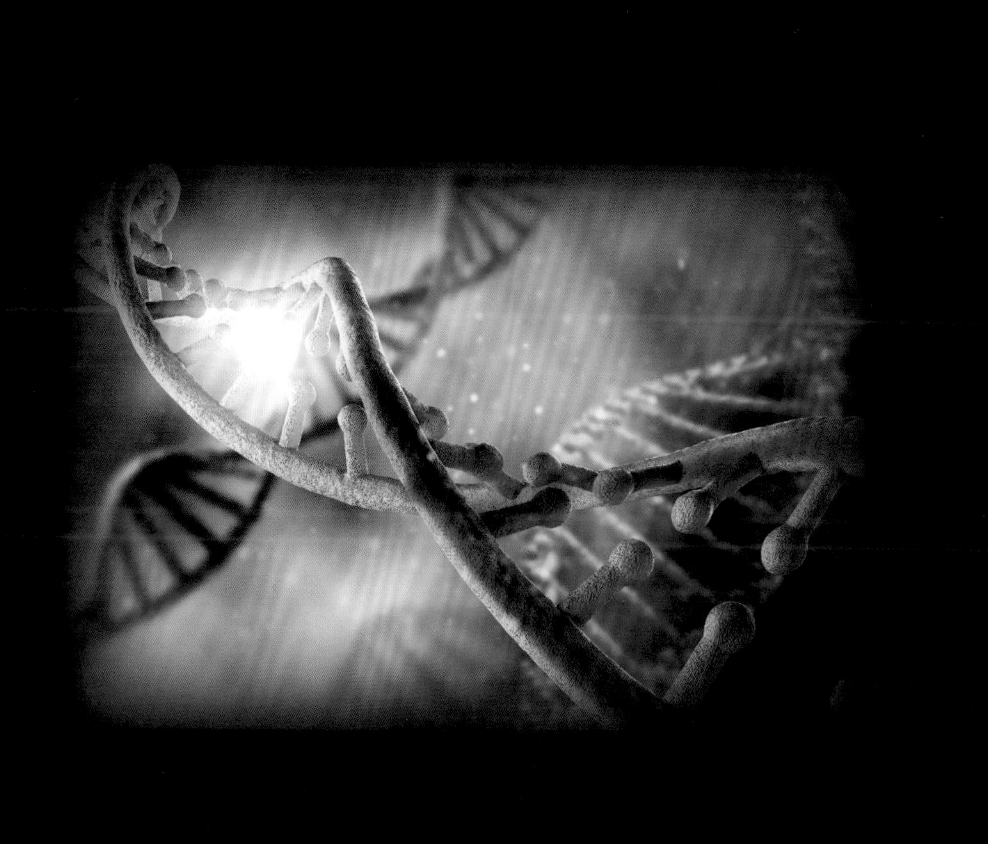

前　言

几千年来，人类一直在思考物质的结构和组成。这里的物质指的是构成和塑造一切事物的客观存在，它占据一定的空间，拥有一定的质量。“物质”一词来自拉丁语单词 mater（mother），其中暗示了一个古老的观念——女性是人类生育和繁衍的主宰者。

中世纪末期之前，人们普遍认为构成物质的基本元素除了水、火、气、土之外，还有一种居于天空上层的以太。这种分类方式可以使我们联想到地球上现有的物质状态（固态、液态和气态）。到了中世纪末期，物质的含义已经和最初不同，“元素”（这里其实是指单质）这一术语专门用来表示由同一种原子（它自身由更小的粒子组成）组成的纯物质。

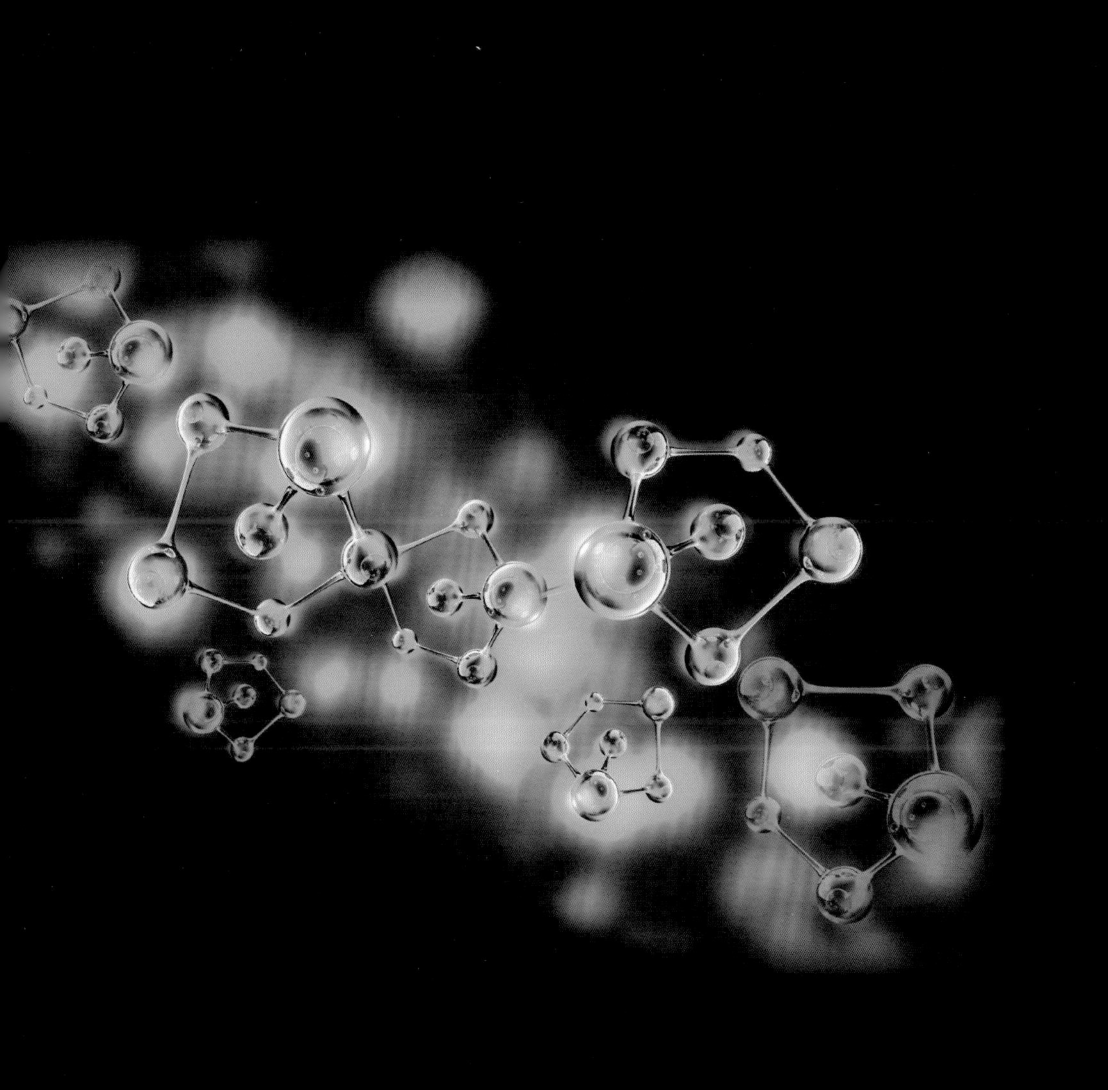

目录

原子

元素

化学史

寻找元素

分子

附录1

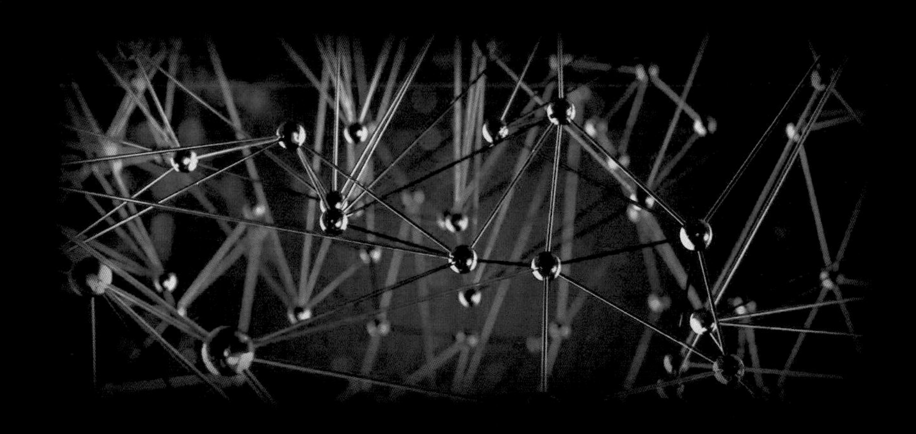

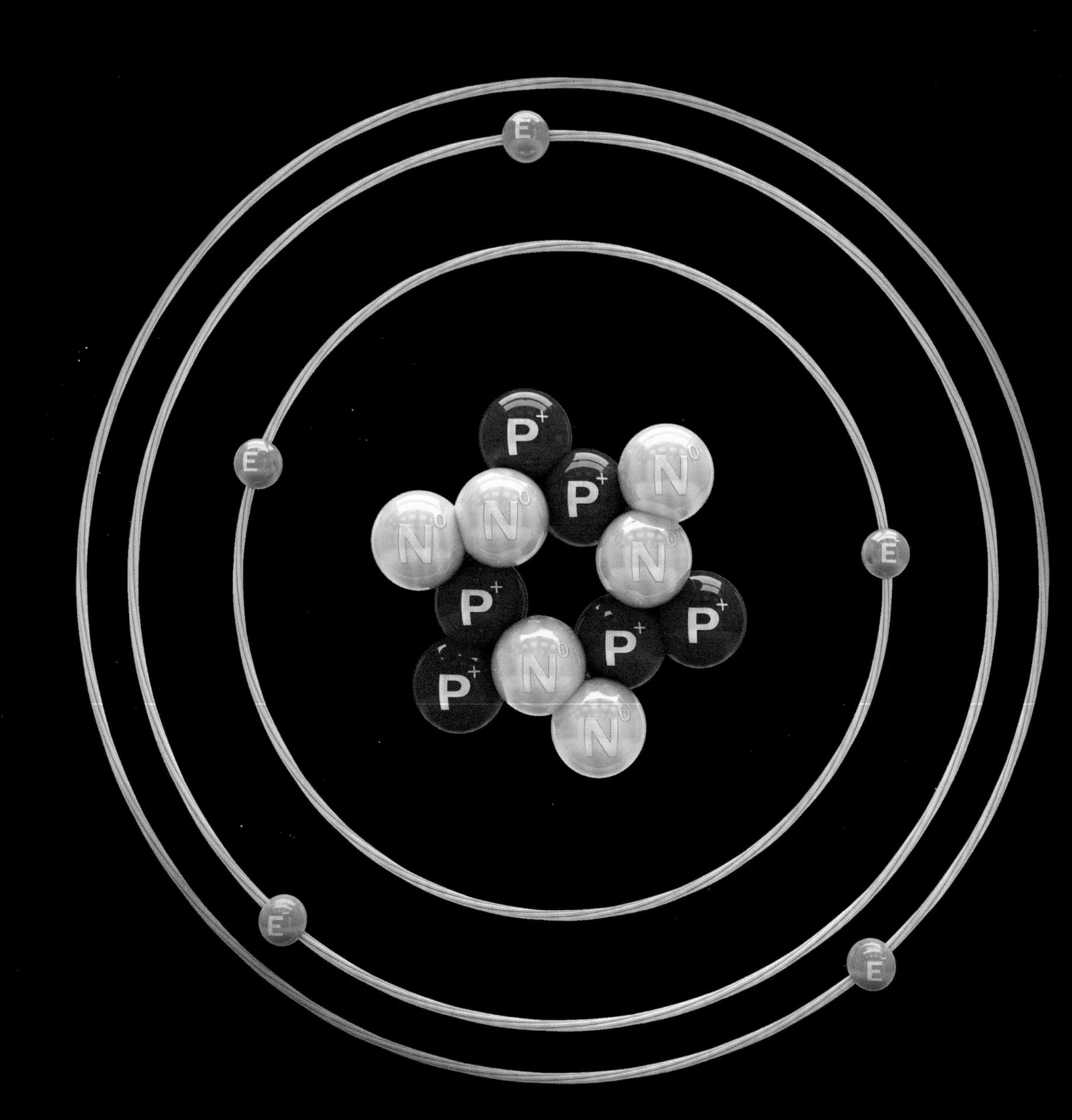
E
P+
N0
P+
N0
N0
E
E
N0
P+
P+
P+
P+
N0
N0
E
E

原　子

关于物质结构的争论在哲学和科学领域持续了数百年，一部分人认为物质是由连续的结构构成的，而另一些人则认为物质的结构是离散的，物质在本质上是由一种不可分割的粒子构成的。这场争论最终以后一种假设得到证实而告终。现代科学革命中的许多领军人物，如皮埃尔·加森迪（Pierre Gassendi）、艾萨克·牛顿（Isaac Newton）和罗伯特·波意耳（Robert Boyle）等，都对古希腊的原子论哲学思想进行过研究，而最终于18世纪末在约翰·道尔顿（John Dalton，1766—1844）那里得到了证实。然而，在希腊语中意为“不可分割”的原子实际上是由其他更小的粒子（亚原子粒子）构成的，这些粒子包括质子（带正电）、电子（带负电）和中子（不带电）。这些粒子组成的结构便是现有原子理论的基础。

结构

在拉瓦锡（Lavoisier, 1743—1794）和约瑟夫·普鲁斯特（Joseph Proust, 1754—1826）的研究成果的基础上，约翰·道尔顿证明了原子的存在。原子进而被人们认为是不可分割且不可改变的最小微粒。

当时，人们普遍认为物质的结构是离散的，但是到了 19 世纪初，人们原以为不可分割的原子却被进一步分割了。约瑟夫·汤姆森（Joseph J. Thomson, 1856—1940）用一对电极进行实验后，提出“葡萄干蛋糕模型”——原子由正电荷和负电荷组成。不久，人们便将多种不同类型的亚原子粒子和正、负电荷联系到了一起。在电子（同样由汤姆森发现）的基础上又发现了位于原子核中的质子〔由欧内斯特·卢瑟福（Ernest Rutherford, 1871—1937）发现〕和中子。科学家们指出，这些粒子在原子内运动的方式和行星（相应于电子）绕太阳（相应于由质子和中子组成的原子核）旋转的方式类似。之后，马克斯·普朗克（Max Plank）提出了量子理论（最初被用于解释电磁辐射），新量子的原子模型得以巩固，该模型最初是由尼尔斯·玻尔（Niels Bohr, 1885—1962）提出的，他认为电子仅在一定能级下运行，并且只能通过发射和吸收光子来移动。

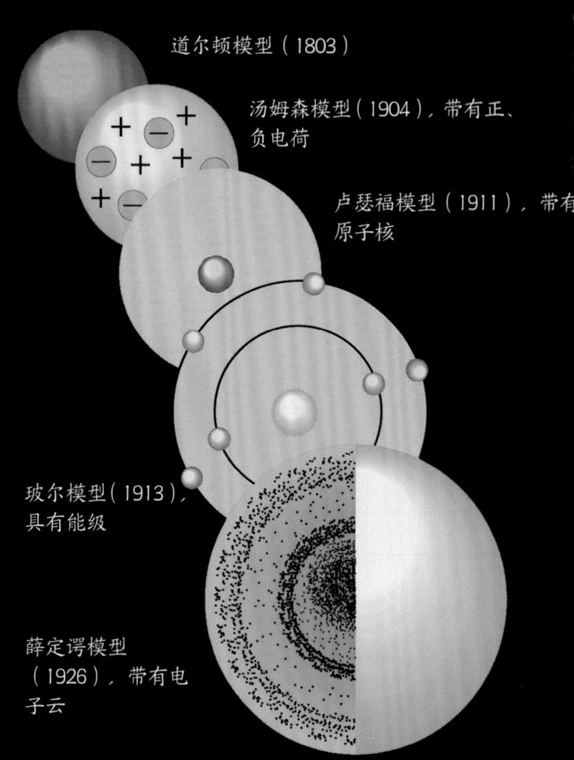

▲ 在前 4 个原子模型的基础上，人们又相继提出其他众多原子模型，图中最后一个是薛定谔模型。在薛定谔模型中，电子运动的轨道被描述为电子云，电子云表示电子出现在某个特定位置的概率。轨道的空间区域由薛定谔方程导出。

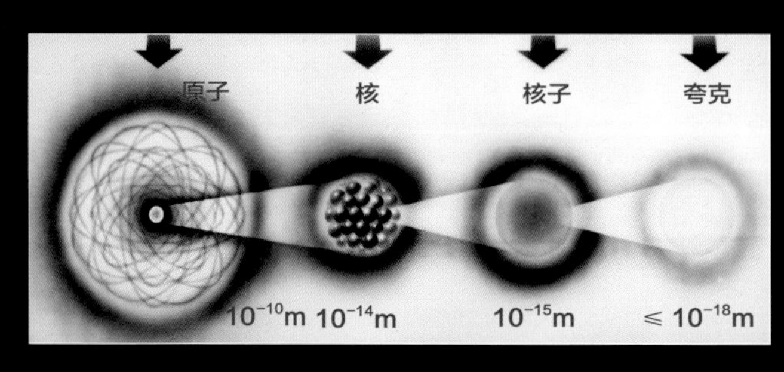

◀ 原子核由质子（数量取决于原子所属的元素）和中子（决定原子质量，元素的同位素因中子数量不同而被区分开）2 种核子组成，而质子和中子这 2 种亚原子粒子又由名为“夸克”的基本粒子（不可再分）组成。夸克有 6 种不同的“味”（flavor）。质子由 2 个上夸克和 1 个下夸克组成，而电子则是一种基本粒子。

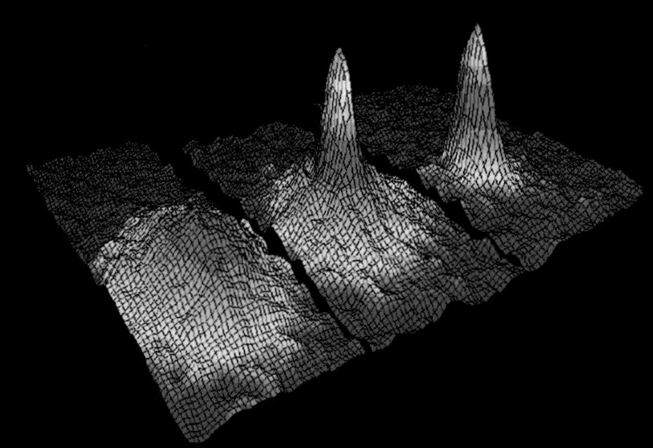

◀ 组成物质的粒子（电子和上、下夸克）属于费米子，它是基本粒子的两种基本类型中的一种。另一种类型是玻色子，它又被分为规范玻色子（像电磁一样的力量媒介）和介子（非常不稳定的粒子）。当包含玻色子的气体达到绝对零度时会产生新的物质聚集状态——玻色-爱因斯坦凝聚态，这时玻色子以最低的能量量子态聚集。这一系统由单波函数进行描述。

▼ 量子模型认为：电子（通常与质子数量相同）在核周围非常宽（相对原子的尺寸而言）的量化轨道中运行；原子核中存在的质子数决定了原子序数，每种元素的原子序数均不相同；质量数是由核子（质子和中子）的数量确定的。

▲ 在玻尔模型中，电子可以移动到更高或更低一级的轨道中运行。如果电子要移动到级别更高的轨道，它需要吸收一定的能量，吸收的能量应等于两个能级之间的能量差；如果电子要移动到级别更低的轨道，它则需要通过电磁辐射释放对应的能量。当上述情况发生时，我们称原子被“激发”了。除非被电离，否则原子的总电荷总是保持中性，这是质子的正电荷和电子的负电荷相加的结果，而质子和电子的电荷数通常相等。

弦理论

为了调和表面上不兼容的两个理论——量子力学和广义相对论之间的矛盾，有必要引入弦的概念（这个概念尚未被证实存在，它是一种与振动的琴弦类似的一维物体，且与点状和零维的基本粒子不同）。

如果弦理论是正确的，则可以解释粒子的质量、电荷和自旋等问题。

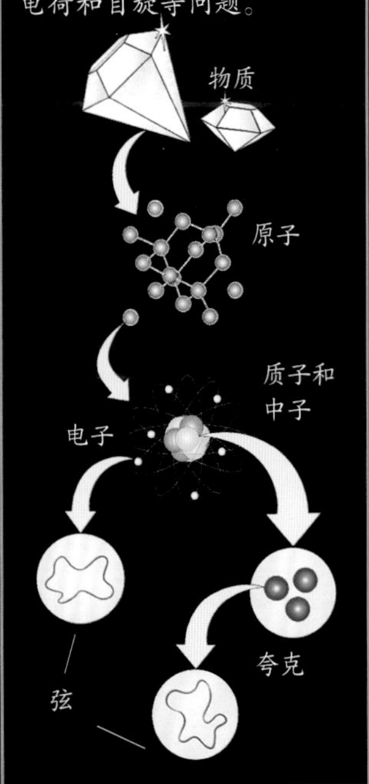

电子

电子是带负电荷的点状亚原子粒子，是原子的组成部分。尽管电子的质量比核子的质量小得多，但它却会影响原子的性质，并决定原子的化学键。

现有的理论模型无法确定电子的确切轨道，因为电子的体积是无穷小的，所以没有办法在它运动时确定它的位置（海森伯不确定性原理）。然而，我们可以推断出在某一时刻最有可能发现电子的区域（裕度为 90%）。这个被称为轨道的区域通常以界面的形式（或扁平的球体）呈现出来，其形状随参数角量子数（l）的变化而变化。角量子数与主量子数（n）相关，主量子数确定原子的能级，并进而确定原子的振幅。

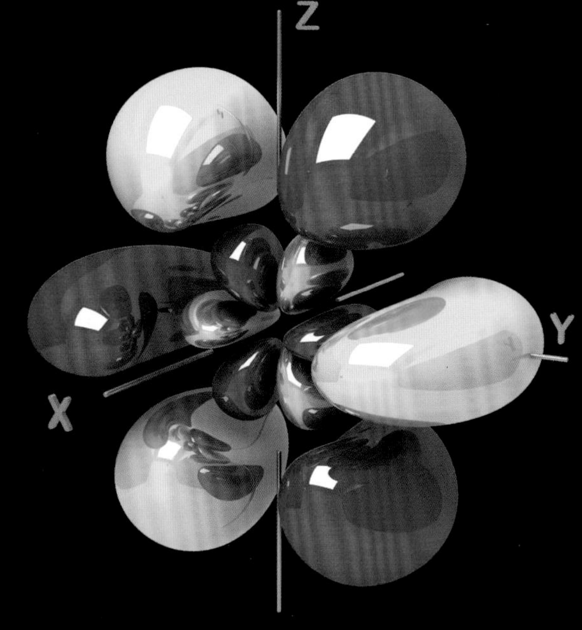

▲ 轨道分成（n）层，每层包含数量等于该层数的若干个亚层。每个亚层分别对应着从 0 到 $n-1$ 的角量子数（l）。当 l = 0, 1, 2, 3 时，对应的亚层类型分别是 s, p, d, f。

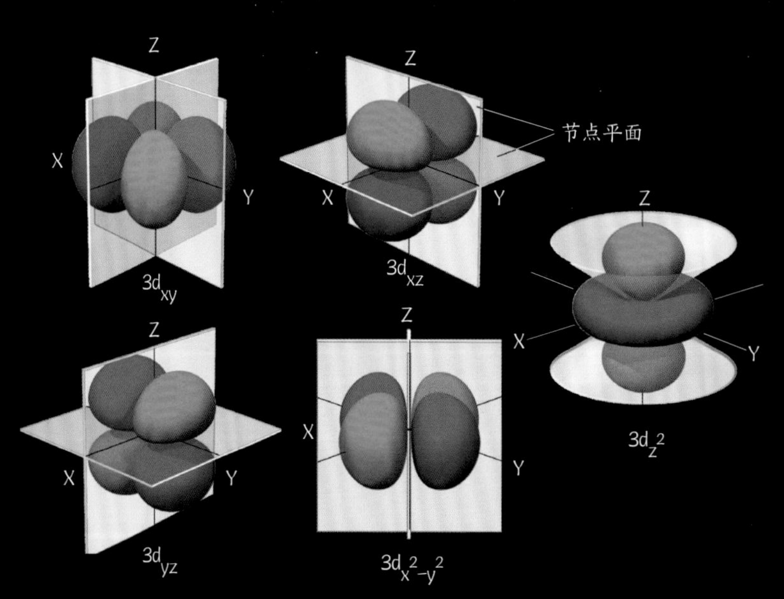

◀ $3d$ 亚层有 5 个轨道，其中的 4 个轨道都由 4 个两端凸起的球体组成。这 4 个轨道的形态相同但方向不同，每个轨道中的 4 个球体对称于 2 个无法找到电子的平面（称为“节点平面”）相交后分隔出的区域。虽然从数学的角度看，第 5 个轨道的形状和另外 4 个相同，但实际上它的形状却很特殊。不同的颜色表示波函数的不同相位，位于轴的中心的是原子核。

◀ 磁量子数（m）表示特定的能量亚层的空间方向，它是介于 $-l$ 到 $+l$ 之间的整数。当 $l=2$ 时，$m=-2$，-1，0，+1，+2，因此这时有 5 个具有相同能量的轨道。该图像描绘的是当层值 $n=5$、亚层值 $l=2$（或类型 d）、$m=-1$ 时的轨道。

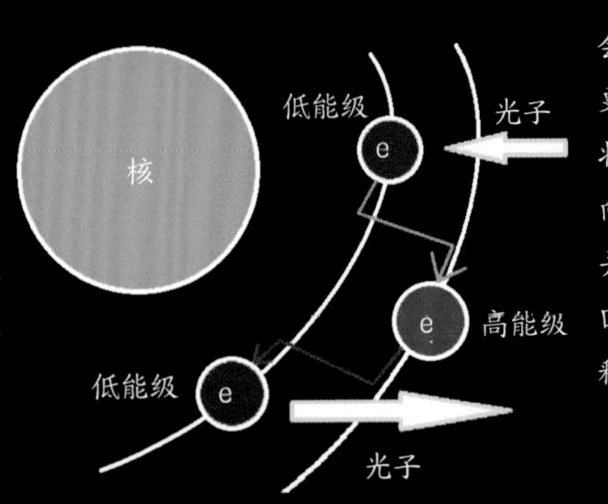

◀ 当电子获得能量时，它会吸收一个光子，并移动到更高的能级，这会导致原子状态从基态变为激发态。反向过程中，电子释放光子，并重返较低层级，使原子返回基态。释放光子的频率与释放的能量成正比。

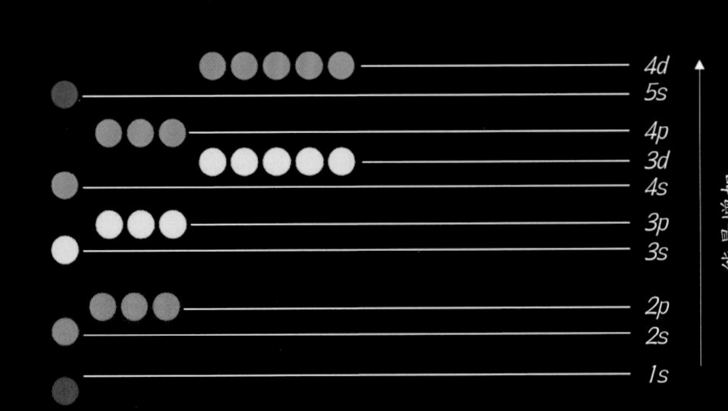

◀ 轨道的能级及各自的亚层，每个圆点（根据所属层的不同而具有不同的颜色）表示与其亚层对应的一个轨道。例如，在 2s 亚层中，当 $l=0$ 且 $m=0$ 时，它将只有一个轨道；而在 3p 亚层中，当 $l=1$ 且 $m=-1,0,+1$ 时，它将有 3 个不同的轨道。应当注意的是 d 亚层在能量上高于更高电子层的 s 亚层。

波函数

与波函数相关的概率曲线为经典的高斯分布，轨道界面的中心位置对应的是曲线的最高点。因此，存在一个具有较高概率密度的中心区域，电子存在于这一区域的概率更大，而外围区域中存在电子的可能性则较小。

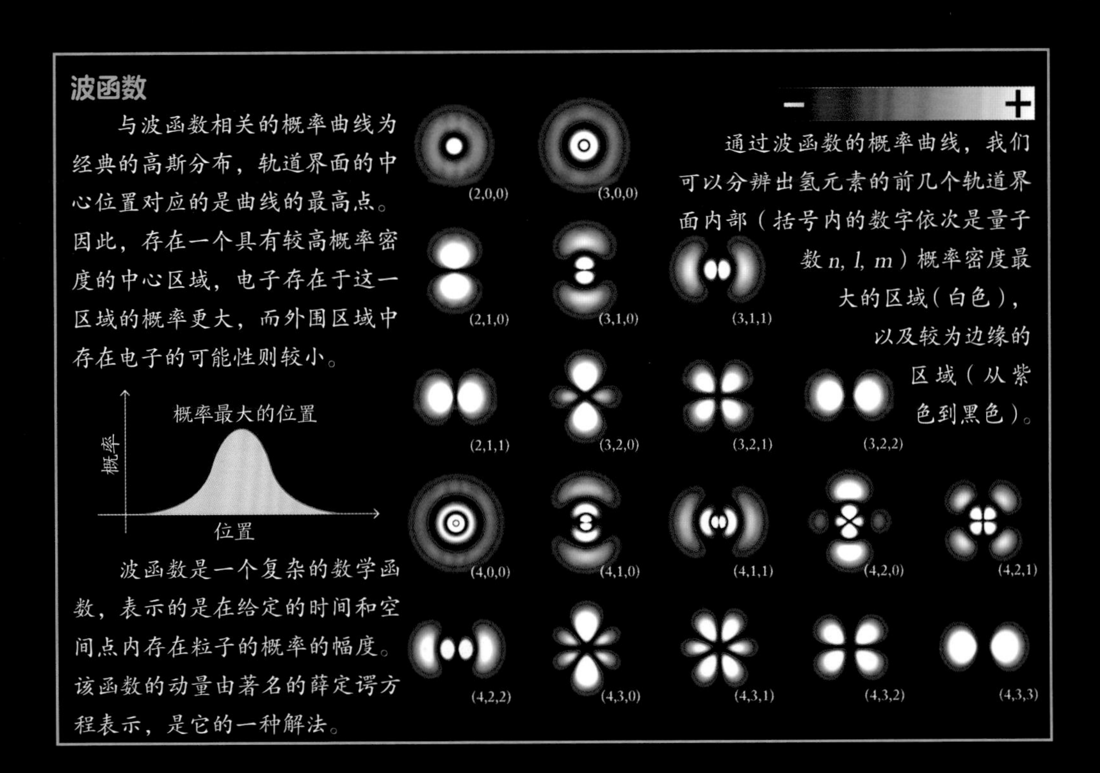

通过波函数的概率曲线，我们可以分辨出氢元素的前几个轨道界面内部（括号内的数字依次是量子数 n, l, m）概率密度最大的区域（白色），以及较为边缘的区域（从紫色到黑色）。

波函数是一个复杂的数学函数，表示的是在给定的时间和空间点内存在粒子的概率的幅度。该函数的动量由著名的薛定谔方程表示，是它的一种解法。

化学史

上古和希腊化时代

化学（química）是研究物质的组成、结构和变化的科学。“化学”一词是2个古埃及词语的组合：Keme（quem）指尼罗河沿岸肥沃的黑土地，alquimia指炼金术。起初，人们希望大量保存一些物质，并试图使它们保持本来的性质且远离外界的危害，在这个过程中，人们了解了与物质有关的各种现象。

得益于孟地斯（Mendes）的自然哲学家波洛斯（Bolos，公元前2世纪）等人的贡献，历经几个世纪的实践（主要是合金、染料和化妆品的生产），化学得以在希腊化时代迈出第一步。

孟地斯自帝国时代起就极富文化气息，这种文化气息赋予了“炼金术”和“化学”相同的词源。等到来自古埃及和安纳托利亚的炼金术与古希腊的实践经验、哲学融合后，炼金术和化学才开始在实践中结合起来。

直到17世纪中叶，化学研究方法实现了向定量和科学的转变，而原来那些纯粹的神秘和象征意味则全部留给了炼金术。

▲ 在公元前1世纪前后的早期炼金术中，有3种不同的传统结合在一起：源于古埃及和叙利亚的巫术传统、希伯来宗教传统和希腊哲学流派传统。17世纪著名的炼金术士迈克尔·梅耶（Michael Maier）所著的一本书中有一幅铜版画，描绘的人物是犹太人玛丽亚（Maria la Judía），她的存在已得到史学家的证实，她被认为是历史上第一位女炼金术士。

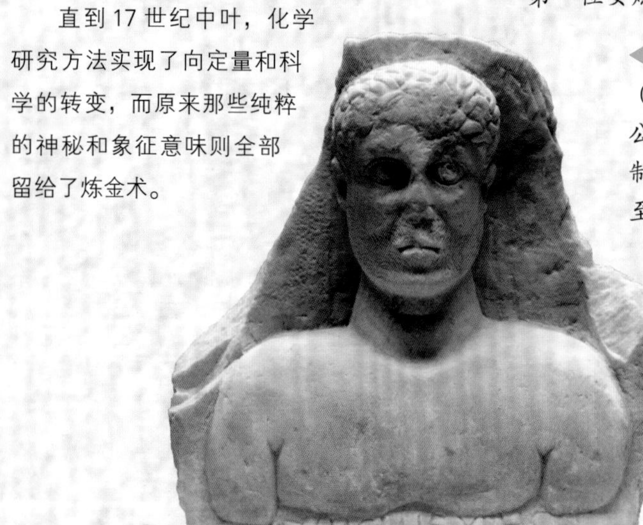

◀ 玛丽亚的作品被帕诺波利斯（Panópolis）的佐西莫（Zósimo，公元4世纪）收入自己的鸿篇巨制中，该巨制只有少数残篇保留至今。在17世纪之前，炼金术一直被认为是由神话中的赫尔墨斯神（Hermes Trismegistus）建立的一门古老的学科，但实际上它是古希腊后期发展起来的一个化学分支学科。佐西莫列举了古希腊科学传统中存在已久的几种化学反应过程，从而证明了上述事实。

▶ 在说教诗《自然的事物》（*De rerum natura*）中，伊壁鸠鲁（Epicurus）学派的诗人、哲学家卢克修斯（Lucrecio，公元前 1 世纪）提到了物质守恒定律（“没有任何事物生于无”）。大约 2000 年后，拉瓦锡更明确地陈述了这一观点，并提出了支持“物质具有离散结构”的原子论。

ENEA
DVM
GENI
TRIX
HOMI
NVM
DIVVM
QVE
VOLVP
TAS·

▼ 早在公元前 4000 年就已被古埃及人熟知的蒸馏技术通过蒸发和浓缩将纯溶剂（精华）从溶液中分离出来，在佐西莫所处的后希腊化时代的炼金术中，蒸馏是非常有效的工艺。该图片摘自中世纪拜占庭帝国的手稿，展示了当时的一些蒸馏仪器。这些仪器除了用于蒸馏，还在升华和“消解”（在名为“atanor”的熔炉中将金属溶解在一种液体中）过程中被使用。这些仪器一直沿用到 18 世纪末。

◀ 德谟克里特（Democritus, 公元前 5 世纪）和他的老师留基伯（Leucippus）共同创立了原子论。原子论思想认为，物质是由粒子组成的，粒子是任意物质的首要组成结构，它们不可分割且微小到人类不可感知的地步。许多哲学流派反对这种思想，包括斯多葛派（公元前 3 世纪），他们认为物质应具有连续结构且可以被无限分割下去。原子论认为自然界中存在虚空，亚里士多德学派的物理学家则坚决反对此观点。德谟克里特的原子论被伊壁鸠鲁以及近代科学界的许多重要人物所接受，这主要归功于自然哲学家皮埃尔·加森迪（Pierre Gassendi）在 17 世纪初对该思想的复兴。

核

原子核是原子的核心，也是原子中最大的部分，由被强力聚在一起的亚原子粒子（质子和中子）组成。强力（来源于所有由夸克组成的粒子间的吸引）克服了由于质子带正电荷而造成的排斥，否则质子间便会相互远离。如果这种力被以自然或人为的方式克服，原子核将释放出大量的能量——核能。

尽管我们已经提出了许多描述原子结构的模型，而且其中一些与已经被认可的电子模型类似，但原子核的内部结构到底是怎样的现在仍不为我们所知。然而，我们已经了解了原子的组成和质量，因而可以将原子划分为不同种类：质子数（原子序数），用于确定它所属的化学元素；核子（质子和中子）数则直接等同于质量数。

▲ 原子核内部发生的反应（裂变、聚变或放射性衰变）会释放大量能量。人们利用现有技术将裂变中获得的能量用于民用。尽管开发了管理和控制系统，但核能产生的过程仍存在严重的环境污染风险。

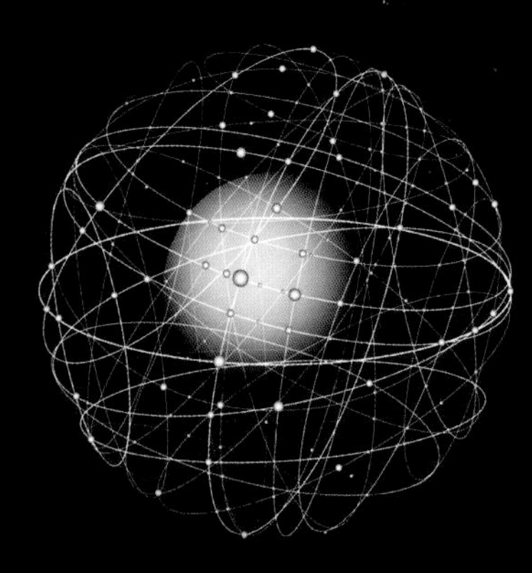

◀ 电子的构型会受连续的突变影响，而电子的位置只能用概率估算——这两点使得我们没有办法准确地计算原子的实际大小。电子在离原子核相当远的位置移动。非键合原子的最外层电子与原子核之间的距离称为“原子半径”，它的平均长度大于原子核直径的 15 000 倍（假如原子核和网球的大小相当，则电子和它的距离将大于 1 000 米），这意味着原子内的大部分空间都是空的。

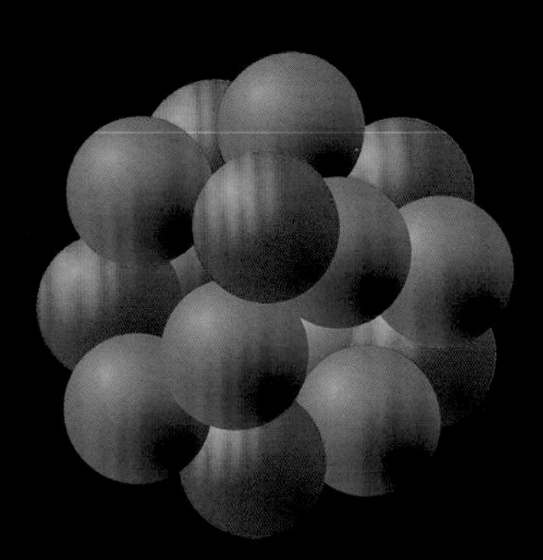

▲ 质子和中子在原子的中心相聚并组成原子核，它们的数量和就是质量数（A）。属于同一元素但质量数不同的原子互为同位素。

质子和中子

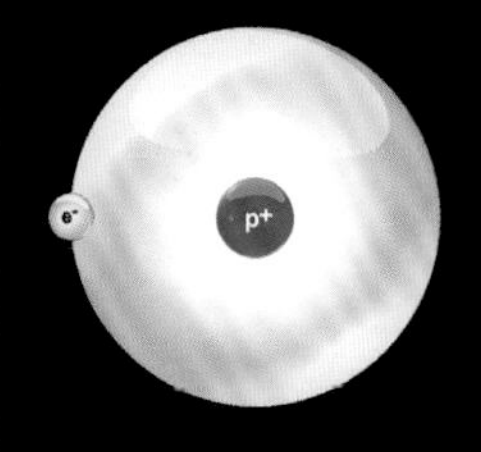

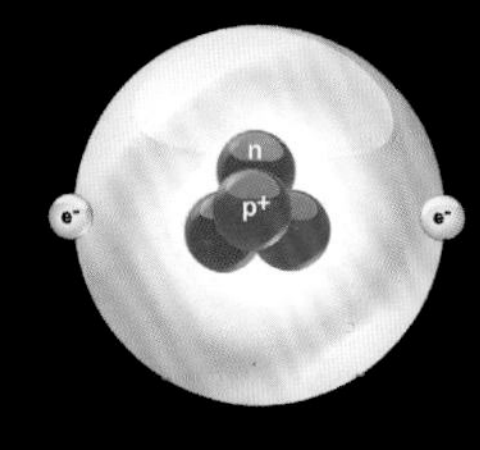

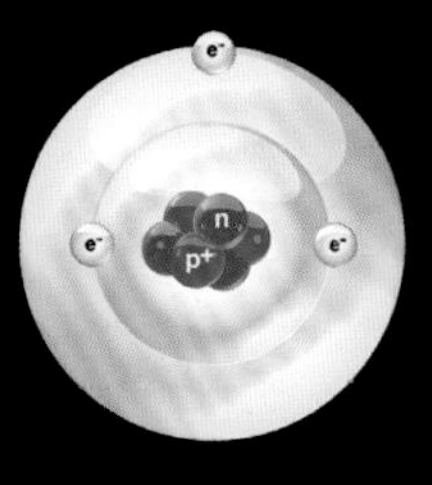

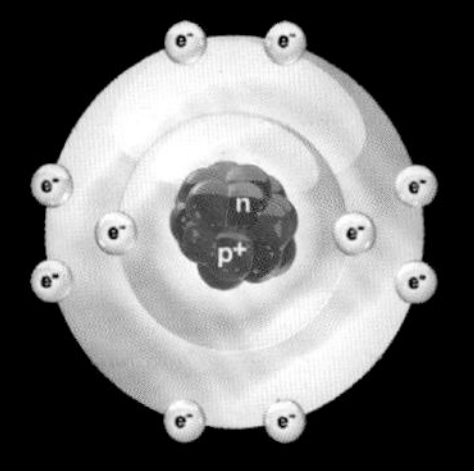

当原子没有被电离时，质子数（Z）和电子数相等。然而，中子的数量是可变的，由于中子始终处于电中性状态，所以不会影响电荷平衡。同一元素的不同原子始终具有相同的质子数，但可以具有不同的质量数，具体取决于原子核中的中子数。氦元素最常见的同位素氦-4有2个中子（第2张图），而氦-3只有1个中子。锂元素的3个电子（第3张图）排列在2个能级中（2个电子在唯一的1s轨道中，另1个在2s轨道中），原子核中的3个质子为它们补偿电荷，而3个中子的存在使其成为锂元素的第二大常见同位素。

随着质子数的增加，图解变得更加复杂：氖原子的10个电子（第4张图）分布在2个能级和3个亚层中，这些能级的轨道全部被占满。最常见的氖元素的同位素的原子核中有10个中子。

更多中子

氢元素最常见的同位素包含1个质子和1个电子且没有中子，这是一个原子所能拥有的最简单的构型。如果我们为该原子添加1个中子，它将变成氘原子；若是添加2个中子，则变成氚原子。它们都是氢元素的同位素，三者具有相同的质子数。

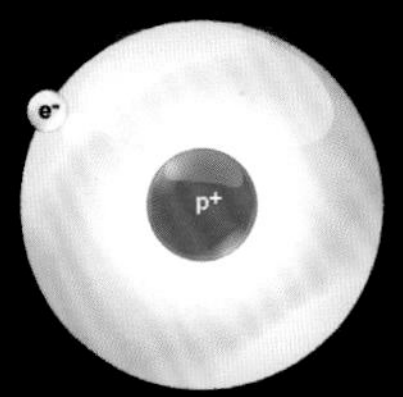

1个质子

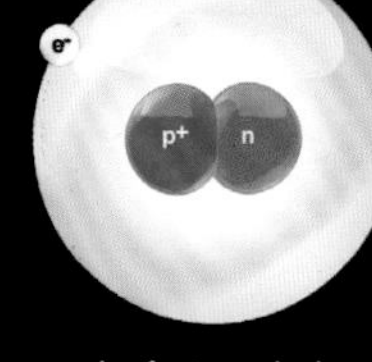

1个质子 1个中子

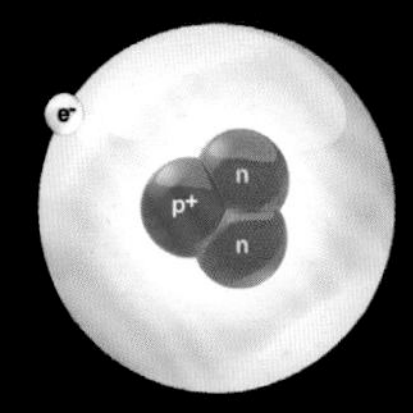

1个质子 2个中子

▶ 核子的质量是原子质量的主要决定因素，是电子质量的1 800倍左右，因此电子的质量对原子总质量的影响微乎其微。此外，由于原子比我们通常测量的物质小很多，因而不用克（常用的质量单位）做单位，而是用统一的原子质量单位（u），它等于碳-12原子质量的1/12。为了明确电子与核子在尺寸上的比例关系，我们可以将电子（通常被认为是点状，因此是无量纲的）比作一枚小硬币，而核子则相当于一个保龄球。

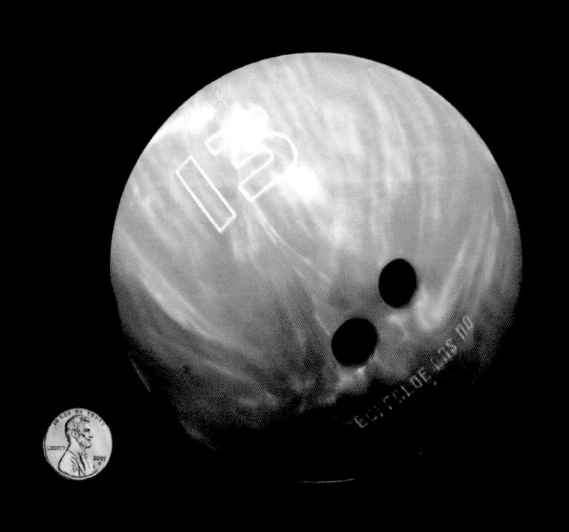

同位素和放射性

核子间的相互作用会导致原子核不稳定，由于这个原因，同一元素的某些同位素是稳定的，而另一些则不稳定。不稳定的同位素倾向于向其他同位素甚至是其他元素转变。

在这个转变（放射性衰变）过程中，原子会损失能量或物质，其表现是失去粒子或产生辐射。由于每种类型的不稳定同位素的转变过程都需要花费不同的时间，因此科学家使用“分裂周期”或“半衰期”作为时间的测量单位。例如，镭（radio）的同位素镭-224（Z = 88）——术语“放射性”（radiactivo）就来源于此——是铀衰变的结果，半衰期为 1602 年，之后再衰变成氡（Z = 86），最终转变为铅（Z = 82）。镭衰变的过程会产生不同类型的辐射，即 α、β 和 γ 射线（前两种是质子数量减少的结果，第 3 种是能量减少的结果）辐射。

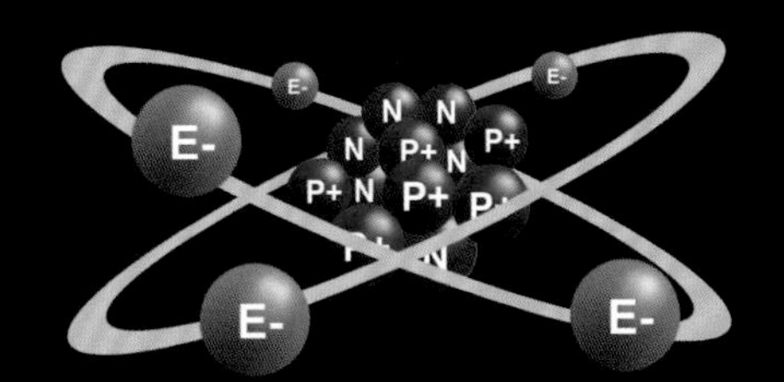

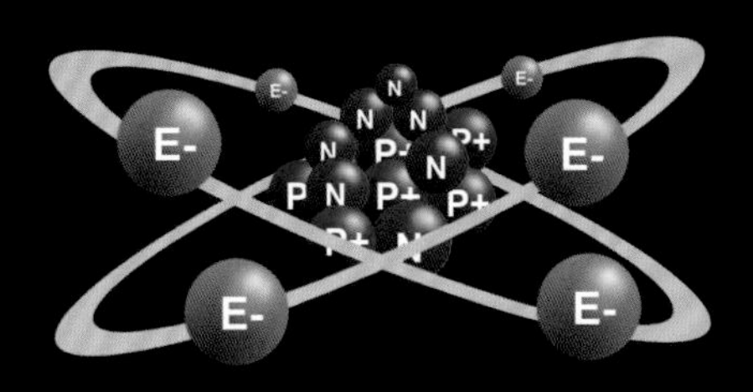

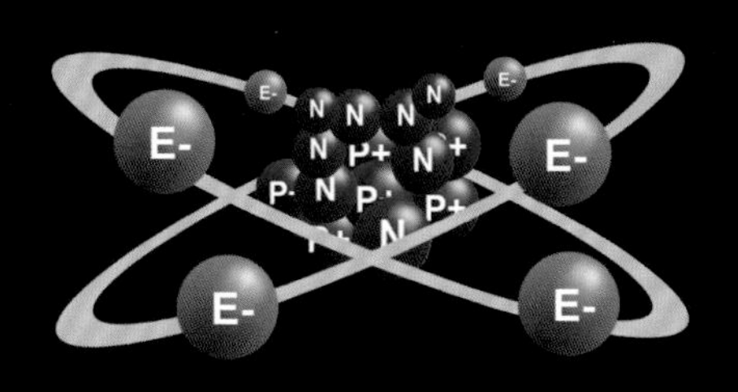

▲ 碳在自然界中有3个同位素，其中的两个——碳-13 和碳-14（元素名称后的数字对应的是质量数）在原子核中分别有 7 个和 8 个中子（图中位置较低的 2 个），这意味着碳-13 是稳定的，而碳-14 则具有放射性。由于宇宙射线（来自太空和其他地方的高能粒子）对气态氮的轰击，在对流层和平流层上产生了地球上相对丰富的碳-14。生物体吸收碳-14 的现象（与同位素通过自身分解而转变为半衰期为 5 730 年的氮的特征有关）可以帮助我们精准地测定有机物的年代。

▶ 2012 年完成的一项研究表明，存在大约 7 000 种不同的核素（具有确定的原子序数、质量和能态的核子）。该图显示的是根据原子核中质子和中子的数量按递增顺序排列的同位素（质子数从下往上递增，中子数从左往右递增）。灰色代表的是在实验中尚未观察到但理论上有可能观察到的，深蓝色代表稳定的同位素，黄色的影斑代表可能的核素。

▶ 只有中子射线（通常在裂变过程中产生）能通过铅板，因为它不带电荷，但它却无法穿透混凝土。由电子组成且质量低于 α 粒子的 β 粒子可以穿过纸张但无法穿过铝板，而没有质量的 γ 粒子则具有比它们更强的穿透能力。

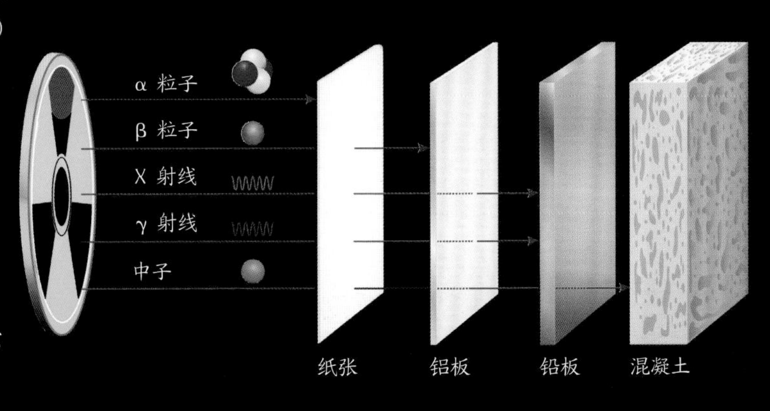

核反应

通过固有的自发现象或者外部干预（自然或人为）改变核子的数量会产生核反应，从而导致一个或多个被称为反应物的原子转变为不同的原子（生成物）。因此，反应物的原子序数之和、质量数之和分别等于生成物的原子序数之和、质量数之和。在军用和民用的放能反应中，该总质量的一小部分会转化为大量的能量。

核的放能反应有 2 种主要类型——聚变和裂变。在聚变反应中，2 个或 2 个以上轻的原子核在极端条件下（如在温度极高的恒星内部）被诱导到一起，融合成更重的原子；相反，在裂变反应中，一个重的原子会分裂为几个较轻的原子。

该图反映的是铀原子中链式裂变的一种特殊情况。如果质量为 1 且不带电荷的中子轰击到同位素铀-235 的原子核中，这个中子就会被吸收，原子的质量数随之增加（A = 236），然后该原子分裂成 2 个新的核素——氪（A = 89）和钡（A = 144）。与此同时，保持自由的 3 个中子往往会轰击其他原子核，从而引发新的核裂变。

不稳定同位素的放射性衰变被认为是自发核反应的一种：当同位素失去一个核子时，它会产生辐射或粒子，释放出大量的能量。

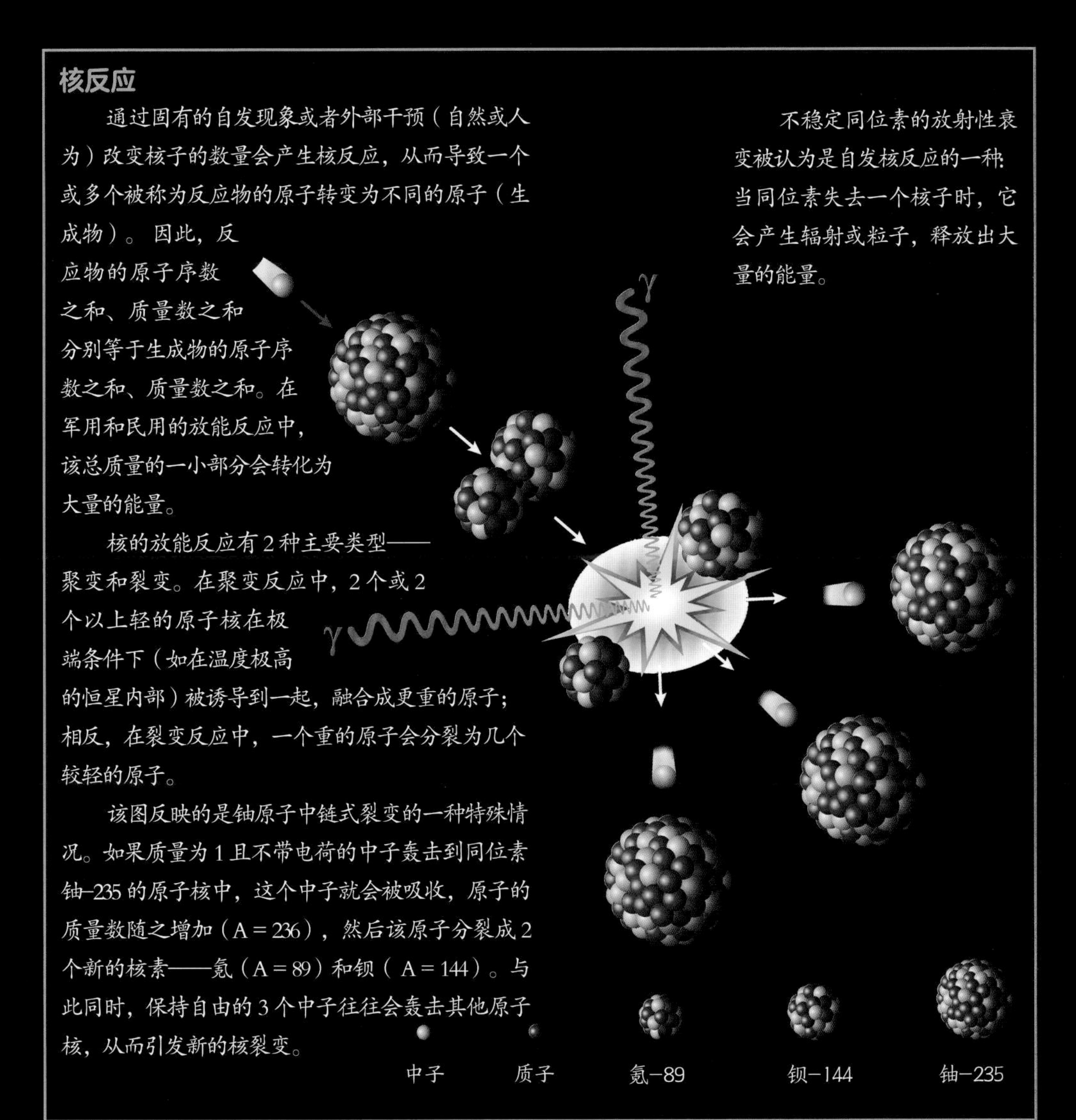

化学史

伊斯兰科学与中世纪

从 7 世纪起，阿拉伯人开始统治亚历山大港，这里是古代哲学流派的继承地，但同时也充斥着非理性主义思想。古希腊炼金术在很大程度上只是些理论层面的成果，但阿拉伯人的到来将它推向了实践，这尤其要归功于自然哲学家贾比尔·伊本·哈扬〔Jabir ibn Hayyan（拉丁文是 Geber）〕和阿尔–拉齐〔Al-Razi（Rhazes）〕的贡献。他们改进仪器，进行了大量实验，在纯粹化学领域有了许多新的发现。

从 13 世纪起，西方的折中主义作家们开始收集伊斯兰文化遗产，这些作家包括神学家艾尔伯图斯·麦格努斯（Albertus Magnus，他始终对金属的转化持怀疑态度）、百科全书作家文森特·德·博韦（Vincent de Beauvais）和经验主义者罗杰·培根（Roger Bacon)。当时的知识在很大程度上虽然缺乏实用的理论框架，但他们向其中加入了一些重要元素。

这些作家，无论是伊斯兰教徒还是中世纪时期的拉丁人，都没有在炼金术和化学之间划清界限，他们在这两方面都投入了精力，因为他们坚信，在不懈地探索真理的路上，这两者是同样有效和重要的。

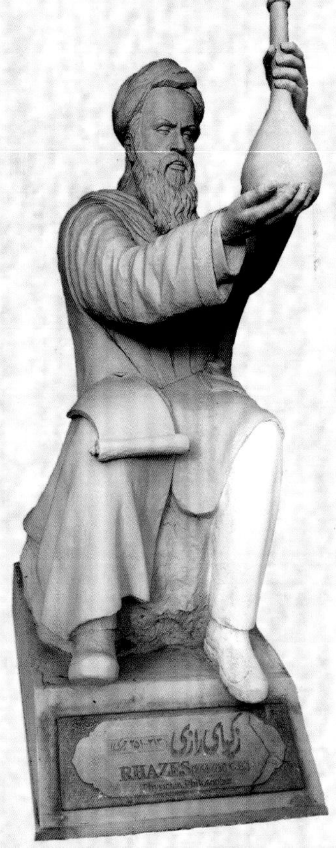

▶ 著名的波斯医师、药理学家阿尔–拉齐（公元 10 世纪）是一位杰出的炼金术士，他撰写了许多有关炼金术的书。他因这些著作与古希腊哲学家一起成为形式质料说和原子论的捍卫者，指出有可能使金属发生转化。阿尔–拉齐的最重要的著作《秘中之秘》（*Secretum Secretorum*）除了药物配方外，还包含大量关于化学物质和化学反应的系统描述。这座雕像展现的是他正在使用自己改进的一种用于炼金术的金属仪器。

▲ 蒸馏瓶（该名称源自古希腊人概念中的“杯子”）是阿尔–拉齐使用的仪器之一，用于蒸馏。它通常由金属制成，下部有蓄水槽，用于收集融化后形成的液体。蒸馏瓶的上部（头部）连接到冷凝器，冷凝器通常使用水来进行冷却。

▲ 通过蒸馏矾和酒精，阿尔-拉齐发现了硫酸，从而使后来的学者们得以在此基础上分离出许多其他的酸类。在制药领域，他的贡献也非同凡响，直到19世纪末，他发明的许多仪器仍在使用。

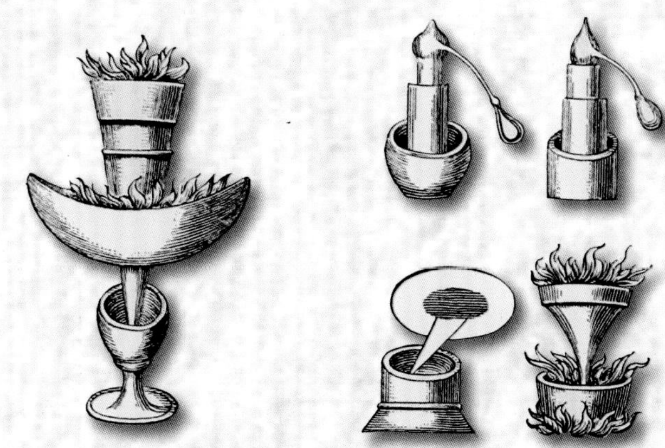

▲ 炼金仪器变得越来越多样且复杂。中世纪颇具才能的伊斯兰炼金术士们越来越有组织性的实验对炼金仪器提出了更高的要求。图片摘自贾比尔·伊本·哈扬的手抄本，印刷于现代早期，当时的炼金术仍然吸引着许多学者和哲学家的注意力。

◀ 制药学在中世纪的西方发展迅猛，这首先要归功于萨勒尼坦学派（11世纪），它基于一门在很大程度上仍然是经验主义的科学，在该科学的一些技术和发现的基础上发展起来，而这门科学甚至常常借助于以类推为基础的直觉。尽管许多产品是无效的，但在某些情况下有证据表明其中使用到了（无意识地）重要的活性成分，如奶酪中的霉菌。

◀ 无可争议的炼金术创始人之一贾比尔·伊本·哈扬（8世纪）认为，金属源自两个原始的起点——硫和汞（不要与形成朱砂的普通硫化汞相混淆，它不是金属）。它们之间的适当结合将产生金，若二者的混合物中有杂质或混合的比例发生变化将产生所有其他类型的金属。因此，当时的炼金术士们的目标是让一般金属中的硫和汞的比例和谐，以获得金。

离子

离子是带正电荷或负电荷的原子，其电荷的这种变化是由于失去（在离子是正离子或阳离子的情况下）或获得（在离子是负离子或阴离子的情况下）了 1 个或多个电子。

中性原子失去 1 个电子所需的能量被称为“第一电离能”。如果原始原子的最外层能级构型稳定，则完成这一过程将需要更多能量，这发生在当最外部的层级有 8 个电子的时候（如氦、氖、氩、氪等原子）。这一规则（八隅规则）揭示了电离能随着最外层能级的降低而增加的现象，因此氦是最稳定的元素；相反，当原子的最外层只有 1 个电子时，失去该电子要容易得多。第一电离能越大，元素的非金属性越强；第一电离能越小，则元素的金属性越强。

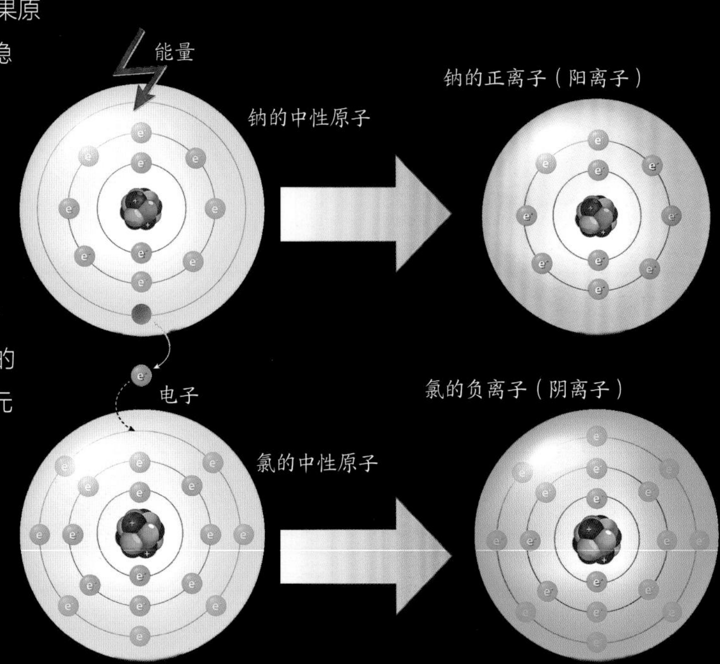

▲ 氯化物中含有一个氯离子（Cl^-），它是通过向中性原子加一个电子而获得的。该过程可以通过电解的方式完成。

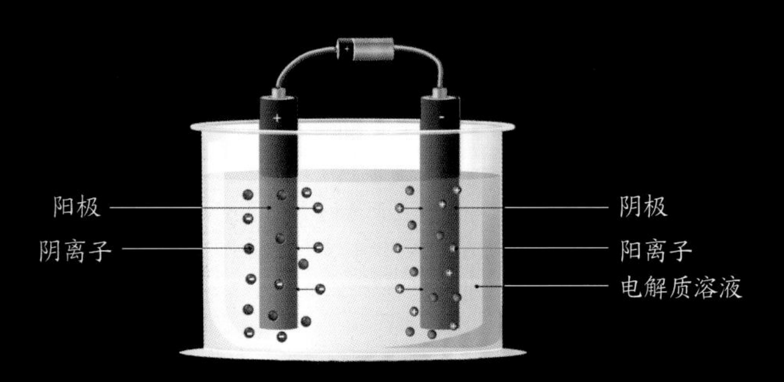

◀ 电解利用电能来实现化学转变。通过电解过程，可以将液态物质分解成其组成的元素。当该物质为酸、碱、盐且溶于水时，这些元素为离子。电解过程中，阳离子被阴极吸引并发生还原反应，阴离子则被吸引到阳极并发生氧化反应。

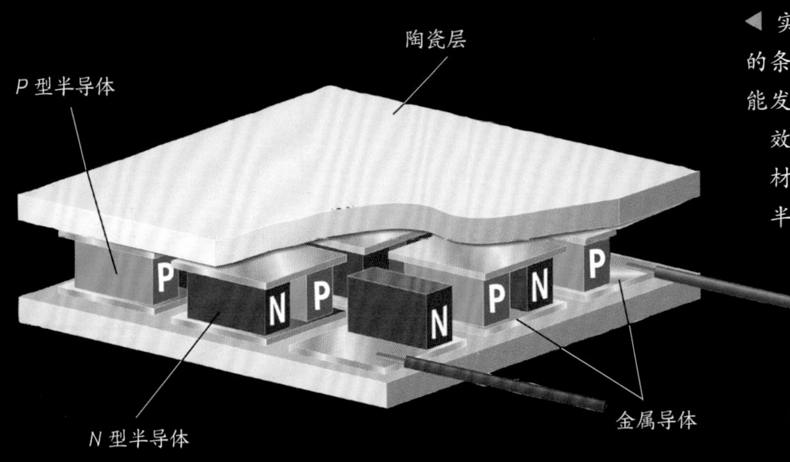

◀ 实际上，在受热和电离的条件下，任何材料都可能发生转化现象。塞贝克效应使2个温度不同、材质不同的金属导体或半导体间产生电流。珀耳帖效应则产生相反的结果——在导体的接头处会产生吸热现象（一些冰箱仍在利用这一原理）。该图是2个热电半导体系统的变体——N 型具有一个自由电子，而P 型具有较少的电子，因此当电子穿过材料填充空白区域时，可以产生能量运动。

▶ 尽管许多金属离子可以溶于水，但金属本身不行。如果将一块铜浸入硝酸银溶液中，化学活性比银高的铜原子就会转化成离子并与溶液结合，而银离子则变成中性原子从溶液中分离出来，银的晶体包裹在铜的表面。

空气中离子的形成

在距地面60~1 000千米的电离层中，太阳辐射以及少部分的宇宙射线会使构成电离层的气体的原子发生电离。地球上的昼夜交替以及太阳周期的微小变化会对电离层中的气体电离造成影响。无线电传输利用电离层中的电学特性来保护远距离传送的电波。

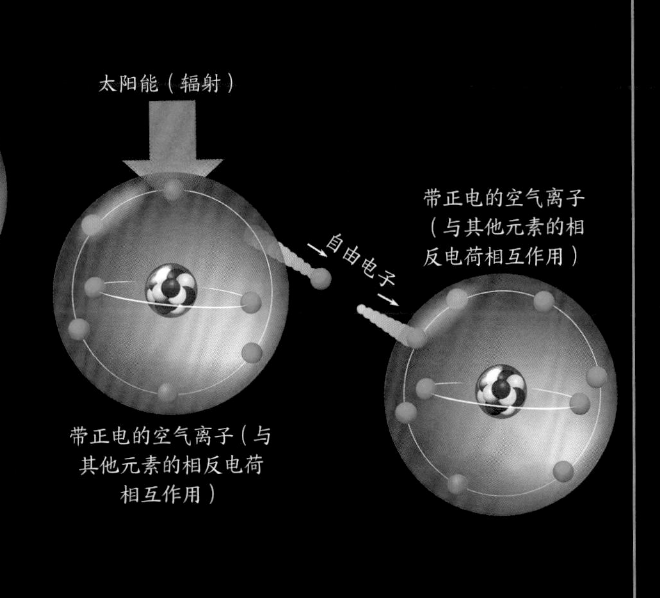

氧的中性原子

带正电的空气离子（与其他元素的相反电荷相互作用）

夸克和粒子

我们已经看到，原子可以被分解为更小的粒子，而其中的一些粒子（复合粒子）可以再分解，形成构成物质的终极成分——基本粒子。

以自旋（绕轴旋转）值为标准，基本粒子可细分为费米子和玻色子。费米子可以发生弱相互作用（轻子，含有电子）或强相互作用（夸克），而玻色子在 4 种基本相互作用力（引力、电磁力、弱核力和强核力）中充当媒介粒子。除原子和分子外，复合粒子还包含强子（如核子），强子由夸克、反夸克和胶子组成。

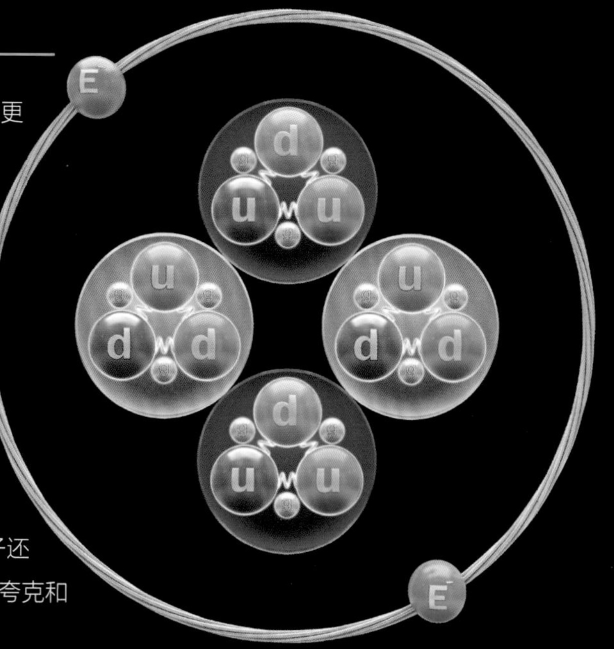

▲ 中子由 2 个下夸克和 1 个上夸克组成，这些夸克因胶子的存在而黏附在一起。在胶子（负责核的强相互作用的玻色子）的帮助下，2 个上夸克和 1 个下夸克构成了质子。

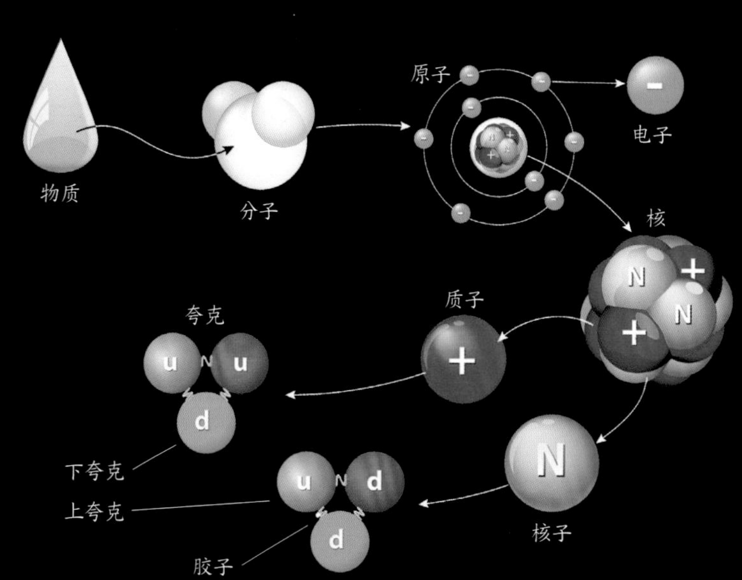

◀ 这种珠串式序列使我们能够观察到物质构成中的各个不同层次。分子由 2 个或多个原子（可以来自多种元素）组成，这些原子又由基本粒子（如电子）或复合粒子（如质子和中子）组成。复合粒子包含夸克和胶子。由于上夸克含 +2/3 的正电荷，而下夸克含 −1/3 的负电荷，因此质子全部带正电荷，而同样由夸克组成的中子的总电荷值为零。

基本粒子的标准模型

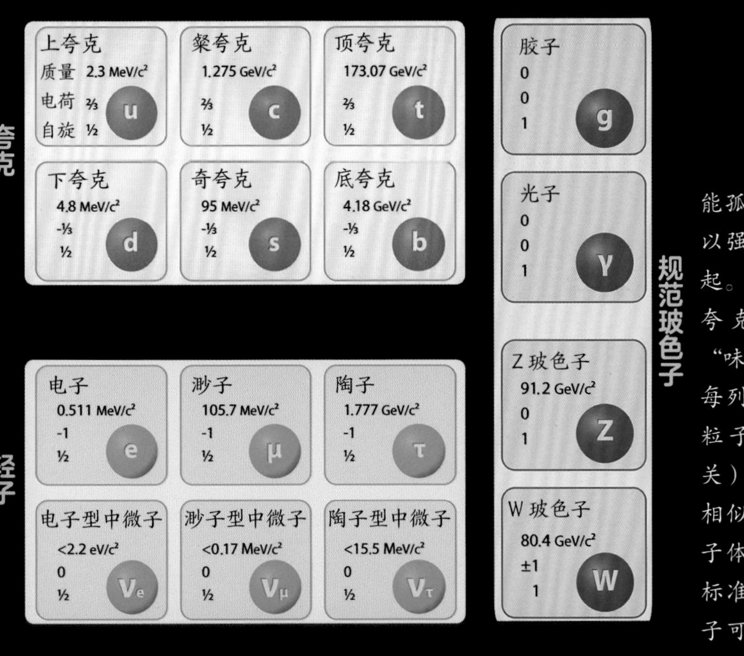

夸克在自然界中不能孤立地存在，而总是以强子的形式结合在一起。以质量值为标准，夸克共有6种不同的“味”，它们排成3列，每列代表一代（与这些粒子本身的半衰期有关）。6个已知的轻子以相似的方式排列。玻色子体现的是基本粒子的标准模型，希格斯玻色子可以决定基本粒子的质量。

原子序数
5
10.811
硼B
BORO
原子质量
元素符号
元素名称
碱金属
碱土金属
其他金属
过渡金属
镧系元素
类金属
非金属
卤族元素
稀有气体
锕系元素

元 素

我们周围的一切是由彼此之间截然不同的物质构成的，这些物质的多样性令人惊叹。这种多样性的基础是结构各异的微小原子，根据原子的质子数量，科学界将它们归为多种不同的元素。大自然赋予我们星球的元素共有 98 种（其余元素太不稳定，无法轻易获得），这些元素全部来自地外，那里容纳着我们称之为恒星的巨大“锻造炉”。尽管通常情况下，恒星在年轻时由氢和氦（所有元素中最简单的元素，它们和锂、铍都是宇宙大爆炸时直接产生的）

元素周期表

元素周期表是一张显示所有化学元素的表格，这些化学元素按原子序数顺序排列。其中，列（组）标记的是外层电子构型的类型，而每一行（周期）则是按能级从低到高对这些元素进行排序。

元素周期表由德米特里·伊万诺维奇·门捷列夫（Dmitri Ivanovich Mendeleev, 1834—1907）编制。元素周期表的出现意义重大，不仅因为它能够根据物理和化学特征对元素进行分组和排序（相邻元素之间彼此趋于相似），还在于它使 20 世纪的化学家了解了那个残缺不全的体系中究竟缺少哪些部分，尽管有些元素尚未被发现，但表中的空白部分必须由它们来填满。凭借元素周期表，门捷列夫预测出了许多化学元素的存在。

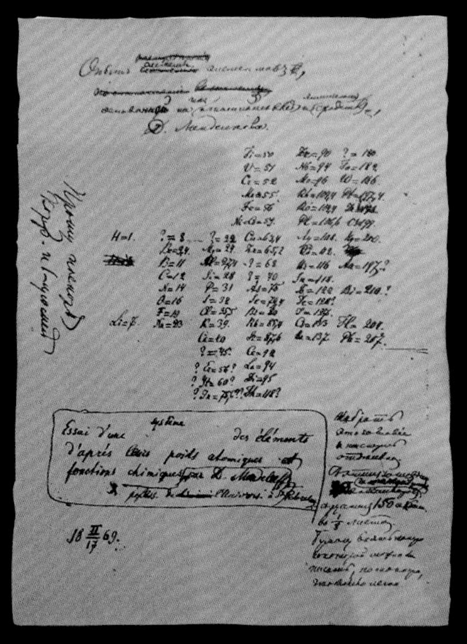

▲ 门捷列夫在 1869 年 2 月 17 日绘制的第 1 张元素周期表草图，标题是“元素体系的尝试，元素的化学性质与原子量的相互关系”。草图中按原子量对元素进行了升序排列。

◀ 同一天，这位俄国化学家在脑海中为元素构思出了一个系统，可以以一定的顺序呈现它们的差异，并将许多新发现的稀有气体填入其中。1871 年的元素周期表对铟、铈和铀的原子量进行了修正，以简明的方式进行排列：元素水平排列，排列顺序始终按原子量递增，各列与各组相对应，每组被分为属于同一氧化态的两个族。这一标准一直沿用到 20 世纪 40 年代。

▶ 元素周期表的排列方式是非常规则且有序的，尽管由于图形上的一些限制，特性非常相似的两个系列的元素——镧系元素和锕系元素被分别集中到相邻的2个方格中（在图表的下部进行了扩展）。表中的每个元素都标有它的核心信息，并根据其所属的系列而被涂上了颜色。

电离能
电子亲和能
原子半径
非金属性
金属性
电子亲和能
电离能
原子半径

▼ 这种排列方式提供给我们多种读取方式，使表格中的元素在各个方向上都遵循递增或递减的顺序（周期性），只有极少数的例外情况。我们只需通过读取元素周期表，就能发现元素之间的亲和能或差异性。例如，由于原子半径与质子数和内层电子的中间数之间的差存在直接的比例关系，因而每一组内元素的原子半径从上到下依次增加，每一周期内的原子半径从左到右依次减小（稀有气体除外）。因此，氟（右上）是原子最小的元素之一，而钫是原子最大的元素之一。电离能的排列方向与原子半径的排列方向正好相反，能量值取决于质子数和最外层能级的稳定性。通过这个规律，我们就能在表的右上角找到所有非金属元素（氢除外），在表的其余部分找到金属元素。

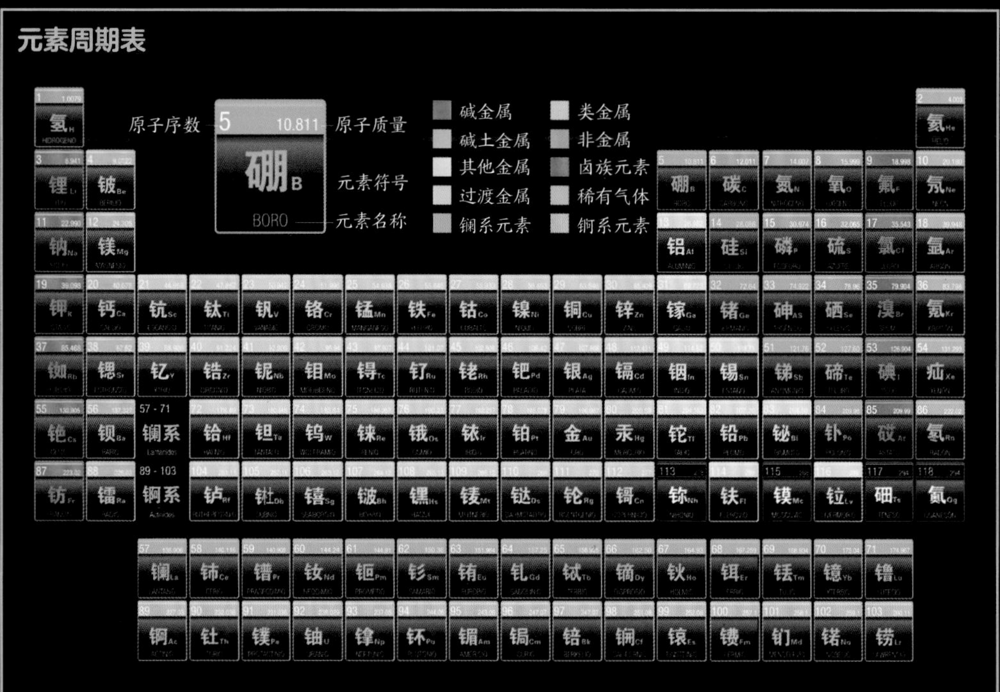

1　氢 H

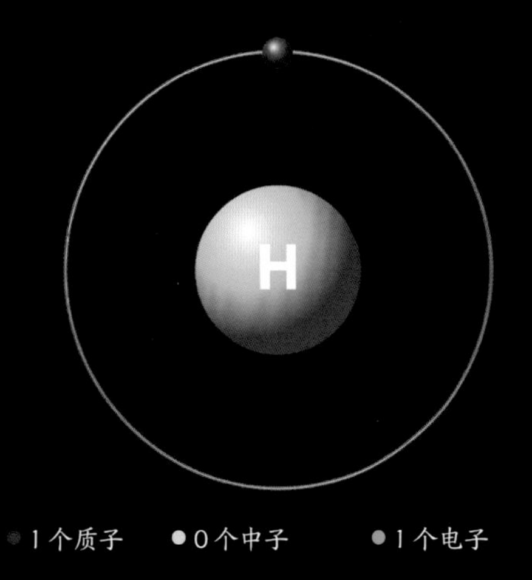

宇宙中最简单的化学元素——氢由具有单个质子和单个电子的原子组成，是最常见的化学元素。宇宙中现存的 75% 的物质均由氢元素以气态或等离子态组合成的化合物构成。尽管氢元素的含量极其丰富，但它在地球上所占的比例却没有那么多，在自然界中主要以水分子的形式存在。

氢在现代工业中的应用范围很广（从氨的生产到替代燃料的生产），都是通过人工手段从其化合物中获得的。然而，它的使用并非没有风险，在自然或分子状态下，氢高度易燃的特性对人类来说非常危险。例如，1937 年，“兴登堡号”飞艇因氢气泄漏而在几秒钟内燃烧殆尽，上面的乘客全部丧生。

▲ 由于光谱管配有 2 个能够使沉积在内部的气体电离的电极，因此可以观察到放电过程中的氢在可见光谱中发出的射线。通过分光镜可以对该射线进行分析和分解。

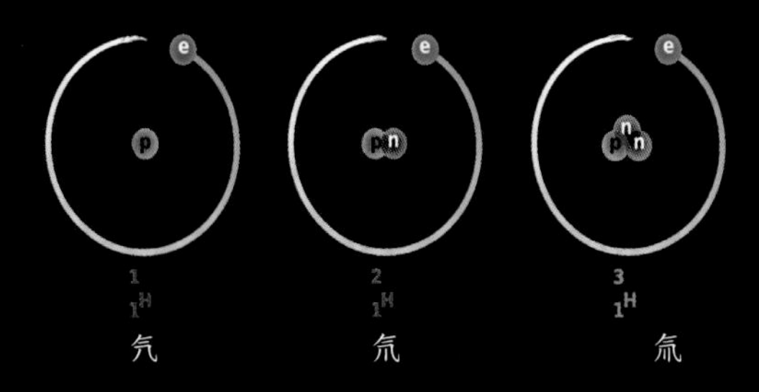

▲ 自然界中存在的氢的同位素有 3 种，它们分别是氕（构造最简单的氢的同位素，没有中子）、氘（和氕一样稳定，但有 1 个中子）和氚（具有放射性，原子核中有 2 个中子）。氕在地球上的分布最广，主要存在于水分子中，很少作为单质存在；氘与氧气结合形成重水；氚有时会用在医学领域。

氢的属性

原子质量：	1.0079 u
原子半径：	53 pm
密度：	0.0899 kg/m^3
摩尔体积：	11.42×10^{-3} m^3 / mol
熔点：	−259.13 ℃
沸点：	−252.88 ℃
晶体结构：	六角形

1s	2s	2p	3s	3p	3d	4s	4p	4d	4f	5s	5p	5d	5f	6s	6p	6d	6f	7s
1																		

◀ 可见光谱由发射谱线组成，这些发射谱线的数量和排列（或颜色）是唯一且固定的。氢在可见光部分有4条发射谱线：1条红色，1条蓝色，2条紫色。

▼ 燃料电池利用的是氢和氧之间的电化学反应，是目前大型汽车公司（包括重型运输领域）研发的重点。

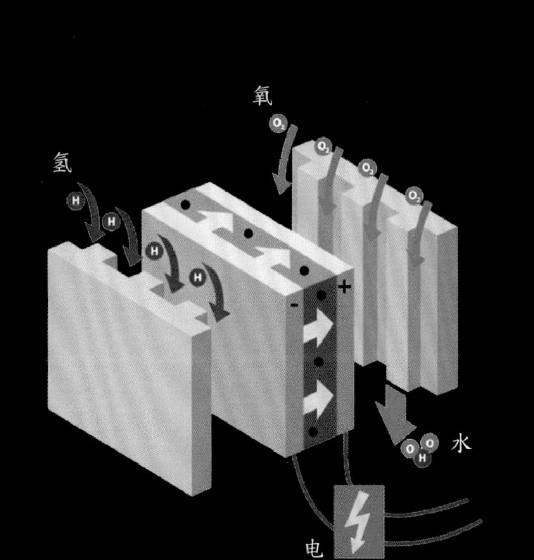

◀ 氢元素非常容易与其他元素结合，所以在地球上很难找到以游离态存在的氢。没有颜色、味道和气味的特性使氢更加难以被感知，若想用眼睛看到氢，则必须把它变为白炽状态。

发现元素

从氢到碳

尽管罗伯特·波意耳（1627—1691）的思想和研究仍然受到传统炼金术的巨大影响，但他通常被认为是现代化学的先驱。在他的最重要著作《怀疑派化学家》（*El químico escéptico*, 1661）中，波意耳通过实验和定量分析法对物质进行研究，将物质的结构描述为由一组微粒——元素——组合形成的更大的粒子团。尽管这与现在的理论相去甚远，但与亚里士多德或巴拉赛尔苏斯描述的要素非常不同。在另一本著作中，波意耳将物质描述为构成该物质的不可见粒子的运动组合，并提出了一种动态的微粒论，以试图为化学反应寻找原因。这种典型的 17 世纪的元素概念在 18 世纪有所转变，成了纯物质的代名词。

1789 年，拉瓦锡绘制了第 1 张元素列表，上面共有 23 种元素。30 年后，永斯·雅各布·贝采利乌斯（Jōns Jacob Berzelius, 1779—1848）将拉瓦锡的元素列表中的元素扩展到了 49 种。门捷列夫的第 1 版元素周期表中已经包含 66 种元素，占我们今天所知元素的一半以上。当时区分和划分元素的标准都是原子量，最早的现代化学家的大部分时间和资源都用在了估计原子量上，也正是在这个过程中他们得以偶然发现一些新的元素。

▲ 巴拉赛尔苏斯（Paracelsus, 1493—1541）是"化学医学派（iatroquímica，一种面向药典的非冶金炼金术，其基础是生物和化学过程之间的类比）之父"，他通过将某些金属与酸混合而获得了双原子氢（二氢），但并未对其性质展开研究。获得双原子氢的过程仍然基于亚里士多德的四元素说（土、水、气、火）和传统炼金术的 2 个要素（硫和汞），此外还用到了他自己构想出的第 3 个要素（盐）。

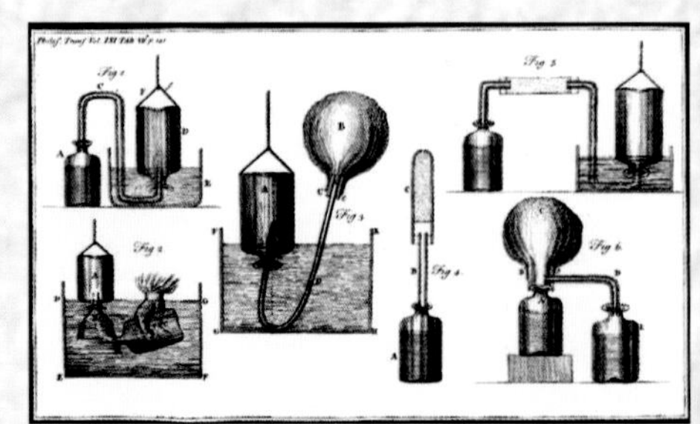

▶ 亨利·卡文迪许（Henry Cavendish, 1731—1810）在用汞和酸做了一系列实验之后，将巴拉赛尔苏斯分离出的双原子氢认定为一种可燃性气体。除了一些基本性质外，卡文迪许还发现双原子氢燃烧时能生成水。

发现时间

1. 氢	1766 年
2. 氦	1895 年
3. 锂	1817 年
4. 铍	1797 年
5. 硼	1808 年
6. 碳	古代

▲ 氩的发现者约翰·威廉·斯特鲁特(John William Strutt, 1842—1919)为确定氩的密度，对氩气进行了许多实验。他尤其想验证威廉·普鲁特(William Prout, 1785—1850)的假设是否成立，该假设提出，许多元素的原子质量等于氢原子质量的整数倍。但斯特鲁特用氧气进行实验时得到的结果并没有证实普鲁特的想法(氧元素的原子质量是氢的 15.882 倍)。

▶ 尽管人们通常将氢的发现归功于亨利·卡文迪许，但氢的命名者却是拉瓦锡，拉瓦锡在证实了卡文迪许的实验后，于 1783 年将它命名为氢(希腊语的意思是水的生成者)，这一名称一直沿用到现在。拉瓦锡还是第一个发现碳(这种自古以来就被证实存在的物质是由相同类型的原子组成的简单物质)的化学家。

▶ 巴西人何塞·博尼法西奥·德·安德拉达·席尔瓦(José Bonifácio de AndradaeSilva, 1763—1838)于 19 世纪初发现了透锂长石。1817 年，约翰·奥古斯特·阿夫维森(Johan August Arfwedson, 1792—1841)发现透锂长石中锂元素的占比极高。4 年后，锂元素最终由威廉·托马斯·布兰德(William Thomas Brande, 1788—1886)分离出来，并被命名为“锂”(希腊语的意思是石头)，以强调它是在岩石中被检测到的这一事实。

▶ 硼最早是由瑞典化学家永斯·雅各布·贝采利乌斯发现并完全分离出来的，这位化学家还因确定了碳的原子量而闻名。1808 年，人们分离并提取了纯度为 50% 的硼，但当时硼并没有被认定为独立的化学元素。

2 氦 He

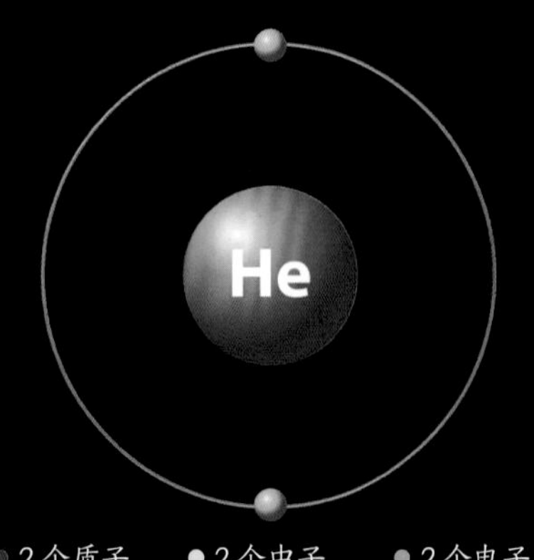

● 2 个质子　● 2 个中子　● 2 个电子

宇宙中另一种简单和常见的元素是氦，它的名字来源于古希腊神话中的太阳神赫利俄斯（Helios）。氦主要以同位素氦-4 的形式存在，人们是通过观察太阳光谱而第一次将它分离出来的。

氦是元素周期表第 18 列的 6 种稀有气体元素之一，这些元素有一个共同的特征——与其他元素联系较弱且几乎始终保持惰性，这是因为它们的电子很少会与其他原子发生反应。氦气无色、无味，主要出现在氢的核聚变过程中，氢核中的质子聚变为太阳中的氦核。在地球上，氦气很难被分离出来，因为它非常轻，一旦被释放到大气中就会升入太空。氦气通常与其他地下气体一起排放出来（通常在火山喷发中），其来源通常被归因于铀排放的微粒辐射。在大多数情况下，氦气是通过人工手段被分离出来的。

◀ 尽管氦气很难冷凝，但当气压为 1 个标准大气压、温度降低至 0.9 开即接近绝对零度时，它仍然可以变成液体。图中所示为氦气在沸点（4.2 开）时的状态。

▲ 氦气在自然状态下是完全无色的，我们无法观察到它。然而，包含电离氦的光谱管发出的射线会呈现出橙色，这主要是由于其光谱中存在特征谱线——587.5 纳米（黄色）和 667.8 纳米（红色）。1881 年，通过观察维苏威火山喷发时物质升华过程中发出的辐射产生的光谱线，路易吉·帕尔米耶里（Luigi Palmieri）成为第一个发现地球上存在氦气的人。在此之前，唯一一种包含氦气的可分析光谱是太阳光谱。

氦的属性

原子质量：	4.003 u
原子半径：	128 pm
密度：	0.1785 kg/m^3
摩尔体积：	21.0×10^{-6} m^3 / mol
熔点：	−272.22 ℃
沸点：	−268.93 ℃
晶体结构：	六角形

1s	2s	2p	3s	3p	3d	4s	4p	4d	4f	5s	5p	5d	5f	6s	6p	6d	6f	7s
2																		

◀ 1868年，诺曼·洛克耶（Norman Lockyer）和皮埃尔·詹森（Pierre Jansenn）在日食过程中首次观察到氦的可见光谱中的标志性黄色谱线，他们立刻意识到这是存在新元素的迹象，而且这种新元素在太阳中尤为丰富。

◀ 借助这种圆柱形调节器，可以有效防止压缩氦气瓶（压强通常为2×10^{7}帕）发生泄漏。这样，轻便、无毒且不易燃的氦气就可以被用到各种娱乐和休闲场合了。调节器上的气压计可以调节内部或出口处的压强。

▶ 尽管氢气比氦气轻，但由于氦气不易燃，所以人们给气球充气时选用的是氦气。但这些只是氦气的一般（也是最无关紧要的）用途，工业中则会利用氦气的特性进行生产，特别是应用在低温领域。

▶ 当前用于医学诊断的扫描仪利用的是核磁共振原理，这种方式可以避免对患者造成负面影响，即避免早期基于X射线或放射性同位素技术的方式导致的副作用。扫描仪运行所需的3个磁体中的1个通过液氦进行冷却。仪器由于完全消除了电阻，因此可以实现非常高且稳定的场强。让氦气保持液态，并与外界热量隔离所用到的技术需要高昂的费用，但目前而言，这仍然是最可靠、使用最广泛的技术。

3 锂 Li

锂是元素周期表中的第 1 种碱金属元素，具有碱金属的共同特征——容易失去轨道最外层的电子。

锂与氢、氦、铍一样都是最原始的元素，即宇宙大爆炸后立即形成的元素。锂与空气接触时高度易燃，较常出现在合金和矿物中，如锂云母、锂辉石和花瓣石，它也少量存在于火成岩（如花岗岩）和天然卤水中。

除了以碳酸盐和铝合金的形式用于制造飞机和生产干电池，锂还被应用在其他工业领域，用于生产玻璃、陶瓷和推进剂等产品。锂最广为人知的用途是制造长寿命电池（通常为纽扣形状）。

Li

● 3 个质子 ● 4 个中子 ● 3 个电子

▲ 地球上的锂以固态和离散的状态存在（同位素锂-7 最常见）。由于锂极易与其他物质发生化学反应，因而几乎总是存在于金属合金中。金属状态下的锂有光泽、光滑、银色，非常轻（所有金属固体中最轻的），表面的深铜绿色是与潮湿空气接触后发生氧化反应生成氧化锂的结果。锂遇水会瞬间发生化学反应，生成氢氧化锂和氢气。

锂的属性	
原子质量：	6.941 u
原子半径：	145 pm
密度：	535 kg/m^3
摩尔体积：	1.27×10^{-5} m^3 / mol
熔点：	180.54 ℃
沸点：	1 342 ℃
晶体结构：	体心立方

1s	2s	2p	3s	3p	3d	4s	4p	4d	4f	5s	5p	5d	5f	6s	6p	6d	6f	7s
2	1																	

◀ 锂的电子构型图显示其中一个电子位于最外层——电子亚层 2s 上（当该轨道中只有这一个电子时，空间就被占满一半），这就是为什么锂那么容易与其他元素发生反应的原因。锂的光谱是独一无二的，拥有绿色、橙色和红色 3 种可见光线。

◀ 1912 年，第一节锂电池诞生，80 年后，阴极与碳阳极的成功连接宣告可充电的锂离子电池问世。可充电锂电池体积小、重量轻，而且没有记忆效应，即使在未完全放电的情况下也可以对它进行充电，但不会影响其寿命，缺点是使用期限短。锂高度易燃的特性要求我们不得在高温热源附近使用锂电池。

▲ 纽扣电池是一种特殊类型的长寿命电池，有着稳定的国际市场需求。纽扣电池由二氧化锂和锰构成，体积小且非常实用，可插入手表之类的小物件中，是广受消费者欢迎的产品。

▶ 军用火箭燃料（由处于不同状态的物质组成的混合物）中经常用锂做添加剂，具体操作方法为向液体推进剂（通常为氧化剂）中添加固体燃料（如石蜡），再加入可以增加比冲的添加剂（如锂、铍、铝或镁）。

分子

原子间的化学键

▲ 图中所示为一些由4个原子（蓝色球体）和3个化学键（灰色部分）构成的分子。这类分子的形状近似于平面三角形，3个原子由化学键与中心原子相连，彼此之间的键角为120°，并且都位于同一平面上。具有此类分子结构的化合物有三氯化硼（BCl_3，1个硼原子在中心，周围是3个氯原子）、甲醛（H_2CO，1个碳原子在中心，周围是1个氧原子和2个氢原子）等。

化学键存在于原子（相同或不同元素）之间或分子之间（相同或不同结构）。原子间的化学键使原子构成一个简单的分子，分子间的化学键则会使原来的分子形成一个大分子。

原子之间的化学键主要有3种。当具有相同或相似电负性的2个原子连接在一起，并共享1个或多个电子时，连接它们的是共价键。如果这种键连接起来的原子属于同一元素，则该键为非极性共价键；如果连接起来的原子属于不同的元素，则该化学键为极性共价键。

当2个原子之间的电负性差异超过1.9时，连接它们的化学键称为离子键。在这种情况下，电负性较高的原子会从另一个原子那里夺走电子，即使相连的2个原子构成1个平衡且仅靠静电（至少由一个阴离子和一个阳离子组成）维持的分子时也一样，但这并不意味着这2个原子共用电子。我们之前提到过的八隅规则在共价键和离子键中通常是适用的，这一规则要求原子最外层的电子数等于8。

第3种化学键是金属键。由于原子之间太接近，因而一些原子的电子会受其他原子的原子核吸引，不断地从一个原子移动到另一个原子。

共价单键、共价双键和共价三键

共价键可以是单键、双键或三键（特殊情况下也有四键），具体取决于共用电子对的数量。2个氢原子形成1个共价单键，因为它们只共用1对电子，每个电子来自1个原子。2个氧原子结合在一起，共用最外层能级的6个电子中的2个，于是这2个原子最外层都带8个电子，8个电子中的2个来自另一个原子。当2个原子间共用2对电子时，我们称它们共用的键为共价双键。最外层有5个电子的氮形成一个共价三键，实际上，它需要3个电子才能达到八隅规则中的平衡状态。

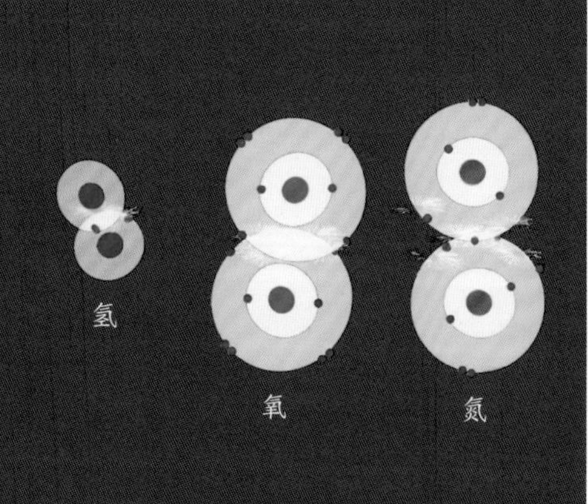

▶ 图中的氧气（O_2）分子由共用2个电子对的2个氧原子组成。我们可以看到，2个原子都保持着最外层有8个电子的平衡状态，其中4个电子可以在彼此的轨道中找到。由此可见，当化学键位于同一元素的原子之间时，由于电负性相同，共用电子对保持相同的距离。

▼ 分子间通过静电力结合在一起。以氢元素为例，当氢元素与具有高电负性值的其他元素（如氧或氮）结合时，它会将自己的电子释放给相结合元素的原子，于是氢带正电，另一种元素的原子带负电。带负电的原子会与另一个属于不同分子的氢原子之间产生吸引力，并且相同的过程会连续发生下去。

◀ 分子间的化学键是极性的（正、负电荷分别分布在不同区域）或非极性的（静电荷分布均匀）。在极性的情况下存在许多构型，具体取决于原子的电负性差异，以及它们在空间中的位置。在图中，最低电负性值以红色表示，蓝色则表示最高电负性值。

▶ 钠原子和氯原子通过离子键连接形成氯化钠。钠在最外层的能级中只有1个电子（所有能级中共有11个电子），为了保持稳定，它必须释放这个电子，这样较低能级中的8个电子就成了最外层电子。氯在最外层的能级中有7个电子（所有能级共17个电子），需要获得1个电子来使该能级完整。当这2种元素的2个原子结合在一起时，由于氯元素比钠元素具有更大的负电性，于是钠将其电子提供给氯而不是共用这个电子。最终钠变成正离子（阳离子），而氯变成负离子（阴离子）。

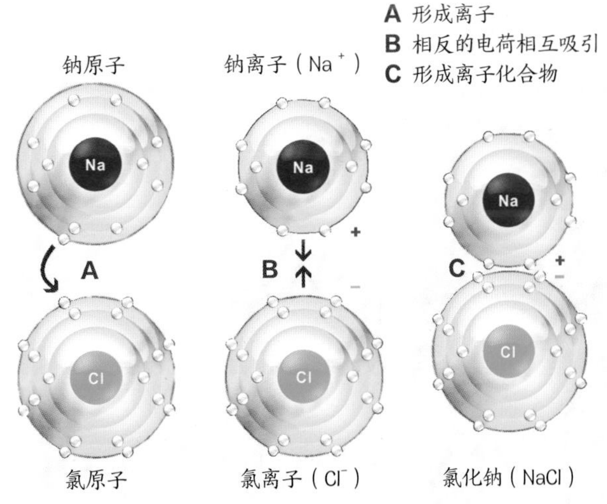

4 铍 Be

铍是元素周期表中出现的第 1 种碱土金属元素，在地壳中的含量非常低。铍的特点是熔点高（轻金属中熔点最高的），因此非常适合与铜和镍混合制成合金。

铍是一种钢灰色金属，非常易碎，极轻，特性与铝很相似。与氧气接触后，铍的表面会形成一层氧化层（钝化层），之后不会继续氧化，从而获得了极强的耐酸性。铍是极佳的热导体，可用于制造电阻和微波炉的门。

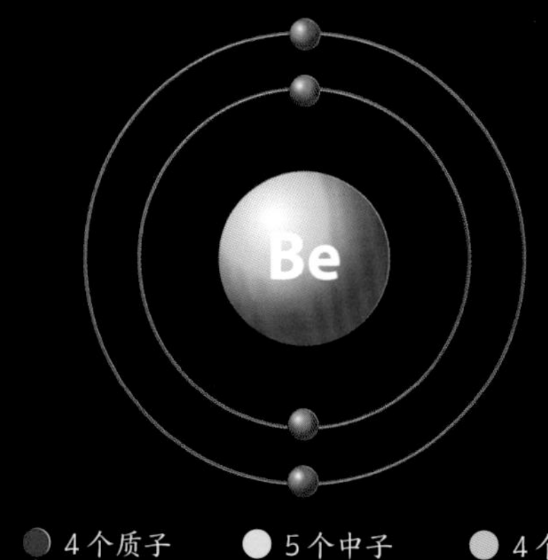

4 个质子　5 个中子　4 个电子

地壳中的铍大部分存在于包括硅铍石和金绿宝石在内的绿柱石矿物（berilo）中，从绿柱石矿物中提取纯的铍元素的过程被广泛用于各种工业领域，如电气、航空、航天领域，以及合金（如铍铜合金）的生产。

◀ 绿柱石的晶体结构呈六方柱形，包含铍、铝、硅和氧元素。纯净的绿柱石为无色矿物，当其中含有锰元素时变为粉红色，含有铁元素时变为蓝色，含有铬元素时则变为绿色（如图所示）。绿色的绿柱石即为名贵的宝石——翡翠。

铍的属性	
原子质量：	9.0122 u
原子半径：	112 pm
密度：	1 848 kg/m^3
摩尔体积：	4.85×10^{-3} m^3 / mol
熔点：	1 278 ℃
沸点：	2 961 ℃
晶体结构：	六方晶系

▶ 这张照片的拍摄角度比较特别。铍铜射弹在狩猎中作为铅（毒性比铍高得多）弹的替代品而被广泛使用。

1s	2s	2p	3s	3p	3d	4s	4p	4d	4f	5s	5p	5d	5f	6s	6p	6d	6f	7s
2	2																	

◀ 如果忽略黄色附近的波长，则可以说铍的发射谱线很少，而且在光谱中的分布相当均匀。铍的2个次能级中各有1对电子，其中2s次能级中的电子很容易失去，这是所有碱土金属的共性。

▶ 铍铜合金在工业领域的用途颇为广泛，其中一个主要用途是生产管材。由铍铜合金制成的建筑材料具有显著的柔韧性和延展性，因而在管材生产领域，尤其是在体积较小的产品制作方面拥有广阔的市场。铍铜合金的抗水性和抗腐蚀性使其较其他材料而言更易受到生产者的青睐。

▶ 电子元件很容易在短时间内产生过高的温度，因此人们需要低成本的冷却系统来给它们降温，以免埋下安全隐患。氧化铍既是良好的电绝缘体，又是很好的导热体，能够在不影响电子元件的电气性能的前提下帮助其散热。

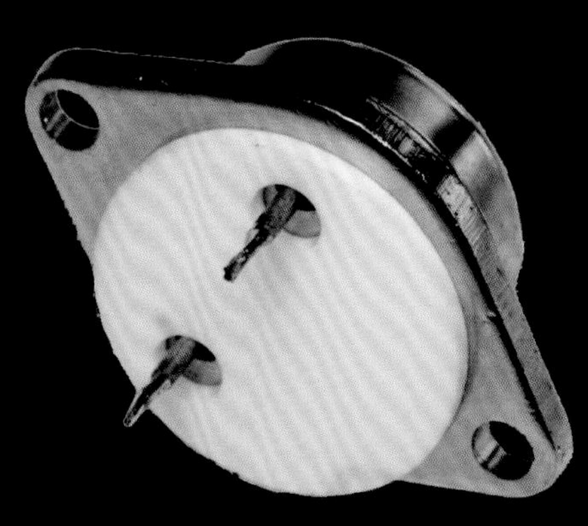

▲ 铍铜合金最重要的特性之一是不会产生火花。这就是为什么用这种合金制成的工具能够用于危险环境，如用在易燃液体或易燃气体附近（如炼油厂）的原因。铍铜合金备受推崇的另一个原因是它的磁力为0，可以与不能被磁力干扰的设备一同使用。

5 硼 B

硼的名称源自含有该元素的矿物质——硼砂。在自然界中没有硼单质，除了存在于硼砂中，硼还存在于某些合金和火山温泉中。因为硼的特殊性质，它的许多化合物在农业和工业领域都有应用。

我们在烟火表演中看到的绿色烟火很可能就是含硼化合物燃烧时产生的效果，因为硼元素在燃烧时会产生明亮的绿色火焰。当然，硼元素的应用极为广泛，烟火燃料只是其最基本、最为人熟知的一种。

硼还对动物具有至关重要的生理作用，可以预防骨质疏松症等。此外，硼砂主要用于生产各种绝缘材料和漂白剂，氮化硼等化合物能够制成金刚石般坚硬的材料。

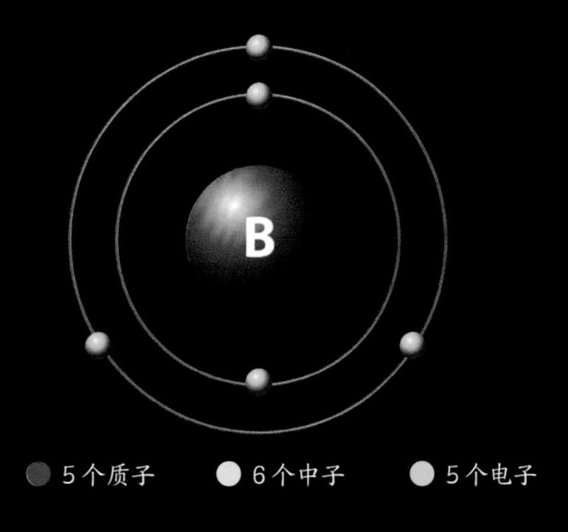

▲ 硼合金的颜色接近黑色，它非常坚硬，密度较低。纯硼的用途很少，想要获取它必须从一些矿物中提取，因为硼不以游离态存在。

硼的属性

原子质量：	10.811 u
原子半径：	85 pm
密度：	2 460 kg/m³
摩尔体积：	4.39×10^{-3} m³ / mol
熔点：	2 076 ℃
沸点：	3 927 ℃
晶体结构：	菱形

▲ 六方氮化硼是由等比例的硼和氮组成的二元化合物，在陶瓷、橡胶、树脂和塑料工业中作为润滑剂使用。此外，由于具有绝缘性，六方氮化硼还可用于电子和电气元件领域。

1s	2s	2p	3s	3p	3d	4s	4p	4d	4f	5s	5p	5d	5f	6s	6p	6d	6f	7s
2	2	1																

◀ 硼散射出的谱线主要位于波长较短的可见光区域，尤其是蓝色区域。具有3条轨道的2*p*次能级中只有1个电子，因此硼比较容易与其他元素结合。

▼ 硼及其化合物是生产玻璃树脂必不可少的原料。玻璃树脂经常用于建造如车辆、船舶、甲板、大型水容器等长期暴露于空气中的产品。由于硼具有耐腐蚀的特性，因此被用于制造油罐、筒仓和管道。近几十年来，硼及其化合物已经取代了致癌物质石棉。图中所示为玻璃纤维低温恒温器。

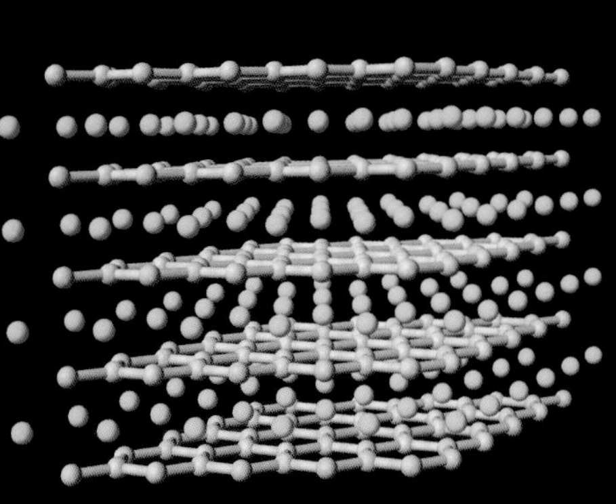

◀ 二硼化镁是一种低成本的超导化合物（在低温下电阻为0）。图中所示为它的晶体结构，粉红色代表硼，绿色代表镁。

▲ 硼酸和硼酸离子在酶的一些活动中发挥着作用，如参与蛋白质和脂质的合成以及细胞分裂。硼酸和硼酸离子使花粉更具活力，从而提高作物产量。硼酸和硼酸离子的一些特性可以促进作物组织木质化，使根茎更加坚固。硼的化合物在土壤中比较稀少，因此为了获得生长状况良好的植物，需要为植物施肥以提供足够的硼。硼的缺乏会影响作物生长，其中甜菜、马铃薯和番茄受到的影响最大。

分子

由同一元素的原子组成的分子

最简单的分子是由 2 个原子构成的，这 2 个原子通过共价键或离子键相连，这样的分子被称为双原子分子。这 2 个原子可以是同一元素的（组成同原子分子），也可以是不同元素的（组成杂原子分子）。

最基本的同原子分子是氢分子，仅以双原子气体的形式存在于空气中。氢分子很容易发生反应，它的一个原子总是与其他原子（来自氢或其他元素）自发地结合在一起，因此氢在自然状态下不存在单原子形式。此外，氢分子完全对称的性质使其正电荷重心与负电荷重心重合——所有同原子分子都与此类似。杂原子分子的情况则恰恰相反，在杂原子中会出现 1 个正极和 1 个负极（所谓的偶极分子）。

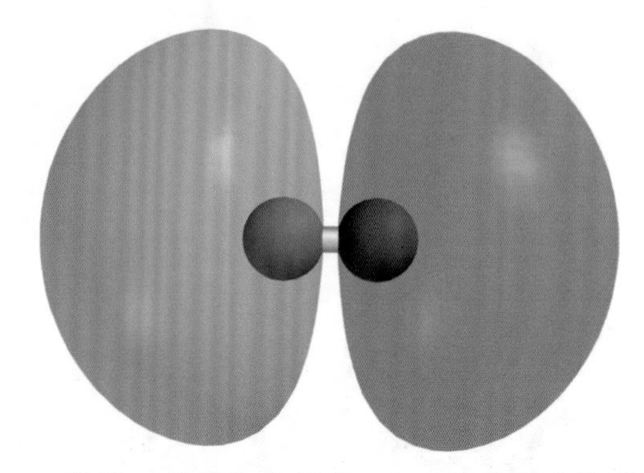

▲ 氢的双原子分子具有 2 个以共价键连接的原子核和 1 条 δ 分子轨道，它的 2 个电子就位于 δ 分子轨道中。该轨道有 2 种可能的构型，其中之一如图所示，被称为反键轨道。2 个原子核之间中点区域处的密度为 0。从该图中还可以看出，由同一元素的原子形成的分子中共用电子与两核的距离相等。

▶ 分子中形成化学键的原子在三维空间中处于一定的位置，根据这些不同的位置可以将分子归类为物理和化学特性各异的同素异形体。以白磷（P_4）为例，它是四原子分子，4 个原子对称排列，每个原子上有 3 个化学键，用来和其他原子连接。菱形硫（S_8）是正交硫晶体，它的原子连接成为一个环形结构。

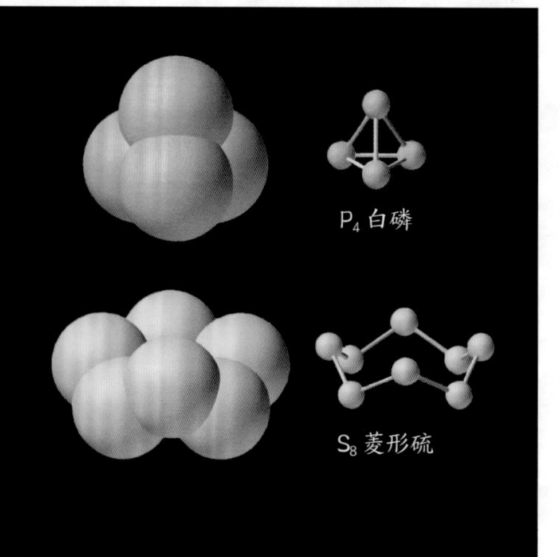

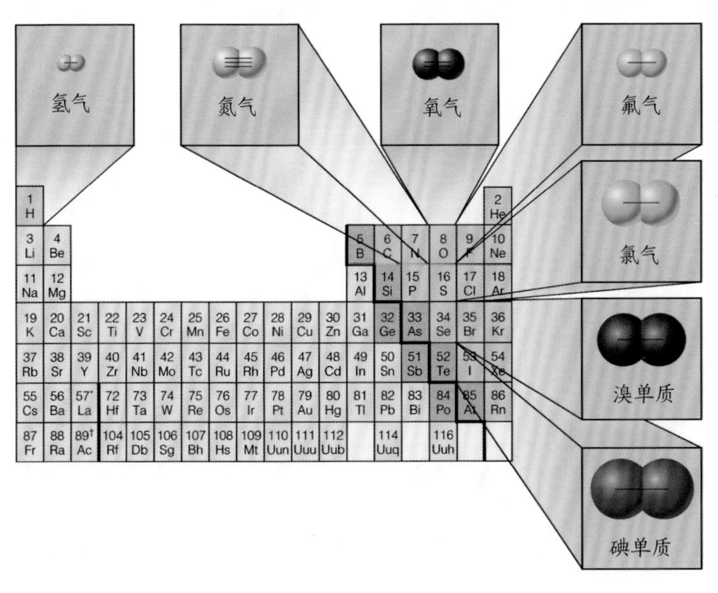

◀ 某些由同一元素组成的双原子分子中的原子会比较稳定，如氢气（I 类）、氮气、氧气（II 类），以及卤素的氟气、氯气、溴单质和碘单质（III 类）。这些元素在一般状态下（特别在分子由两个相同的原子构成时）是通过共价键连接的，而不是通过单个原子。根据八隅规则，这些元素之所以如此稳定，一是因为这些元素在原子态下很少发生具体的反应；二是因为这些元素若组成双原子分子，也具有非常高的稳定性。

共用电子与路易斯结构

吉尔伯特·路易斯（Gilbert Lewis，1875—1946）设计出一种二维图示系统（路易斯结构式），该系统现已成为表示化学式以及原子、分子和离子结构的标准之一。在路易斯结构式中，原子最外层轨道的电子（每个电子用一个点表示）以程式化的形式排列在该原子所属的元素符号周围。从中也可以看到在符合八隅规则的前提下，化学键会有怎样变化不定的排列方式。

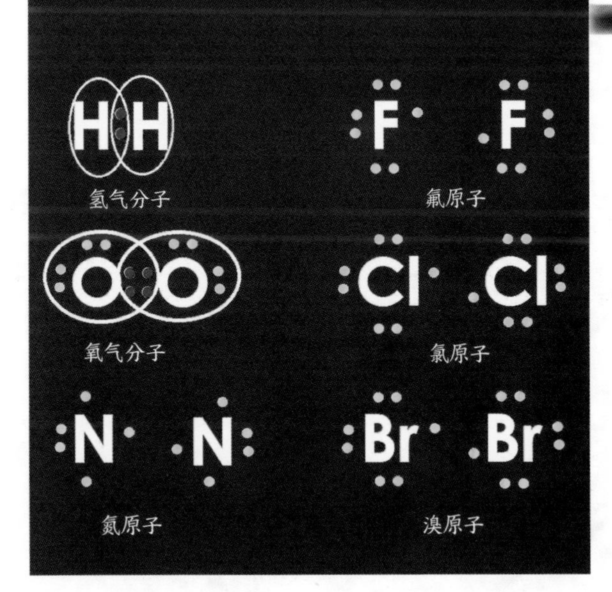

▲ 当同一元素的 2 个原子组成双原子分子时，2 个原子不会形成偶极子。偶极子作用下的分子的特征：一部分原子带正电，另一部分原子带负电。同一元素形成的双原子分子的电荷是完全对称的，不存在电荷上的差异。如上图所示，这类分子的结构也是完全对称的。

6　碳 C

正是因为碳这种基础元素的存在，地球上才有了生命，才会产生有机化合物。碳有一种强大的能力，可以将对工业来说必不可少的多种化学键聚集起来。

碳在自然界中以游离态的形式存在，没有气味和味道。空气中含有大量二氧化碳，所以碳在各种生物的体内都占有较大的比例。二氧化碳为叶绿素的合成提供了条件，而叶绿素是生成植物和动物代谢所需的一系列有机化合物的重要成分。

碳这种非金属元素是碳氢化合物（如甲烷和石油）的组成部分。石油经加工可以生产出汽油、柴油、煤油等燃料，以及塑料和清漆。尽管碳的毒性不是特别强，但大量吸入会引发严重的呼吸道疾病，这不是因为碳元素本身具有毒性，而是因为碳容易被重金属颗粒污染。

C

● 6个质子　● 6个中子　● 6个电子

▼ 碳在自然界中的同位素有3种，分别是碳-12、碳-13和碳-14。其中，碳-12是最稳定、丰度最大的（占总数的98.98%），化学家将碳-12作为原子量的计量单位的标准。碳-13在自然界中的数量较少。碳-14具有放射性，存在于有机化合物中，可用于追踪检测。

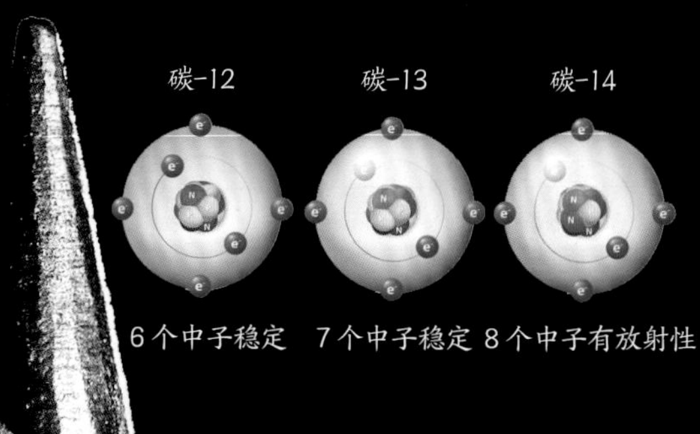

碳的属性	
原子质量：	12.011 u
原子半径：	70 pm
密度：	2 267 kg/m^3
摩尔体积：	5.29×10^{-6} m^3 / mol
熔点：	3 499.85 ℃
沸点：	4 827 ℃
晶体结构：	六方晶系

◀ 石墨是一种六边形晶体结构的碳单质，是生产铅笔笔芯（距今已有500年历史）不可或缺的原料。石墨因独特的分层结构而特别易碎，只需在纸张上轻轻一按，它就能留下黑色的痕迹。也正是由于它有这样的特点，我们用一块橡皮就可以轻松地将留下的痕迹擦掉。

1s	2s	2p	3s	3p	3d	4s	4p	4d	4f	5s	5p	5d	5f	6s	6p	6d	6f	7s
2	2	2																

◀ 碳原子的最外层能级有 4 个电子，这样的原子结构有利于形成化合物，尤其利于与原子量较低的原子（也包括同一元素的原子）形成化合物。碳原子的体积很小，这为上述过程提供了便利的条件。在碳的光谱上，线条的分布有疏密之分，很有规律。

▼ 自第一次工业革命（1760—1830）开始以来，工厂需要大量的煤炭（碳的一种化合物）来产生热能。但煤炭燃烧产生的气体——二氧化碳、一氧化碳、二氧化硫和氮氧化物会污染空气，产生非常有害的影响。

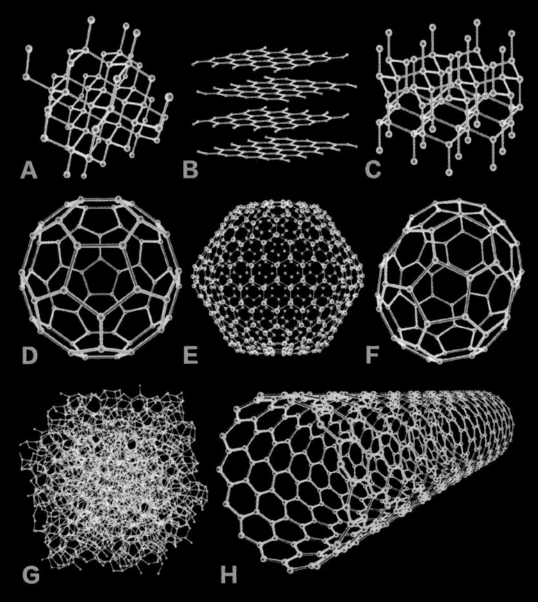

▲ 碳的同素异形体主要有 7 种，还有一种是无定形碳。虽然名称中有“无定形”3 个字，但它的结构仍然保持一定的顺序。细小的烟灰颗粒（图 G）主要就是由无定形碳构成的。

A 金刚石
B 石墨
C 蓝丝黛尔石
D 富勒烯 碳-60
E 富勒烯碳-540
F 富勒烯 碳-70
G 无定形碳
H 碳纳米管

▼ 下图中看起来差异巨大的两种物质是由相同的元素构成的，坚硬的白色金刚石和脆且易碎的黑色石墨是碳的同素异形体。不同的结构产生了不同的结果，构成了两种不同的单质。

7 氮 N

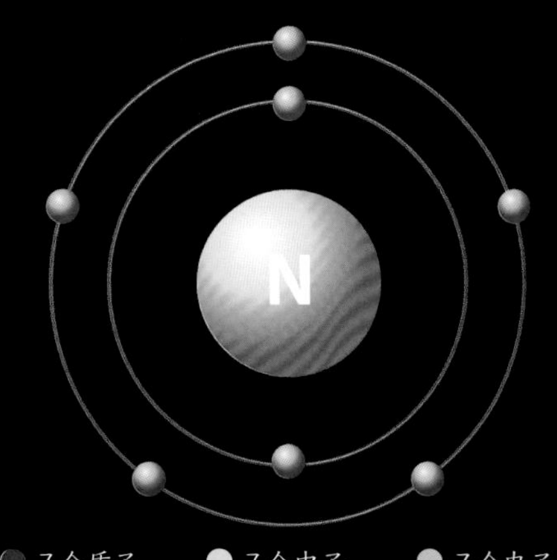

大气中 2/3 以上的气体是氮气，因而氮是生命机能中最重要的元素之一，在蛋白质、某些维生素和 DNA 中都含有氮。

氮的名称源自拉丁语，意思是硝石组成者（硝石是含氮化合物之一）。氮的另一个表述词是 ázoe（现已弃用），意思是无生命，这表明生物无法靠氮气生存。

氮在工业中主要有两大用途：一是在合成氨工业中用于制造氨（合成氨是染料、肥料和炸药等产品中的基本成分）；二是用作制冷剂，以食品保存和生物保护为主要目的，也用于使科研仪器保持在低温环境中。

◀ 氮气无色、无味，燃烧时呈紫色。氮气与氩气混合后的气体应用于人工照明行业。

▼ 氮的沸点极低且完全没有毒性（非活性的形式），因而非常适合用于制作冰激凌，这是因为液氮与空气接触后会使气温骤然下降。当然，氮并不是制作冰激凌的一种原料，只是作为制冷剂使用。

氮的属性	
原子质量：	14.007u
原子半径：	65 pm
密度：	1.2506 kg/m^3
摩尔体积：	1.354×10^{-5} m^3 / mol
熔点：	−210.03 ℃
沸点：	−195.82 ℃
晶体结构：	六方晶系

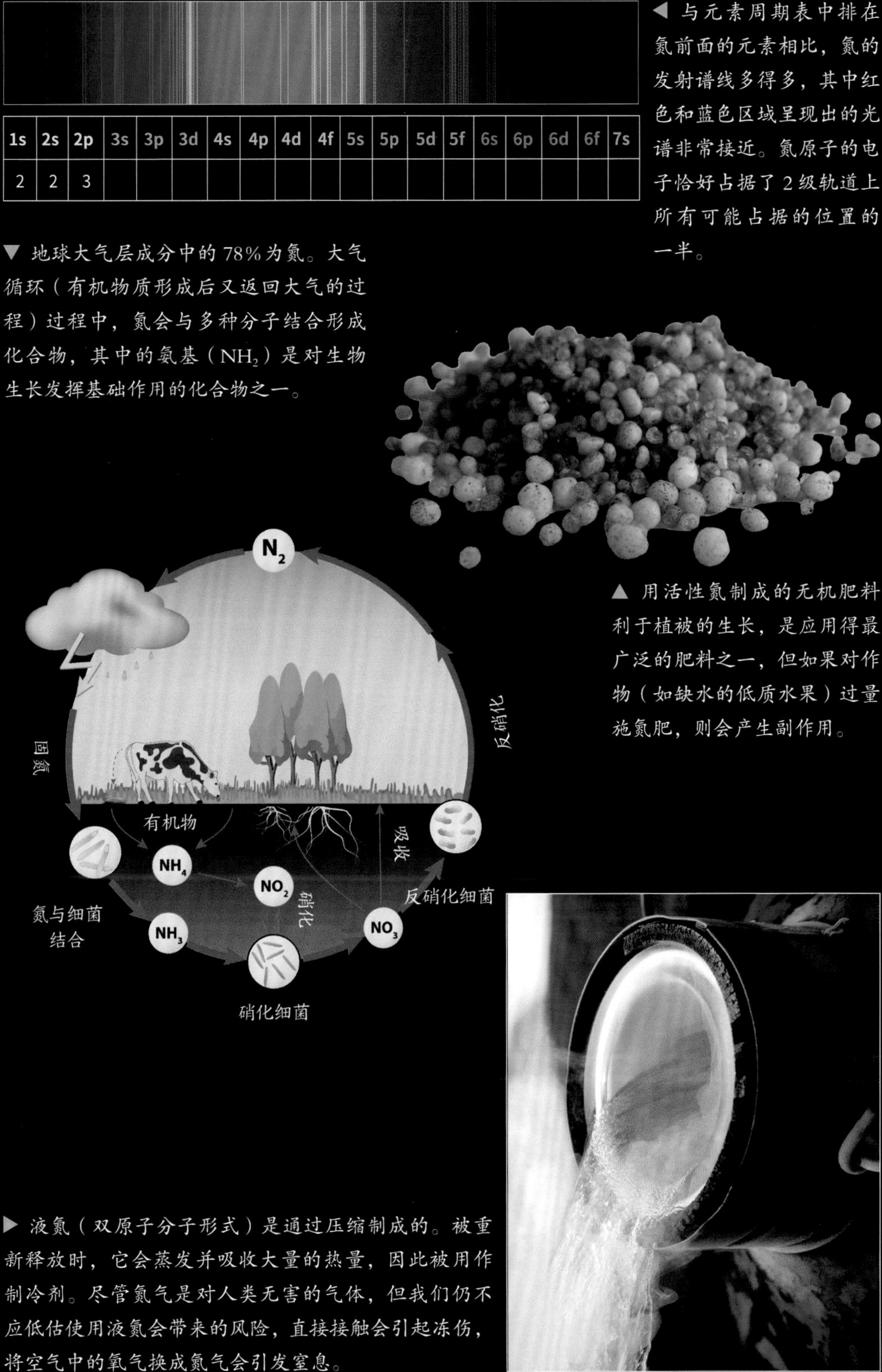

1s	2s	2p	3s	3p	3d	4s	4p	4d	4f	5s	5p	5d	5f	6s	6p	6d	6f	7s
2	2	3																

◀ 与元素周期表中排在氮前面的元素相比，氮的发射谱线多得多，其中红色和蓝色区域呈现出的光谱非常接近。氮原子的电子恰好占据了2级轨道上所有可能占据的位置的一半。

▼ 地球大气层成分中的78%为氮。大气循环（有机物质形成后又返回大气的过程）过程中，氮会与多种分子结合形成化合物，其中的氨基（NH_2）是对生物生长发挥基础作用的化合物之一。

▲ 用活性氮制成的无机肥料利于植被的生长，是应用得最广泛的肥料之一，但如果对作物（如缺水的低质水果）过量施氮肥，则会产生副作用。

▶ 液氮（双原子分子形式）是通过压缩制成的。被重新释放时，它会蒸发并吸收大量的热量，因此被用作制冷剂。尽管氮气是对人类无害的气体，但我们仍不应低估使用液氮会带来的风险，直接接触会引起冻伤，将空气中的氧气换成氮气会引发窒息。

寻找元素

从氮到镁

在化学的悠久发展史中有许多重要事件，其中最具决定性意义、成果最大的是对空气的成分和结构的研究，其开端可追溯到18世纪70年代。

拉瓦锡在他的著作《物理与化学手册》（*Opuscules physique et chimiques*, 1774）中提出了“气体化学”的概念，并对其做了阐释。然而，气体化学实际上是由英国自然学家丹尼尔·卢瑟福、约瑟夫·布莱克、亨利·卡文迪许、约瑟夫·普里斯特利（Joseph Priestley）及瑞典药剂师卡尔·威尔海姆·舍勒（Carl Wilhelm Scheele）发展起来的，并且是基于一种古老的假说——“燃素说”（认为任何物质在燃烧时都会释放出一种名叫燃素的成分）。

拉瓦锡否认燃素的存在，并对化学反应中生成的及空气中存在的各种“空气”进行了彻底的定量分析。他将空气描述为一种混合气体，主要由纯净的可呼吸空气（氧气）和另一种结构与前者不同的气体（氮气）组成。

对燃烧现象的思索以及对空气性质做出的新结论使拉瓦锡最终断言，物质可能以3种状态——固态、液态和气态存在。

▲ 第一位分离出氮的科学家是丹尼尔·卢瑟福（Daniel Rutherford, 1749—1819）。1772年，卢瑟福将豚鼠引入密闭空间，待其消耗了所有可呼吸的空气后点燃了蜡烛，然后他点燃了一定量的磷，直到火焰熄灭。最后，他让密室内剩余的气体通过可以吸收二氧化碳的溶液，并将最终残留的气体称为“有害的空气”（即氮气）。

◀ 卢瑟福坚信氮气便是燃素，然而“燃素说”最终却被拉瓦锡（如图）推翻了。拉瓦锡将空气中的另外两种基本气体分离了出来，并将它们分别命名为“氢气”和“氧气”。在妻子玛丽·安妮（Marie Anne）的支持下，拉瓦锡还提出了许多化学方面的重要发现，他被认为是“化学之父”。

发现时间

7. 氮 1772 年
8. 氧 1774 年
9. 氟 1886 年
10. 氖 1898 年
11. 钠 1807 年
12. 镁 1808 年

▶ 第一个成功鉴定出具有奇异特性的萤石（后来被称为氟石）的人是格奥尔格乌斯·阿格里科拉（Georgius Agricola, 1494—1555），他将萤石描述为金属和矿物的最佳融合。阿格里科拉的另一项杰出成就是对苏打（碳酸钠）的分析。

▲ 冶金学和矿物学史上最重要的著作之一是格奥尔格乌斯·阿格里科拉于1556年出版的《矿冶全书》（*De re metallica*）。书中除对矿物和金属进行了系统的描述外，还首次定义了玄武岩。

◀ 亚历山德罗·沃尔塔（Alessandro Volta）于1800年发明了电池，而电池则为汉弗莱·戴维（Humphry Davy, 1778—1829）（如图）的实验创造了条件。戴维利用电解过程〔在这之前，尼科尔森（Nicholson）已成功对水分子进行了电解〕成功地分离了一些盐，并发现了钠、镁、硼等一系列新元素。

◀ 在瑞典化学家、药剂师卡尔·威尔海姆·舍勒（1742—1786）的理论框架里，空气中存在2种弹性流体——氧气（支持燃烧）和氮气（不支持燃烧）。威尔海姆在一系列伟大的实验中发现了大量的化学元素和化合物，如化学元素钨、钼、氯、氮（与卢瑟福分别独立发现）、锰，以及化合物硫化氢、亚砷酸盐、酒石酸和甘油。1773年，他利用装满硝酸钾和浓硫酸混合物的蒸馏瓶（下图）成功地分离出了氧气。蒸馏瓶被放到火上加热后，无色气体进入底部闪着耀眼光芒的囊中。他将自己的这些研究成果系统地写进同一篇论文中，并于4年后发表。

8 氧 O

氧是宇宙中含量第 3 丰富的元素。氧气以游离态存在于地球上，是一种无色、无味的双原子气体，占大气总量的 21%。在地壳中，氧以化合物的形式大量存在，几乎覆盖了地球上一半的化合物。

氧的名称源自人们的一个错误认知：在过去，人们认为氧气是产生酸（希腊语中的 oxýs）的必备物，尽管人们很快就纠正了这一错误观念。由于氧元素的电负性较大，所以特别容易氧化（使其他元素的原子失去一些电子）。氧元素极易发生反应，因此几乎不可能找到游离态的氧原子。事实上，氧元素更多地以双原子和三原子（臭氧）同素异形体的形式大量存在。

正如我们熟知的，氧对生命体来说是必不可少的元素，因为光合作用和呼吸都需要它的参与。此外，氧在工业中也有应用。

O

● 8 个质子　● 8 个中子　● 8 个电子

▲ 光谱管（或灯）是获取氧的光谱所必不可少的工具，当氧气被离子化后，光谱管会发出耀眼的蓝光。这类仪器适用于不同类型的气体及汞蒸气，通常呈毛细管状。

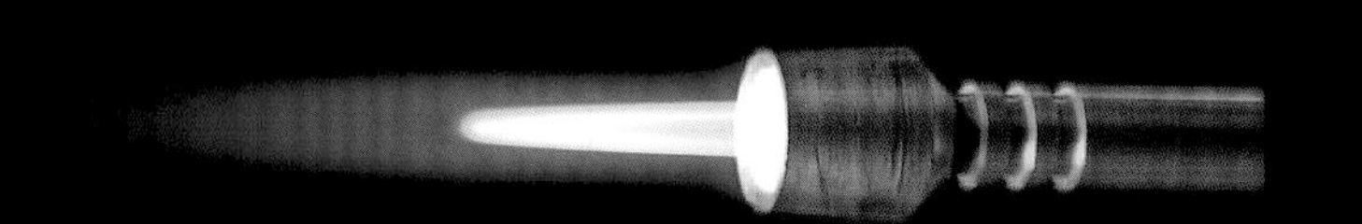

氧的属性	
原子质量：	15.999 u
原子半径：	60 pm
密度：	1.429 kg/m^3
摩尔体积：	17.36 × 10^{-3} m^3 / mol
熔点：	−222.8 ℃
沸点：	−182.97 ℃
晶体结构：	立方体

▲ 氧乙炔焊是最早的焊接方法之一，可以追溯到 19 世纪末，是通过乙炔（一种碳氢化合物）燃烧（与纯氧发生反应）产生的能量进行的。使用氧乙炔焊的过程中不需要通电。焊接火焰分为 3 个不同的区域：第 1 个区域在出口处，是整个火焰的中心，也是最热的部分，呈耀眼的白色；第 2 个区域是与周围空气中的氧气接触并发生燃烧的位置，燃烧过程中会释放出热量，发出蓝色光芒；第 3 个区域呈羽毛状，燃烧的产物就位于这一区域。

1s	2s	2p	3s	3p	3d	4s	4p	4d	4f	5s	5p	5d	5f	6s	6p	6d	6f	7s
2	2	4																

◀ 氧在波长较短的可见光区（浅蓝—靛蓝—紫色）中的发射谱线非常密集。氧原子在第 2 能级有 6 个电子，因此非常容易与其他元素发生氧化反应。

▶ 氧气浓缩器迅速取代了仅供给液态或气态氧的家用医疗设备。大气压力的变化会使混合在一起的气体彼此分离，氧气浓缩器正是依据此原理将空气中的氮（约 78%）过滤掉，将包括氧气在内的其他气体留下。

▶ 铁锈是铁与富氧空气或水接触时发生氧化反应生成的化合物（与碳和硫酸酐发生化学反应也可产生铁锈），其他金属的表层覆有一层具有保护作用的氧化层，所以不会生锈。

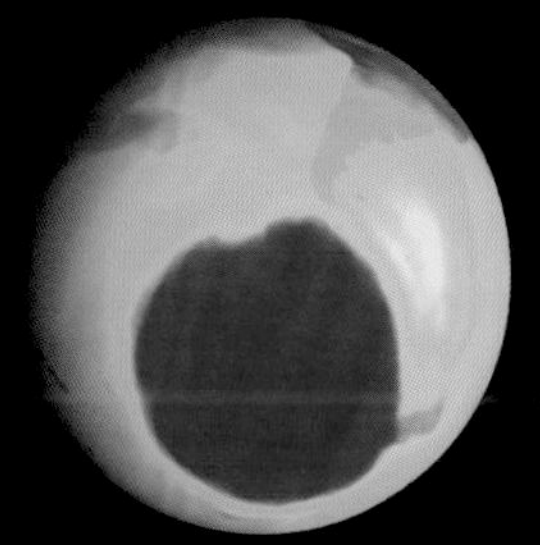

◀ 臭氧空洞是指大气平流层中由三原子氧组成的云层减少的现象，而这一云层能够吸收有害的太阳辐射。

人体内的氧气循环

人类的呼吸系统通过红细胞将氧气从外部输送到器官内，然后将产生的二氧化碳排出。肺部是完成这一过程的基本器官，肺泡专门负责上述 2 种气体的交换。

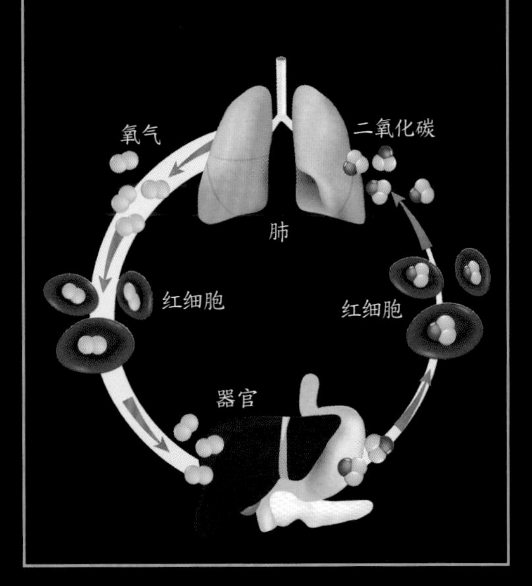

▶ 在外层空间（有空气的空间以外），气体以稀疏的颗粒形式存在，数量极少，无法满足呼吸系统正常运转。氧气在宇宙中并不罕见，但分布不均匀，因此宇航员必须身着特制的航天服。

9 氟 F

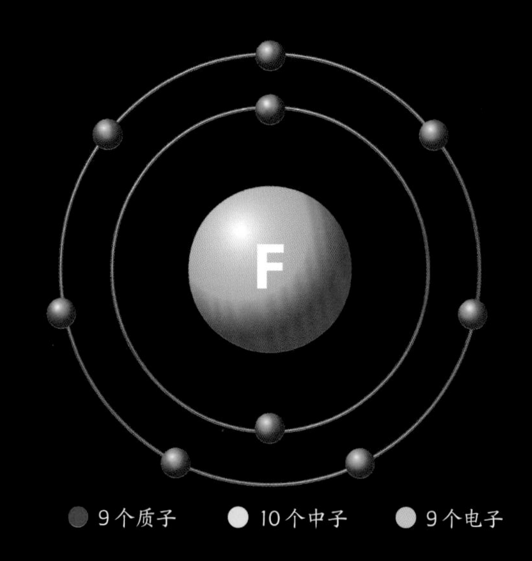

氟是元素周期表中排在第1位的卤族元素，常温下单质以气体的形态存在，有刺鼻的气味，颜色为浅黄色。氟是一种极易发生反应的元素，而且是所有元素中电负性最大的。

氟存在于多种化合物中。氟气是一种毒性极强的气体，但氟在地球上一般以氟离子的状态存在于氟石和氟磷灰石矿物中。氟气与氢气接触会引起剧烈爆炸，与有机化合物之间也会发生剧烈反应。因此，接触单质形式的氟极易对人体造成危害。

氟的应用范围比较广泛，从医疗和制药领域（如麻醉剂）到电池行业，再到润滑剂和冷却液（如氟利昂）的生产。

由于游离态的氟气非常稀有，所以氟气一般都是通过电解氢氟酸制成的。氢氟酸是使用硫酸与地壳中常见的矿物（如氟石）发生化学反应获得的。

▼ 氟石由氟化钙构成，是一种常见的矿物，它的名字来源于其主要构成元素——氟。氟石能发光是因为受到电磁辐射后它的一部分能量进行了再释放。氟石发出的光称为荧光。

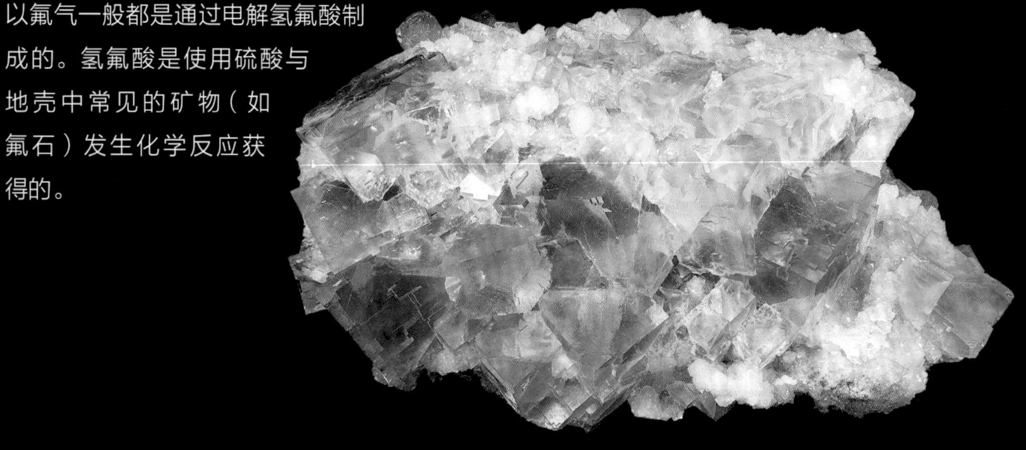

氟的属性

原子质量：	18.998 u
原子半径：	50 pm
密度：	$1.696\ kg/m^3$
摩尔体积：	$11.2 \times 10^{-3}\ m^3 / mol$
熔点：	−219.62 ℃
沸点：	−188.12 ℃
晶体结构：	立方体

▼ 氟可以增强牙齿的珐琅质，从而更好地保护牙齿免受酸的腐蚀，让人们远离龋齿。近几十年来，出现了大量的相关口腔卫生产品和氟补充剂供消费者选择。

1s	2s	2p	3s	3p	3d	4s	4p	4d	4f	5s	5p	5d	5f	6s	6p	6d	6f	7s
2	2	5																

◀ 在氟的光谱中，在黄色到红色之间的区域中发射谱线最密集，在可见光谱的其他区域则比较稀疏。氟原子的 9 个电子排列在前 2 个能级中，这 2 个能级的轨道上只有 1 个空位，其余全部被电子充满。

▶ 氟乙酸是一种含氟的剧毒化合物，无色、无味且易溶于水，这些特征使其成为自然界中最危险的毒药之一。尽管主要通过人工合成获得且用于灭鼠，但某些植物中氟乙酸的含量足以致命。图中所示为毒叶木（gifblaar），它是一种有毒的植物，生长在非洲南部的许多地区。金合欢和茶树等植物中都含有不同浓度的氟乙酸，可见人们是有可能碰到剂量足以致命的氟乙酸的，因此它在世界许多地区被禁用就不足为奇了。

▼ 氟是特氟龙（一种耐高温的塑料）的组成元素之一。

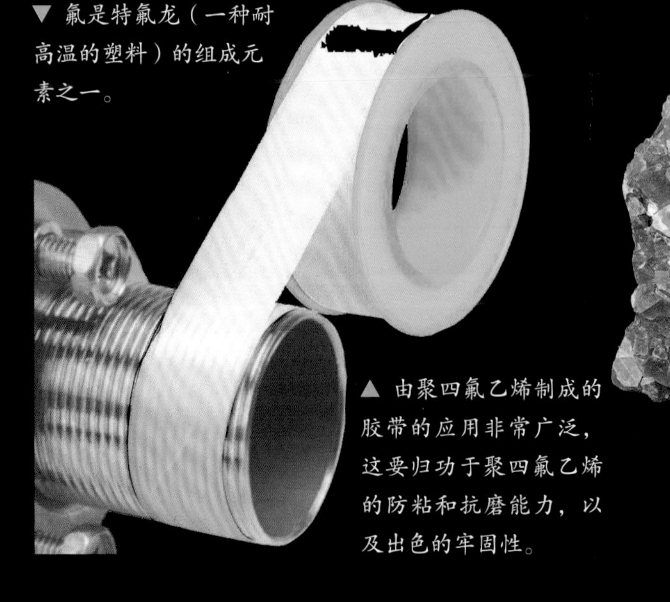

▲ 由聚四氟乙烯制成的胶带的应用非常广泛，这要归功于聚四氟乙烯的防粘和抗磨能力，以及出色的牢固性。

◀ 在上一页中我们看到的氟石是蓝色的，但这并不是自然界中氟石的唯一色调，粉红色（如图所示）、蓝色、黄色、绿色、白色或红色等颜色应有尽有。较低的折射率使氟石有了独特的美感，从而在光学和装饰品行业中被广泛使用。

分子

酸

酸的定义由美国化学家吉尔伯特·牛顿·路易斯(Gilbert Newton Lewis)提出。酸的原子会从另一个原子（碱的原子）那里获得一对电子。可以用 pH 值（H^+ 离子的浓度）来衡量酸获得的电子对的强度：pH 值越接近 0，则酸度越高；pH 值越接近 7，酸度越低。当一种物质的 pH 值达到 7 时，它就不再呈酸性，而是呈中性了。

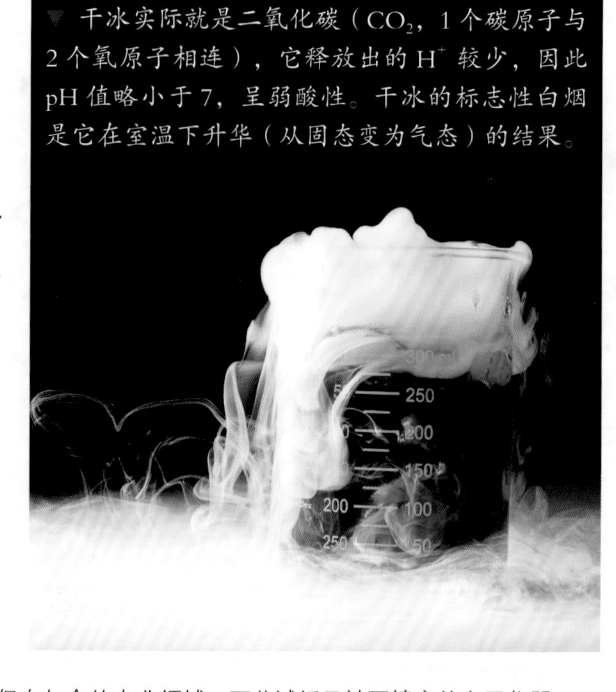

▼ 干冰实际就是二氧化碳（CO_2，1 个碳原子与 2 个氧原子相连），它释放出的 H^+ 较少，因此 pH 值略小于 7，呈弱酸性。干冰的标志性白烟是它在室温下升华（从固态变为气态）的结果。

我们可以借助一些工具来检测一种物质是否呈酸性，如著名的石蕊试纸。但在如今的专业领域，石蕊试纸已被更精密的电子仪器——pH 计（由于有特殊的传感器，它还可以测量固体和半固体等物质的参数）取代了。

一些物质（如水）可以呈酸性、中性或碱性，这样的物质具有“两性”。汽车等工业领域排放的硫酸酐会导致酸雨，而它会使植被受到严重损害，因为植物的营养物质（如钙）的浓度会因它而降低。

BATTERY NH3 NaClO NaOH

酸 0 1 2 3 4 5 6 7 8 9 10 11 12 13 14 碱

▲ pH 值衡量的是水溶液中酸的强度，而数值 7 是酸和碱之间的中性值，25℃时水的 pH 值是 7。pH 值大于 7 的是碱性物质、小于 7 的是酸性物质。我们可以通过将特殊的指示剂浸入溶液来检测其 pH 值，石蕊试纸是最著名的指示剂，它的颜色会根据酸性强度的大小而改变（从红色到蓝色）。

0：	酸性电池	7.4：	鲜血
2：	柠檬汁	8.1：	海水
2.5：	碳酸饮料	9：	加热过的碳酸钠
4.3：	酸雨	11：	氨气
5.6：	干净的雨水	12.6：	漂白剂
7：	蒸馏水	14：	氢氧化钠(烧碱)

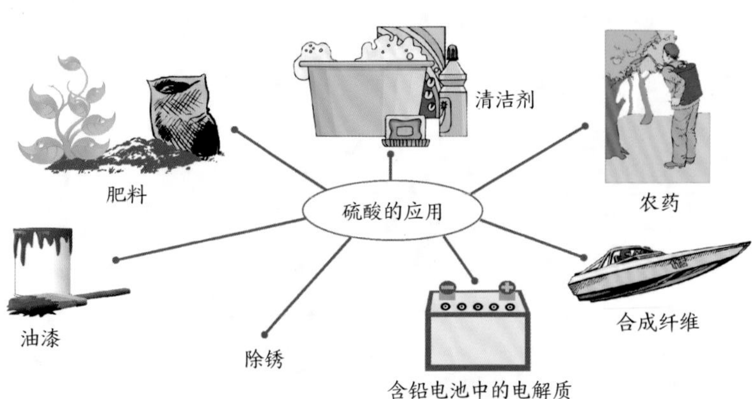

◀ 在商业和工业领域中应用范围最广的强酸之一无疑是硫酸（H_2SO_4，分子中含2个氢原子、1个硫原子和4个氧原子），其pH值为1.7。在工业化初期，硫酸就已经作为合成化合物被使用了。如今，硫酸已成为被生产和消费最多的产品，主要是因为它是很出色的试剂。

▶ 乙酸（$C_2H_4O_2$，分子中含2个碳原子、4个氢原子和2个氧原子）虽然在自然界中就存在，但仍被大量人工合成而用于工业领域（图为20世纪80年代初期的乙酸合成装置），多用作试剂或用于制造塑料。乙酸是一种弱酸，但具有很强的腐蚀性。自古以来，它因存在于葡萄红酒醋以及生物体内而广为人知。

胃酸

胃对食物进行消化的过程是将食物转化为更简单、更容易被机体吸收的物质的过程。这一过程中发挥关键作用的是胃液，其主要成分是盐酸（HCl，分子中含1个氢原子和1个氯原子），即一种由胃壁细胞分泌的强酸，在0.1mol/L的溶液中的pH值为1。这个pH值意义重大，若是偏离太多就会对胃本身造成严重的危害，因此胃必须调动不同的机制（如黏膜分泌物或服用碳酸氢钠）进行自我保护。

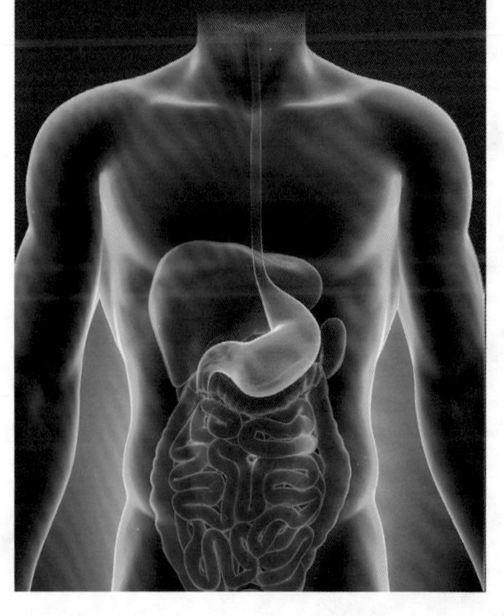

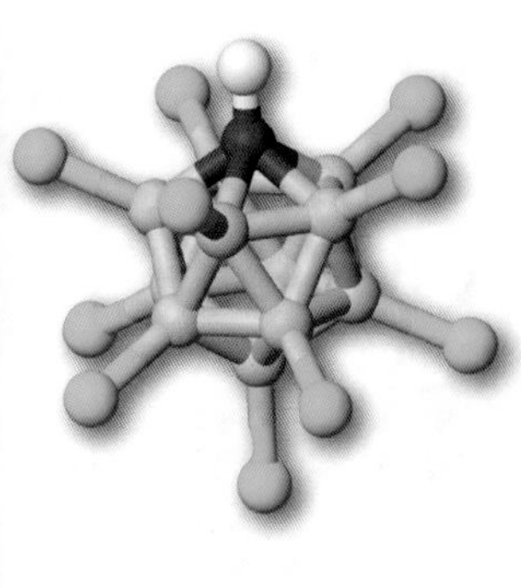

◀ 碳硼烷酸是碳和硼的化合物，酸度比硫酸或盐酸强100万倍，因此被称为“超强酸”。与其他超强酸不同，碳硼烷酸可以保存在玻璃容器中，因为它不会和玻璃容器发生反应。图为碳硼烷酸根（$CHB_{11}Cl^-_{11}$）的结构示意图。

10 氖 Ne

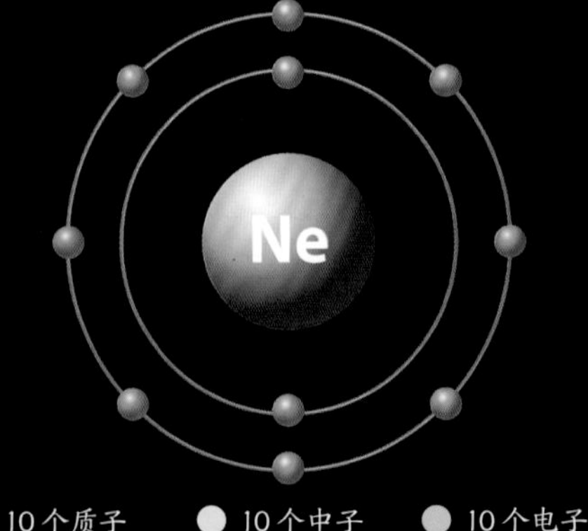

氖气（希腊语 neos，意思是新的）是一种稀有气体（也称惰性气体），是元素周期表的最后一列中仅次于氦的第 2 种元素。氖元素存在于地球大气层中，基本以单原子状态存在。我们可以用蒸馏空气的方法将氖气分离出来。

尽管氖气没有颜色和气味，但我们可以在照明的广告霓虹灯（多数是橙红色）里找到处于离子状态的氖气（实际上其他气体也可以承担这样的照明功能）。

由于氖气具有很强的制冷能力，因此它在某些特定的用途中可以替代氦气和氢气。但氖气最主要的用途是制造灯、激光器（与氦气一起）以及显示器的阴极射线管（几十年前较为常用）。

氖的稳定同位素有 3 种，分别是氖-20（最常见）、氖-21 和氖-22，它们在火山气体中少量存在，这是除大气之外氖的唯一来源。

▼ 虽然氖气在自然状态下是无色的，但当达到白炽状态时会发出橙色的光。城市中的众多广告牌发出的便是这种灯光，由于其中还混杂着其他气体，因此会呈现千百种色调。

氖的属性

原子质量：	20.180 u
原子半径：	154 pm
密度：	0.8999 kg/m^3
摩尔体积：	$13.23 \times 10^{-3} m^3 / mol$
熔点：	−248.59 ℃
沸点：	−246.08 ℃
晶体结构：	立方体

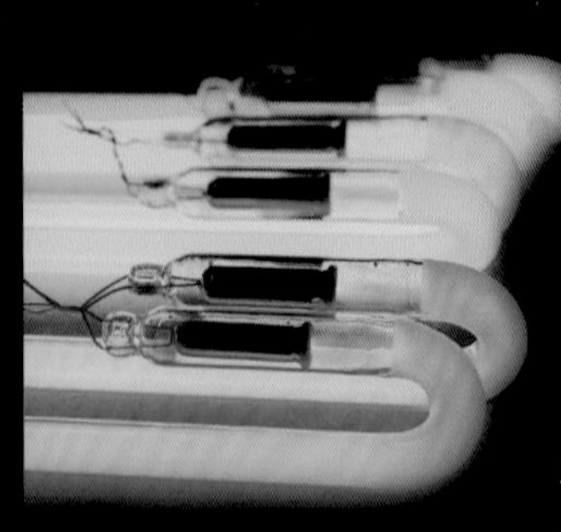

◀ 荧光灯管和霓虹灯的使用非常广泛，尤其是办公室和公共场所的照明。然而，它们现在正逐渐被 LED 灯取代。典型的玻璃灯管内不只含有氖气，通常还会含有稀有气体及 1 滴汞。上述装置需与 2 个电极配套使用。

1s	2s	2p	3s	3p	3d	4s	4p	4d	4f	5s	5p	5d	5f	6s	6p	6d	6f	7s
2	2	6																

◀ 在氖的光谱中，从黄色到红色区域的发射谱线比较密集，由此可以看出其电磁辐射相当极化。在它的可见光谱中也是这几种颜色占主导。在这里，我们可以看到八隅规则的作用——所有轨道都被电子占满，因而氖是一种惰性气体。

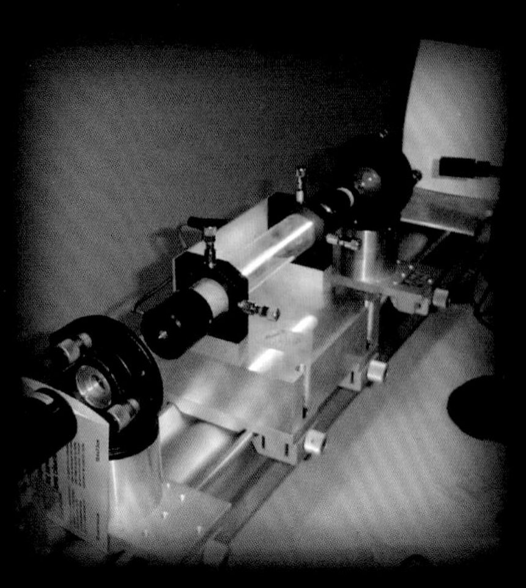

◀ 在现有的各种类型的气体激光器中，氦氖激光器是在工业领域和科学研究中应用最广泛的激光器之一。以上两个领域会频繁用到从全息术到光谱学的各种光学技术和实验，激光束呈现的是典型的红色。

▼ 阳极和阴极分别位于氦氖激光管的两端，它们之间能释放上千伏的电，这可以确保氦氖激光管（通常长度不超过 20 厘米）发出一束强光。这束强光的行进方向由两面镜子共同确定，其中一面镜子是反射率为 99% 的半反射镜。

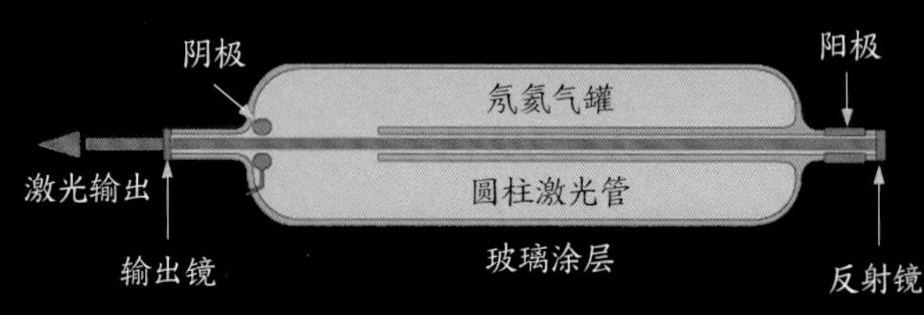

阴极射线管中的氖

在以阴极射线管系统（CRT）为基础的电视技术诞生后，这一基础系统既有经典的单色版本，也有后来的三色(红—绿—蓝色)版本。阴极沿电子管内部发射一束电子，之后电子向屏幕内部的阳极偏转。阳极上有一个磷光体平面（过渡金属），它在被电子撞击时会发光。金属掩模会吸收多余的电子，否则这些电子将引发干扰而使颜色失真。

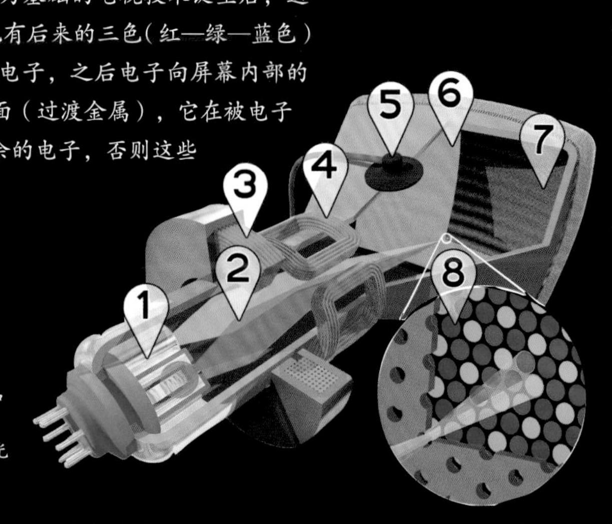

1 电子枪
2 电子束
3 聚焦线圈
4 偏转线圈
5 阳极（正极）
6 用于分离显示图像的红色、绿色和蓝色部分光束的掩模
7 具有红色、绿色和蓝色区域的磷光粉涂层
8 涂有磷光粉的屏幕内侧的特写

11 钠 Na

钠是碱金属元素，是其所在周期中的第 1 种元素，位于周期表的第 3 行。钠极易发生反应，所以我们可以在大量天然化合物中发现它。

钠与空气接触极易被氧化，与水接触更容易被氧化。钠是地球上含量排名第 6 位的元素，也是含量最丰富的碱金属元素。钠主要以氯化钠（食用盐）、碳酸钠、硼砂、硝酸钠、硫酸钠等的形式存在，它们通常溶于泉水、湖泊和海洋中。通过电解可以获得游离态的钠。和氖一样，钠也被用于照明灯光多为琥珀色，因为在钠的发射光谱中黄色是主导色，我们在恒星的连续光谱中观察到的也是这样，因为恒星中含有大量的钠元素。氯化钠是钠元素最常见的化合物，它是细胞代谢的基础。

▼ 钠蒸汽灯的灯光颜色是淡琥珀色，我们在许多街道的照明中都看到过这种颜色。这与氖用于照明时发出的光的颜色不同，但 2 种颜色都极易辨识。钠蒸汽灯分为低压的和高压的 2 种。图中所示为低压的钠蒸汽灯，主要用于低消耗品。

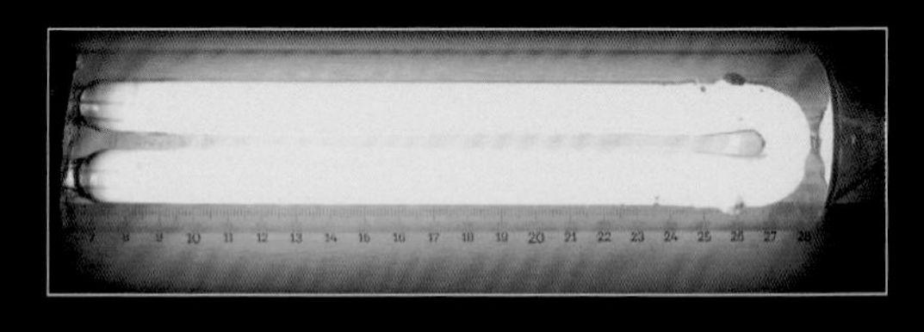

▼ 和所有碱金属一样，钠的表面光滑，呈现出发亮的银色，反射出来的光是粉红色的。钠的气味和味道很特殊，很容易发生反应，与空气接触时容易发生氧化，表面会被不透明的厚氧化物层覆盖。钠的外观与铝非常相似，但铝不像钠这么容易发生氧化。

钠的属性

原子质量：	22.990 u
原子半径：	180 pm
密度：	968 kg/m^3
摩尔体积：	$23.78 \times 10^{-3}\ m^3$ / mol
熔点：	97.72 ℃
沸点：	882.85 ℃
晶体结构：	体心立方

1s	2s	2p	3s	3p	3d	4s	4p	4d	4f	5s	5p	5d	5f	6s	6p	6d	6f	7s
2	2	6	1															

◀ 钠的光谱中发射谱线的数量特别少，一共只有5条，其中2条相对较宽的呈橙黄色，被称为“钠光双线”或“D谱线”。第3能级中只有1个电子，这说明钠是一种很容易发生反应的元素。

◀ 用装有钠的玻璃管做实验可以证明钠的共振荧光现象（与光源相互作用并增强其光线的能力）。仪器发出黄色光线时，玻璃管会亮起来；如果仪器发出一束具有连续光谱的白光，玻璃管将会发射一道吸收谱线的光。

▲ 肥皂其实是一种有机酸钠盐，能够溶解脂质，是通过将动物或植物脂肪皂化（在脂肪中加入氢氧化钠，将它们混合并加热，再向其中加入水和氯化钠）而制成的。

▼ 氯化钠是在盐田里生产出来的，利用了海水的自然蒸发，每立方米海水大约能获得30千克氯化钠。图为玻利维亚的乌尤尼盐沼（Salar de Uyuni），是世界上最大的“咸沙漠”（堆成一堆是为了促进水的蒸发）。

分子

碱

在炼金术的黄金时代，碱被看作是用来中和酸的物质。和酸一样，碱的定义也是由吉尔伯特·牛顿·路易斯提出的。酸碱质子理论认为，只有当物质的 pH 值大于 7 时才能认定该物质是碱，其中能完全电离并具有很强腐蚀性的被定义为强碱。常见的强碱包括漂白剂和氢氧化钠等。从性质和构型上看，氢氧化物几乎都是强碱性物质，因为它们倾向于释放 OH^- 离子。

和酸一样，除了通过实验测出 pH 值外，碱也可以通过其他方式检测，这是由于酸和碱在味道和反应现象上各有一些独有的特征。碱的味道很苦，和脂类相遇时会生成氢氧化物并冒出气泡，而酸能溶解多种物质。

▲ 氢氧化锂是一种碱性化合物，具有很强的腐蚀性，其化学式为 LiOH。图为氢氧化锂分子的结构示意图，它由 1 个锂原子（紫色）和 1 个氢氧根离子（白色的是氢原子，红色的是氧原子）组成。氢氧化锂可以用来生产碱性电池和陶瓷电池。

▲ 氢氧化钾（KOH，也称苛性钾）的 pH 值很高，因而常被用作酸度调节剂。它在自然界中以白色无味的固体形式存在，具有很强的腐蚀性。氢氧化钾在工业上有许多用途，如用于生产碱性电池和肥皂。

▼ 氢氧化镁常被用作抗酸剂，其化学式为 $Mg(OH)_2$，由 1 个镁原子和 2 个氢氧根离子组成。它是白色的，而且和所有氢氧化物一样属于强碱性物质。氢氧化镁在水中的悬浊液称为氢氧化镁乳剂，被用作调节胃功能的药物。

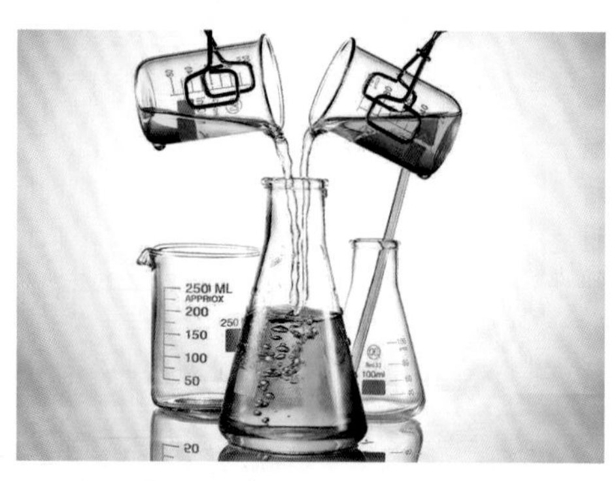

▲ 酸和碱混合在一起而发生的反应被称为酸碱反应，其主要特征是反应前后各元素的化合价保持不变。比较典型的酸碱反应是碳酸氢钠和乙酸发生反应生成乙酸钠。

▼ 在水镁石（即氢氧化镁）的六方晶体结构中，镁原子（黄色）和氢氧根离子（白色和红色）均匀分布。这种矿物于19世纪初在结晶石灰岩中被发现，可用于提取镁盐和镁单质。

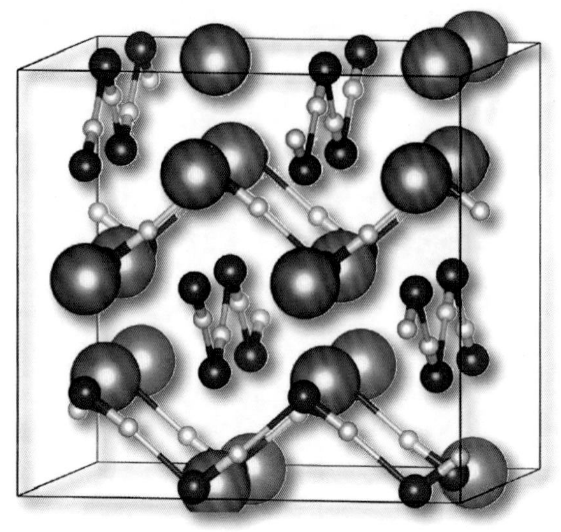

强酸、强碱、高浓度的弱酸和弱碱都具有强烈的腐蚀性，会对人体造成严重损害。它们与人体接触时引起的化学灼伤会完全破坏人体的组织和黏膜。它们进入人体内则会造成胃黏膜穿孔等严重损害。

释放离子

酸溶于水时会释放出氢离子（H^+）：如果是强酸，则会释放出所有的氢离子；如果是弱酸，则只会释放一部分氢离子。同样，碱溶于水会释放氢氧根离子（OH^-），通过测定氢氧根离子的浓度就可以评估一种碱是强碱还是弱碱。

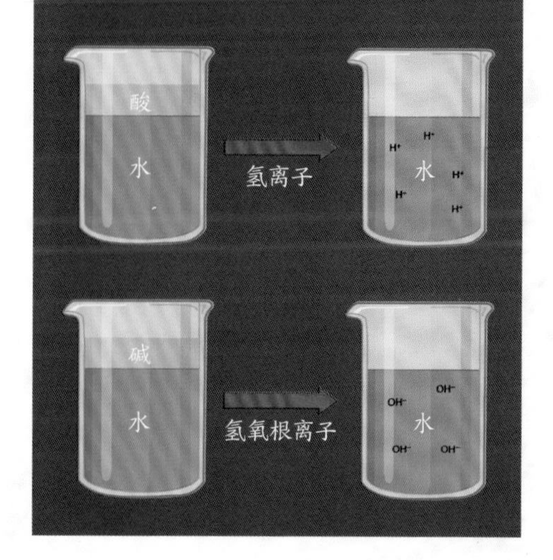

12 镁 Mg

镁在自然界中的含量排在第 8 位，在海水中的含量则排在第 3 位。镁是一种极易发生反应的金属，因而不以游离态存在，它是多种化合物的构成元素。

镁是人体的必需元素，近几十年来，它在健康产业中极受重视。它存在于许多矿物质（如菱镁矿和白云石）中，它的氧化物用途广泛，尤其是在农业领域。镁单质是通过电解氯化镁获得的。

镁铝合金比较容易回收利用，在化学工业中经常充当黏结剂使用，在市场上非常受欢迎。镁铝合金可以用于制造饮料罐和汽车轮胎，它在汽车领域的应用尤其多，许多之前用钢和其他金属制成的零部件现在都改用镁铝合金来生产。

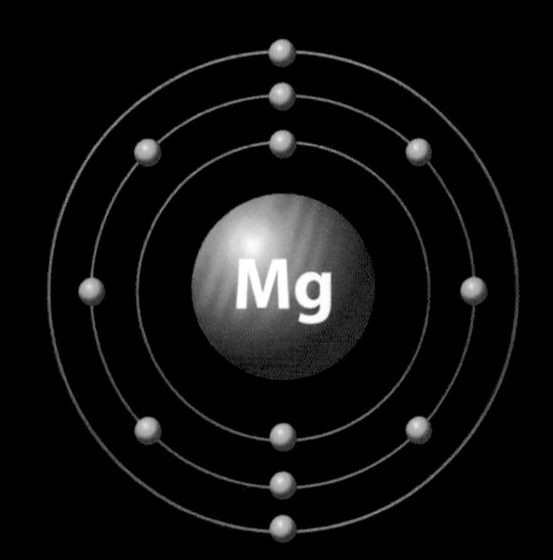

12 个质子　12 个中子　12 个电子

◀ 自然状态下的镁是一种轻而硬的金属，被氧化后呈不透明的银白色。图中所示是为各种工业用途准备的镁颗粒，这些工业用途包括生产金属电缆、处理球形石墨、熔融金属等。

◀ 碳酸镁粉是一种出色的止汗剂。在一些体育项目中，如艺术体操、举重、撑竿跳高、掷链球或标枪等，运动员必须牢牢抓住器械，而碳酸镁粉就可以有效防止因流汗而带来的问题。碳酸镁粉通常以密实的块状形式出售，使用时需用手揉搓。

镁的属性	
原子质量：	24.305 u
原子半径：	150 pm
密度：	1 738 kg/m^3
摩尔体积：	14.00×10^{-3} m^3 / mol
熔点：	649.85 ℃
沸点：	1 089.85 ℃
晶体结构：	六方晶系

1s	2s	2p	3s	3p	3d	4s	4p	4d	4f	5s	5p	5d	5f	6s	6p	6d	6f	7s
2	2	6	2															

◀ 在镁的光谱中，绿色的发射谱线尤为密集。它与另外2种邻近的颜色谱线对应镁的三重态能级结构。化学家和天文学家只需看上一眼就能识别出镁，因为它是在恒星光谱的吸收线中能被观察到的典型元素之一。

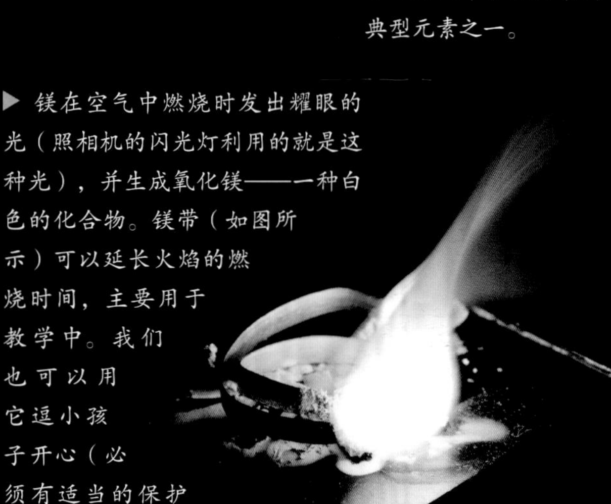

▶ 镁在空气中燃烧时发出耀眼的光（照相机的闪光灯利用的就是这种光），并生成氧化镁——一种白色的化合物。镁带（如图所示）可以延长火焰的燃烧时间，主要用于教学中。我们也可以用它逗小孩子开心（必须有适当的保护措施）。

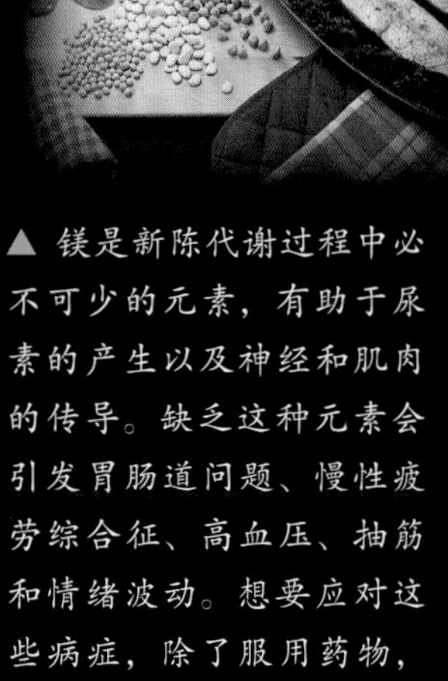

▲ 镁是新陈代谢过程中必不可少的元素，有助于尿素的产生以及神经和肌肉的传导。缺乏这种元素会引发胃肠道问题、慢性疲劳综合征、高血压、抽筋和情绪波动。想要应对这些病症，除了服用药物，还应多摄入含镁的食物，如全谷物、可可粉、干果（核桃、杏仁和花生）、小米、荞麦、菠菜等。另外，有些矿泉水中也富含镁元素。

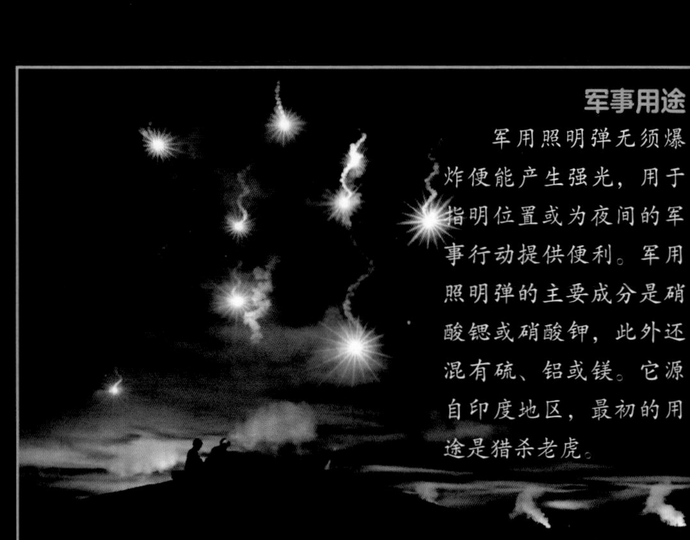

军事用途

军用照明弹无须爆炸便能产生强光，用于指明位置或为夜间的军事行动提供便利。军用照明弹的主要成分是硝酸锶或硝酸钾，此外还混有硫、铝或镁。它源自印度地区，最初的用途是猎杀老虎。

寻找元素

从铝到钾

路易吉·伽伐尼（Luigi Galvani，1737—1798）和亚历山德罗·沃尔塔（Alessandro Volta，1745—1827）在电学方面的发现（包括电在理论和实践方面的应用潜力）为现代电化学〔真正的先驱是汉弗莱·戴维（Humphry Davy）〕的诞生铺平了道路。

1800年，威廉·尼科尔森（William Nicholson，1753—1815）偶然完成了电解水这一过程。紧随其后，戴维用了不到2年的时间就通过电解的方法发现了6种新元素，并将这6种元素从化合物中成功分离出来。因为戴维的发现，人们才从碳酸钠中获得了钠，从氢氧化钾中获得了钾，从钙和锂的氧化物中分别获得了钙和锂，从锶和镁的化合物（与汞的氧化物混合）中分别获得了锶和镁。

当时的科学家已经普遍认识到电有着一种固有属性——能改变带有相反电荷的物质的化学性质。最终，迈克尔·法拉第（Michael Faraday，1791—1867）提出了著名的电解定律〔该术语由后来的威廉·惠威尔（William Whewell，1794—1866）提出〕，确定了电解过程的完整顺序。

▲ 威廉·尼科尔森学识极为渊博，发表了许多受欢迎的文章和叙事作品。除此之外，他还是一位出色的实验化学家、在新型科学和工业设备领域非常大胆的制造商。1800年，他通过电解成功将水分解成氢气和氧气，而这一成就则催生出历史上第一本英文版专业科学期刊。

◀ 丹麦物理学家、化学家汉斯·克里斯蒂安·奥斯特（Hans Christian Oersted，1777—1851）的主要成就体现在电磁和用指南针做实验方面，他还是第一个分离出铝单质的人，但所得的铝的纯度不高（钾和氯化铝反应后的生成物）且过程既复杂又昂贵〔后来被弗里德里希·维勒（Friedrich Wohler）和亨利·圣克莱尔·德维尔（Henri Sainte-Claire Deville）改进〕。1886年，奥斯特分离铝单质的方法被霍尔-埃鲁（Hall-Héroult）法取代。

▲ 动物体内的磷会随尿液排出，炼金术士通过蒸馏尿液成功分离出了磷。这幅 1795 年的版画描绘的是炼金术士亨宁·布兰德（Henning Brand，第一个发现磷的人）正对着装有磷的蒸馏瓶祈祷。众所周知，炼金术是神秘主义和实验的结合。

▼ 图中所示为汉弗莱·戴维用来分离钠和钾的仪器示意图。S：苛性钠或苛性钾的湿块；M：汞，放在装有苛性钠或苛性钾的凹槽中；P：插入汞中的铂丝；P'：连接到正极的铂层。

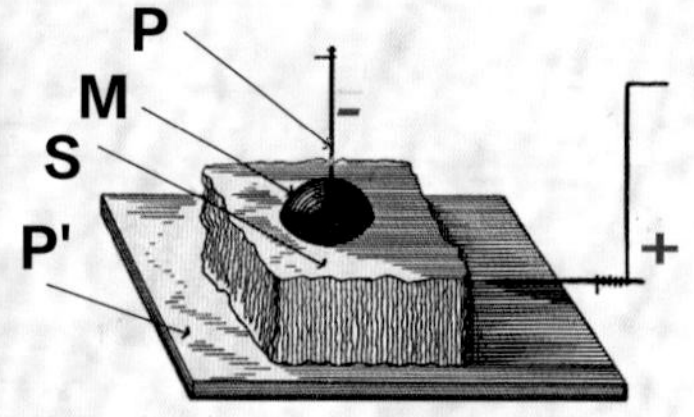

通过电解，戴维成功从苛性钠和苛性钾中分别分离出了钠和钾。他还用同样的方法分离出了钙和镁。

发现时间	
13. 铝	1825 年
14. 硅	1824 年
15. 磷	1669 年
16. 硫	古代
17. 氯	1774 年
18. 氩	1894 年
19. 钾	1807 年

▶ “有机化学之父”永斯·雅各布·贝采利乌斯首先提炼出了游离态的硅（拉瓦锡于 1787 年发现该元素），他采用的方法是将四氟化硅与钾一同加热，再将它们反复溶于溶剂中提纯。

13 铝 Al

铝是一种具有延展性的金属，质轻而坚固。与空气接触后，铝的表面会立刻生成一层抗氧化的保护层，因而不会轻易被腐蚀。除了上述特性外，铝还能导电和导热，因而在工业和家用方面都不可或缺。

在地球上，铝一般与其他元素（如硫、硅和氧）结合在一起并存在于矿物中，是最常见的元素之一。铝大量存在于铝土矿（遍布于北美和东欧地区的矿物）中，铝土矿被用来提取铝。从铝土矿中提取铝需要两道工序，尽管其中之一是昂贵的电解过程，但铝还是很受人们的欢迎，因为它在地球上的含量相对丰富，而且具有一系列独特的特性（特别是延展性），这弥补了它在生产成本上的劣势。铝几乎遍布在消费产品和基础设施中。

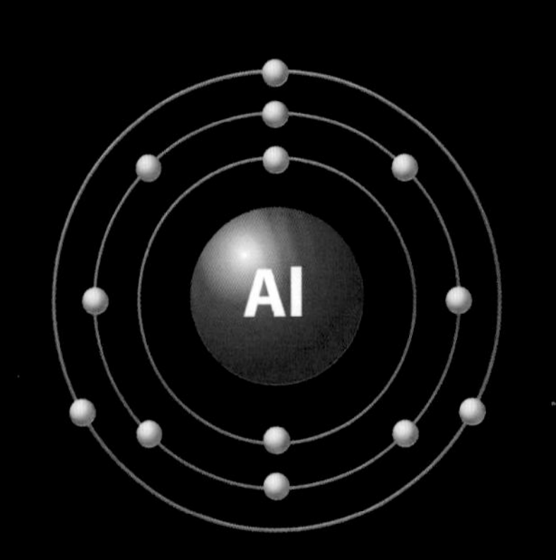

● 13个质子 ● 14个中子 ● 13个电子

◀ 铝在游离态下柔软且脆弱，具有非常优秀的延展性，因而会让人误以为它不可能与其他材料结合在一起而变得像钻石一样坚硬。但实际上，坚硬的红宝石和蓝宝石晶体都是由氧化铝构成的。由于铝的提取过程十分复杂，所以铝在几乎整个19世纪都比金更贵重。直到1886年，查尔斯·霍尔（Charles Hall）和保罗·埃鲁（Paul H é roult）的提取方法问世，这种状况才得到改变。

铝的属性	
原子质量：	26.982 u
原子半径：	125 pm
密度：	2 700 kg/m^3
摩尔体积：	9.99×10^{-6} m^3 / mol
熔点：	660.32 ℃
沸点：	2 518.85 ℃
晶体结构：	立方体

▶ 锡箔纸（也叫银纸）是薄薄的一层铝片，可以将食品和药品（后者封装在透明塑料罩中）更好地保存起来，也可用于烹饪，因为它们没有毒性。

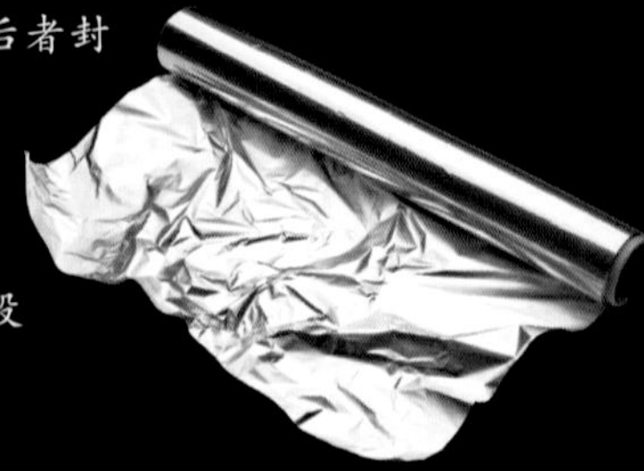

1s	2s	2p	3s	3p	3d	4s	4p	4d	4f	5s	5p	5d	5f	6s	6p	6d	6f	7s
2	2	6	2	1														

◀ 铝的光谱分布较广，但位于可见光谱最边缘区域的红色谱线的数量较少。第 3 能级的 3 个电子很容易与其他元素的电子结合，形成多种化合物和合金。

◀ 现在，用来支撑门窗的框架通常由铝合金制成，因为这种材料几乎不需要维护，既经济又轻巧。此外，铝合金的极佳隔热效果实现了用很少的耗能就能维持建筑物内部的热量，尤其是当建筑中利用到了热切割时（间隔放置的塑料型材层），铝的特性就更能凸显出来了。

▲ 如今，大多数密封的食品罐和容器都是由铝合金制成的，这种材料很容易被回收和再利用——将回收物中的清漆、塑料和其他铝合金都剔除掉，获得了完全纯化的铸锭后就可以将其派上新用场了。

铝的提取工艺

原铝的生产工艺需要两步：先从铝土矿中提取氧化铝，再使用霍尔–埃鲁法提纯。霍尔–埃鲁法的过程：将温度设置为 950 ℃，使氧化铝在容器中熔化；然后向其中添加冰晶石和其他助熔剂（如氟化钙）以形成熔融盐；之后将熔融盐电解便可提取出铝单质（沉淀在机器底部）。重复上述过程，可以持续进行提取。

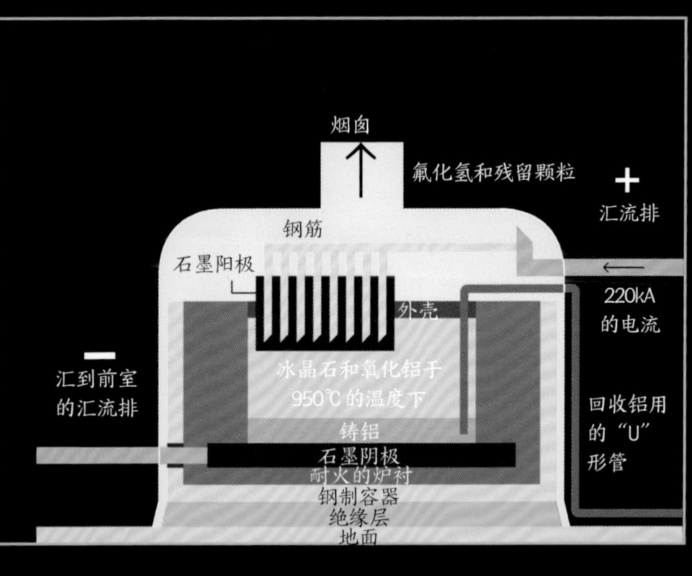

14 硅 Si

硅是元素周期表第 4 族中的第 2 种元素，其某些特性与该族中的第 1 种元素碳相同。不同的地方在于，硅不易发生反应，而且和氧组成的化合物只有固态形式。

自然界中的硅不以游离态存在，比较常见的是它与氧气组成的化合物——氧化物（如石英、紫水晶或燧石）和硅酸盐（如花岗岩、石棉或黏土）。作为半导体材料，硅与硼、磷或镓一起充当晶体管和光伏电池的主要组成元素，并且通常应用在电子材料中。许多材料的组成成分里都含有硅，如玻璃、水泥、陶瓷和硅酮。

过去，由于硅与碳有诸多相似的特征，人们认为硅在地球之外的地方很有可能是碳的替代品，是生命得以出现和维持生存的基本元素。然而，这种假设最终被证明是错误的。

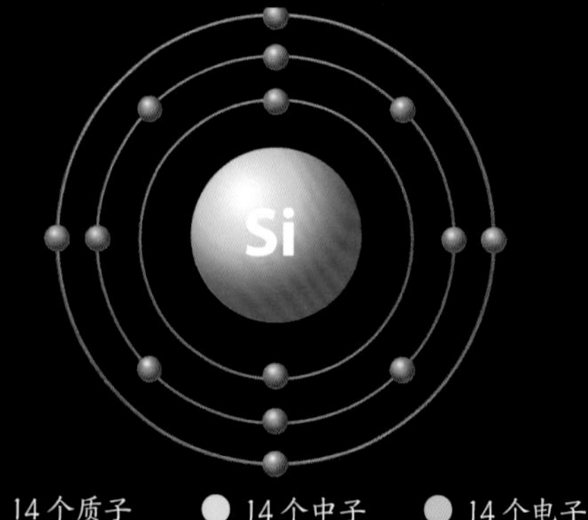

14 个质子　14 个中子　14 个电子

◀ 石英是二氧化硅（通常被称为硅石）的一种晶体结构，通常存在于有磁性的岩石（如花岗岩）或沉积岩（尤其是砂岩）中。石英是地球上分布第 2 广的矿物，由于完全不溶于水，因而能够抵抗大气的影响。

硅的属性

原子质量：	28.086 u
原子半径：	110 pm
密度：	2 330 kg/m^3
摩尔体积：	12.06×10^{-6} m^3 / mol
熔点：	1 413.85℃
沸点：	2 899.85℃
晶体结构：	立方金刚石型

▶ 花岗岩（granito）是地壳中最常见的岩石之一，因其颗粒（grano）状的外观而得名，它的成分中超过 2/3 都是二氧化硅，此外还含有很大比例的氧化铝。花岗岩是一种侵入岩，即岩浆在地下数千米深的地方缓慢冷却后形成的岩石。

1s	2s	2p	3s	3p	3d	4s	4p	4d	4f	5s	5p	5d	5f	6s	6p	6d	6f	7s
2	2	6	2	2														

◀ 硅的发射谱线的分布较为复杂，黄色和蓝色的光束较为密集，而绿色向蓝色过渡部分的光束则间隔较大，较为分散，此外还有2条较宽的橙色谱线。硅原子的最外层有4个电子，很容易与其他元素结合。

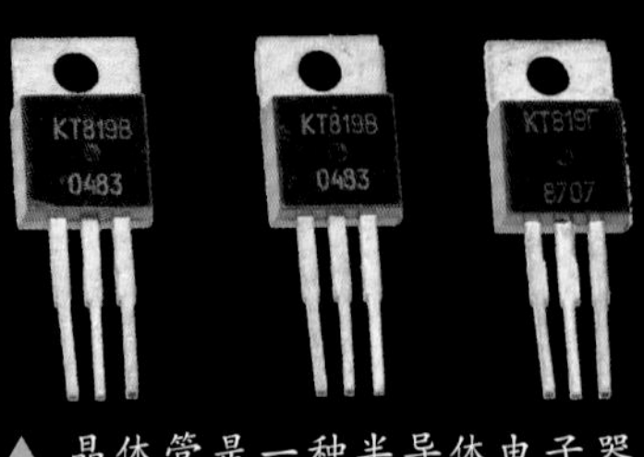

▲ 晶体管是一种半导体电子器件，是构成放大系统和中断系统的基础元件。硅是最适合制造晶体管的元素，世界上高科技产业最集中的地区就因它得名——加利福尼亚州的硅谷。

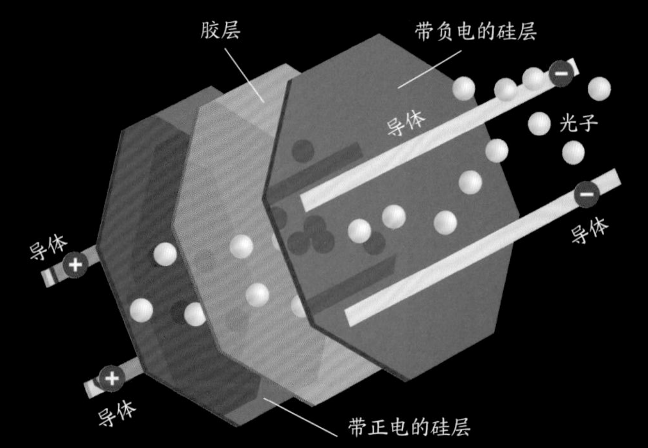

▲ 光伏面板通常由蓝色或黑色的硅片制成，能够将太阳光的光子转化为电能。硅通常和其他元素混合在一起，如在生产晶体管时就会有其他元素的原子加入。在太阳能电池中，掺入磷会形成一层带负电的硅（富余电子），掺入硼会形成一层带正电的硅（缺少电子），一些光子参与进来，使半导体结构中的电子发生运动，从而产生电流。

▶ 集成电路的基本元件是晶片，即非常薄的硅片或锗片，薄片之上是一套电路矩阵，置于特性（导电性、半导电性和绝缘性）各异的材料的微层中。

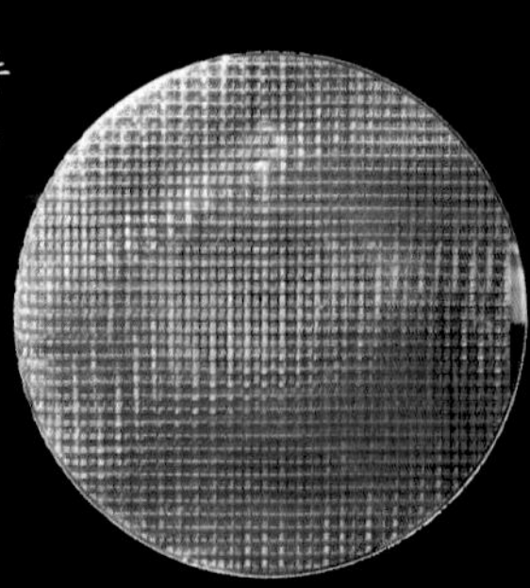

寻找元素

从钙到锰

18世纪，现代科学的研究方法持续发展，现代科学一直在以数学为基础的演绎性理论方法与以经验为基础的归纳性实验活动之间来回摇摆。

从1869年门捷列夫发布元素周期表的那天起，理论与实验之间永恒的对立便重新在化学领域出现了。尽管在描述真实出现的现象时，理论和实验经常各执一词，但两者却同等重要，缺一不可。那么，到底是理论预测了观察结果，还是理论需要靠观察结果来构建呢？

门捷列夫整理出元素周期表后，决定继续按照已有的顺序尝试推测出后面的元素，并给它们附上准确的描述。因此，新元素的名称构成为前缀“eka-”（意为之后）加上同一族中已经发现的元素的名称。例如，eka-boro（现称“钪”）的名称是从硼（boro）衍生出来的，eka-aluminio（现称“镓”）的名称是从铝衍生出来的。

事实证明，门捷列夫的许多预测都是正确的，许多观察结果将他引向了正确的方向，但也有很多预测是错误的。这再一次说明理论和实验虽然相互竞争，却也彼此依附。

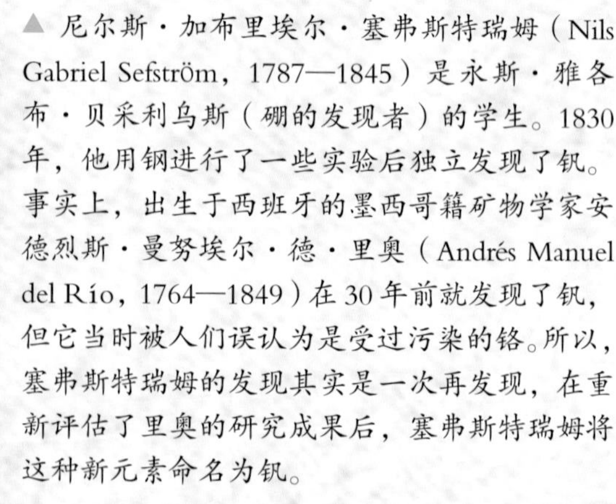

▲ 尼尔斯·加布里埃尔·塞弗斯特瑞姆（Nils Gabriel Sefström，1787—1845）是永斯·雅各布·贝采利乌斯（硼的发现者）的学生。1830年，他用钢进行了一些实验后独立发现了钒。事实上，出生于西班牙的墨西哥籍矿物学家安德烈斯·曼努埃尔·德·里奥（Andrés Manuel del Río，1764—1849）在30年前就发现了钒，但它当时被人们误认为是受过污染的铬。所以，塞弗斯特瑞姆的发现其实是一次再发现，在重新评估了里奥的研究成果后，塞弗斯特瑞姆将这种新元素命名为钒。

◀ 德国矿物学家、地质学家约翰·哥特洛布·莱曼（Johann Gottlob Lehmann，1719—1767）是地层学的重要先驱之一。1761年，莱曼在西伯利亚乌拉尔进行的一次勘查中发现了一种深橙色的矿物，并鉴定其为铅、铁和硒的化合物。后来，人们又陆续发现了其他矿物，这些矿物都被认为是铅的化合物，并且被广泛地应用于颜料生产领域。直到1797年，化学家尼古拉斯-路易斯·沃克林（Nicolas-Louis Vauquelin）意识到这一系列矿物不是由铅构成的，而是由氯的氧化物构成的。

▶ 安德烈斯·曼努埃尔·德·里奥向著名的博物学家亚历山大·冯·洪堡（Alexander von Humboldt，1769—1859）宣布，自己在从墨西哥收集到的一些矿物中发现了一种新元素——爱丽特罗尼（eritronio，意为“红色”）。但之后的科学检测却错误地将这一重大发现否定了。事实上，爱丽特罗尼确实是一种新元素，它最终被人们命名为钒。

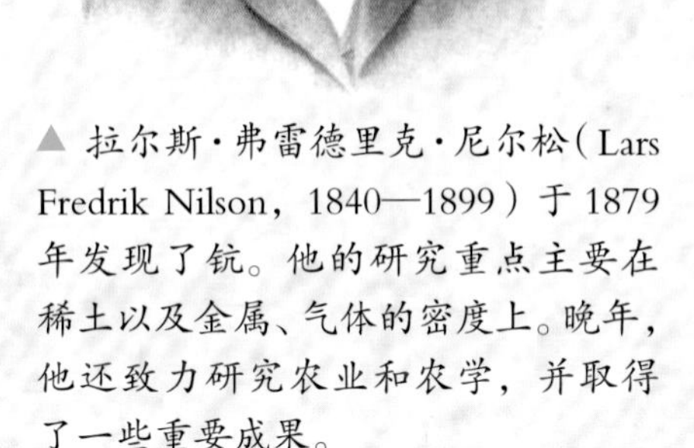

▲ 拉尔斯·弗雷德里克·尼尔松（Lars Fredrik Nilson，1840—1899）于1879年发现了钪。他的研究重点主要在稀土以及金属、气体的密度上。晚年，他还致力研究农业和农学，并取得了一些重要成果。

▲ 卡尔·威尔海姆·舍勒（Carl Wilhelm Scheele，1742—1786）认为二氧化锰（在旧石器时代就已经被发现）是由一种未知的化学元素与氧共同组成的化合物。后来，他的同胞约翰·高特利布·加恩（Johan Gottlieb Gahn，1745—1818）利用碳的一些特性成功将锰分离了出来。

▼ 德米特里·伊万诺维奇·门捷列夫从理论上预测出一些元素的存在（它们当时尚未被实验检测到），从而将自己绘制的元素周期表中的空白都填补上了，钪（门捷列夫将其称为“类硼”）就是被预测出的元素之一。

发现时间

20. 钙	1808 年
21. 钪	1879 年
22. 钛	1791 年
23. 钒	1830 年
24. 铬	1798 年
25. 锰	1774 年

15 磷 P

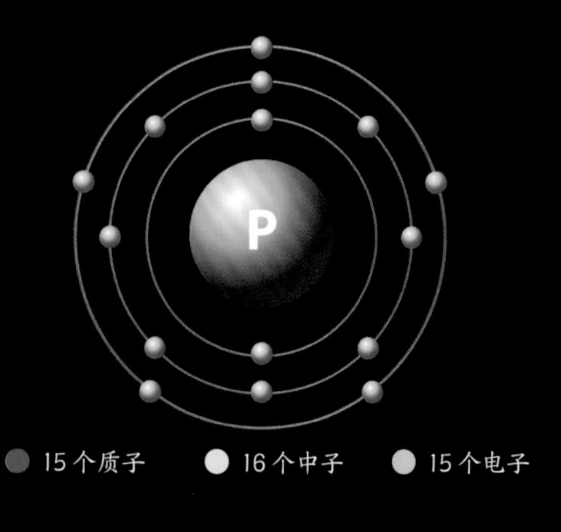

磷在室温下为固体，熔点为 44.15 ℃，有一股难闻的气味，而且极易发生反应。在自然界中，它以磷酸盐的形式存在于某类岩石以及生物的细胞中。

游离态的磷（希腊语意为“光载体”）与氧气接触时会自燃，并发出微弱的光，被用于制造某些类型的炸药、烟花和火柴，此外还是补牙的材料。它的化合物（磷酸盐）是制造化肥、瓷器、钢铁以及含硅的半导体的必不可少的原料。

磷的各种同素异形体会呈现出不同的颜色：红色的易燃，可以产生可控的火焰（用于火柴、烟火中）；相比之下，黑色的要罕见得多，它是一种性能极为广泛的半导体材料，因此将来很有可能替代硅。

▲ 晶体结构的白磷对人类来说是非常危险的，原因有两个：一是因为它本身就具有极高的毒性；二是因为它在与空气接触后会对生物组织产生破坏性的影响，1945 年德累斯顿大轰炸造成的地狱般的后果很大程度上就是由白磷炸弹引起的。

磷的属性	
原子质量：	30.974 u
原子半径：	100 pm
密度：	1 823 kg/m^3
摩尔体积：	$17.02 \times 10^{-6}\ m^3$ / mol
熔点：	44.15 ℃
沸点：	276.85 ℃
晶体结构：	单斜晶体

◀ 常见的深红色火柴头是由红磷、玻璃粉末及其他化合物制成的。用火柴头用力摩擦火柴盒的指定表面会产生足够的热量，从而将红磷转化为白磷，并引发燃烧。

1s	2s	2p	3s	3p	3d	4s	4p	4d	4f	5s	5p	5d	5f	6s	6p	6d	6f	7s
2	2	6	2	3														

◀ 在磷的光谱中，发射谱线更多地集中在紫色–蓝色以及中间的绿色区域。橙色谱线较为密集，中间几乎无法看到黄色谱线。

▲ 磷（存在于磷酸盐和磷脂中）是新陈代谢必需的微量元素之一，其中磷酸盐对骨骼和牙齿的矿化至关重要，而磷脂则可以使细胞膜保持完整。想要摄入磷很简单，因为它不仅易于被人体吸收，而且在许多食品中都有着丰富的含量，如坚果、牛奶、蛋黄、豆类、谷物和鱼。我们有必要在这里纠正人们的一个错误认识：鱼并不是磷含量最丰富的食物，磷对提高记忆力也没有特殊帮助。一些食物的含磷量比鱼高得多，如核桃。

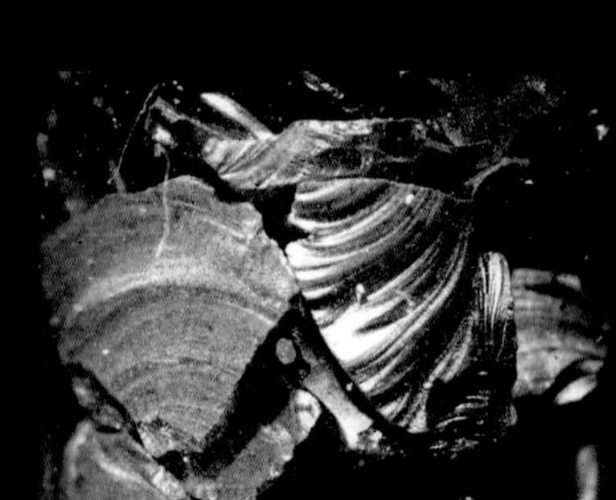

▲ 在室温（25 ℃，一个标准大气压）下呈固体的元素共有 84 种，磷单质（白磷）便是其中一种，但地面温度一旦高于 44.15 ℃，它便会熔化。

磷循环

磷循环本质上是沉积的过程。该过程起源于磷酸岩的风化，形成不溶于水的磷酸盐，磷酸盐被植物吸收并进入食物链。在雨水的作用下，一部分磷最终进入海洋，被浮游植物、藻类和无脊椎动物吸收。最后，磷将再次回到陆地（通过吃鱼的鸟类）或留在海底（很大一部分来自工业废物）。

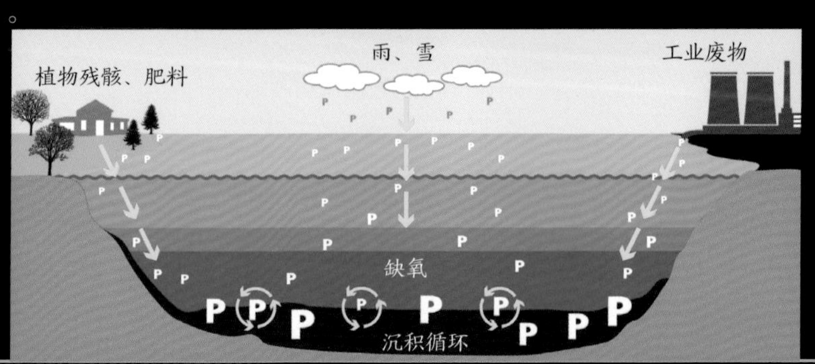

16　硫 S

人们在很久之前就发现了硫的存在。硫在自然界中既有游离态（在火山区域），又有化合物（硫酸盐和硫化物）的形式。硫在燃烧时会产生特殊的难闻气味，火焰呈蓝色。

游离态的硫是黄色的且没有味道。维持人类生命所必需的许多蛋白质中都含有硫。硫还被添加到化肥中。此外，由于硫具有较强的杀菌能力，因而是抗隐花植物制剂和消毒剂中不可或缺的成分。除了被制成杀虫剂，硫还是生产火药和火柴的原材料。硫的主要化合物之一硫酸是工业领域最重要的原料之一。20 世纪 30 年代中期，世界上第一种含硫的药用抗生素百浪多息问世，它是一种抑制细菌繁殖的磺胺类药物。但是随着青霉素的问世，百浪多息的使用量开始急剧下降。

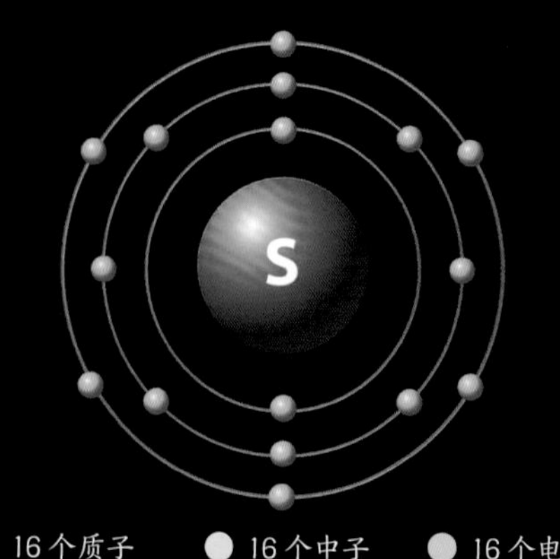

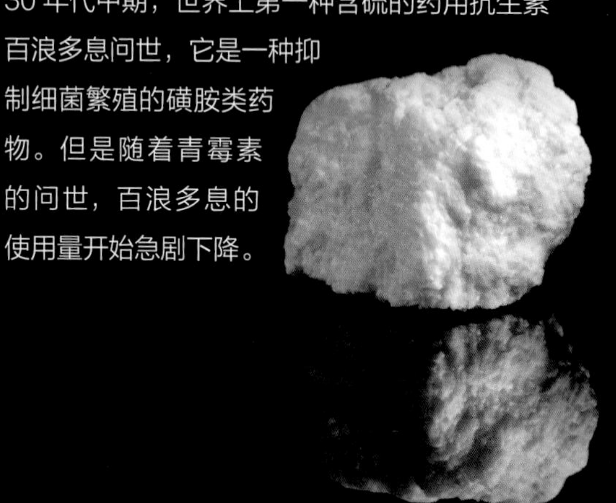

▲ 硫的同素异形体在自然界中主要有 2 种形式：一种呈不透明的黄色且相当脆弱，另一种则和硫单质的颜色一样。图中左侧所示的是一种不规则的硫矿石，一般出现在火山附近；右侧所示的则是游离态的硫。

硫的属性	
原子质量：	32.065 u
原子半径：	100 pm
密度：	1 960 kg/m^3
摩尔体积：	15.53×10^{-6} m^3 / mol
熔点：	115.21 ℃
沸点：	444.72 ℃
晶体结构：	斜方晶体

1s	2s	2p	3s	3p	3d	4s	4p	4d	4f	5s	5p	5d	5f	6s	6p	6d	6f	7s
2	2	6	2	4														

◀ 在硫的光谱中，发射谱线并不多，其中绿色和黄色之间区域的发射谱线最为密集。硫的电子分布情况是不符合八隅规则的一个典型特例：硫本身很稳定，但它最外层的电子数却不是8个，而是6个。

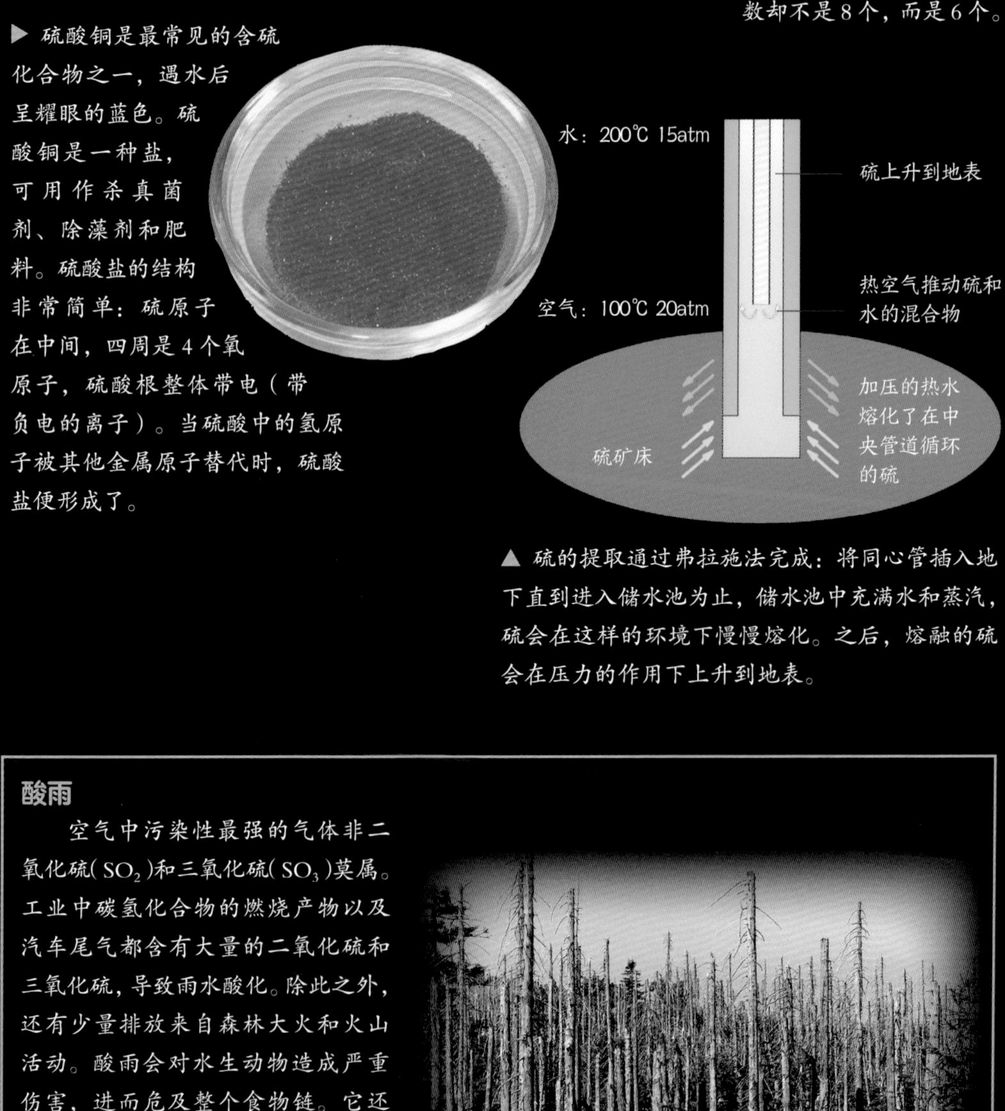

▶ 硫酸铜是最常见的含硫化合物之一，遇水后呈耀眼的蓝色。硫酸铜是一种盐，可用作杀真菌剂、除藻剂和肥料。硫酸盐的结构非常简单：硫原子在中间，四周是4个氧原子，硫酸根整体带电（带负电的离子）。当硫酸中的氢原子被其他金属原子替代时，硫酸盐便形成了。

▲ 硫的提取通过弗拉施法完成：将同心管插入地下直到进入储水池为止，储水池中充满水和蒸汽，硫会在这样的环境下慢慢熔化。之后，熔融的硫会在压力的作用下上升到地表。

酸雨

空气中污染性最强的气体非二氧化硫（SO_2）和三氧化硫（SO_3）莫属。工业中碳氢化合物的燃烧产物以及汽车尾气都含有大量的二氧化硫和三氧化硫，导致雨水酸化。除此之外，还有少量排放来自森林大火和火山活动。酸雨会对水生动物造成严重伤害，进而危及整个食物链。它还会严重损害高大的植物，因为它们的根扎在了带有强酸性的土壤中。

化学史

中国的化学

化学最早可以考证的起源（约公元前 2 世纪）可以追溯到中国的炼丹术，这个时间比西方世界建立化学这一学科的时间早几个世纪。中国的化学在早期发展中形成了 2 种伟大的实践过程：外丹，或称外部炼丹术；以及内丹，或称内部炼丹术。这 2 种过程都与西方传统的炼金术（主要侧重于冶金实践）有所不同。古代中国人对长寿以及制造长寿药极为热衷，在巴拉赛尔苏斯和三重伟大的赫尔墨斯（Hermes Trismegistus）的作品中也可以找到类似的观点。然而，随着火药、纸（用树皮制成）等的发明，化学在中国最终成为一门非常实用的学科。

▲ 公元 7 世纪（唐朝时期）左右，烟火工艺大师们已经知道将煤尘、硫黄、硝酸钾和砷混合到一起便能使竹棒爆炸。到了欧洲的中世纪，中国的火药进一步发展，火药开始被应用到战场上（如火箭的前身飞火）。13 世纪中叶，蒙古人将制造火药的配方传到了西方。

◀ 汉朝的蔡伦（公元 1 世纪）是一位伟大的发明家，他因改进了造纸术而举世闻名。蔡伦通过将破布和树皮浸泡在水中并泡软来制造纸张，取代了早期用竹子或丝绸制成的书写材料。公元 3 世纪开始，纸的使用已经遍及整个中国，而此时的西方人仍在羊皮纸（由动物的皮制成）上写字。羊皮纸直到 10 世纪仍被广泛使用。中世纪末期，数量众多的造纸厂如雨后春笋般出现在欧洲的河岸边，这说明纸张已经在整个欧洲盛行起来。相比造纸术的盛行，蔡伦的结局却很凄惨。

公元 1000 年左右，中国制造出第一批军用火药。蒙古人在 1274 年和 1281 年分别进攻日本。蒙古人当时制造的最致命的武器是陶土炸弹，里面装满了火药和铁弹片。蒙古人两次都遇到了台风，舰队在经历了一系列沉船事故后只好撤退。图中的展品是考古学家在海底发现的。

2006 年，考古人员在甘肃省的考古遗址放马滩的 5 号墓穴中发现了一张支离破碎的地图，它被画在类似纸的材料上。经考证，这张地图可以追溯到公元前 1 世纪初。这一发现说明纸的真正发明者可能另有其人。

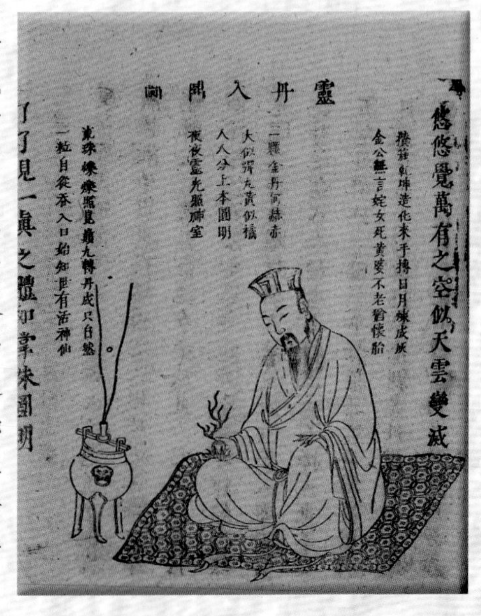

该图是一张创作于 17 世纪初的中国版画，画中一位掌握长生不老秘诀的人坐在一个炼丹炉旁，炼丹炉里面装着神奇的长生不老药。古人相信微观世界和宏观世界之间是紧密相连的（西方的赫尔墨斯主义也有这样的观点），根据这一思想发展出的内丹学说是对炼丹术的深奥融合，它认为人类的有机体就像一个炼丹炉，里面有三宝——精、气和神，三者在“道”中得到统一。内丹学说是一门非常古老的学科，其起源至少可以追溯到唐朝（7—9 世纪）。

该系列版画创作于明朝，描绘的是造纸的过程。将树皮和布的混合物浸入特殊的大桶中，然后用大木锤在其中捶打，最后将得到的糊状物倒在矩形筛上，纸张就造好了。

17 氯 Cl

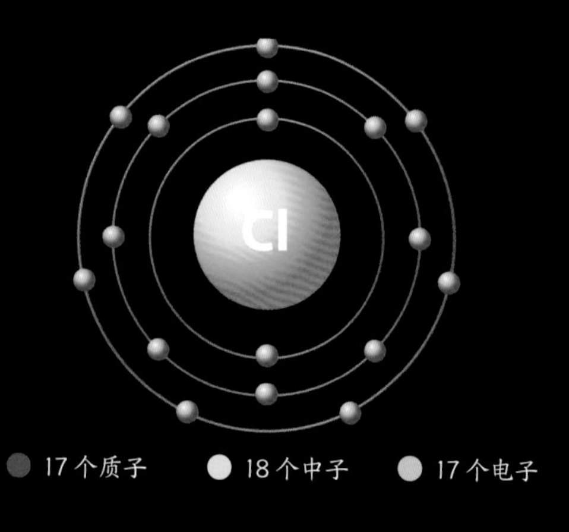

氯是一种卤族元素，具有很强的氧化和杀菌能力。氯原子的最外层有 7 个电子，且总是在寻找机会获得第 8 个电子，因而氯很容易发生反应。氯在自然界中仅以氯离子（对人体生理机能非常重要）的形式存在。

氯化物大量存在于岩盐、钾盐等矿物质以及海水之中。我们每天摄入的食用盐正是氯化钠，它是人体血液功能有效运转必需的化合物。

然而，游离态的氯（通常通过电解提取）对于生物来说却是非常危险的，低剂量的氯气是极好的消毒剂，但大剂量的氯气会散发毒性，并引起灼伤。因此，氯气常被用来制造具有破坏性甚至致命性的化学武器（过量吸入氯气会使肺部积液过多，导致窒息）。不过，氯气在工业生产中的危险性就没有那么大了，常被用于生产纸张、清漆（如漂白剂）、塑料、织物和溶剂。

▲ 通过电解氯离子而获得的游离态的氯是一种大密度的气体，呈黄绿色，气味极其难闻。氯气对人体有害，吸入会引起肺黏膜损伤，液氯接触皮肤会引起灼伤。

氯的属性	
原子质量：	35.453 u
原子半径：	100 pm
密度：	3.214 kg/m^3
摩尔体积：	17.39×10^{-5} m^3 / mol
熔点：	−101.55 ℃
沸点：	−34.1 ℃
晶体结构：	斜方晶系

◀ 为了避免池水中滋生细菌，一般会在其中放入少量的粒状氯（次氯酸钙），它会在水中溶解。虽然浓度极低，但还是会对黏膜产生影响，但不会带来严重的损害。此外，粒状氯还能净化水源，从而获得可饮用的水。

1s	2s	2p	3s	3p	3d	4s	4p	4d	4f	5s	5p	5d	5f	6s	6p	6d	6f	7s
2	2	6	2	5														

◀ 在氯的光谱中，4条绿色的发射谱线彼此相邻，形成一个序列特征，旁边是蓝色谱线的连续序列，这种特别的排列使经验丰富的化学家们可以立即识别出氯的光谱。

▶ 由于氯的毒性较强，且有腐蚀性和氧化趋势，因此必须采取特殊的储存方式。为避免对人们造成伤害，仓库中的氯必须远离其他物质，单独装在容器中，且储存温度要始终低于50 ℃，还要保证容器不会受到撞击。操作人员必须佩戴口罩和手套。

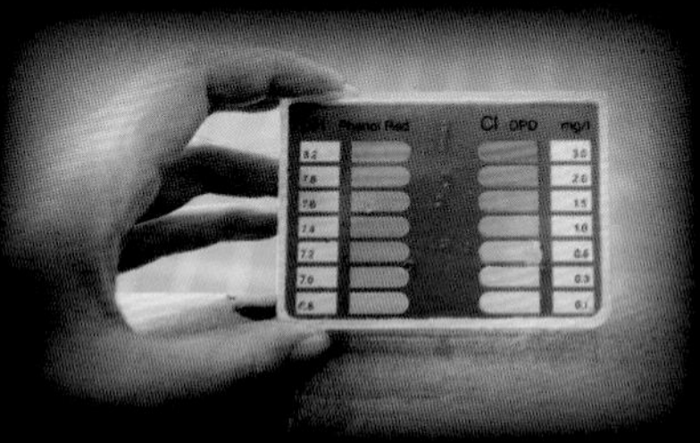

◀ 市面上销售的一些仪表可以控制游泳池中氯的浓度以及水的酸度。

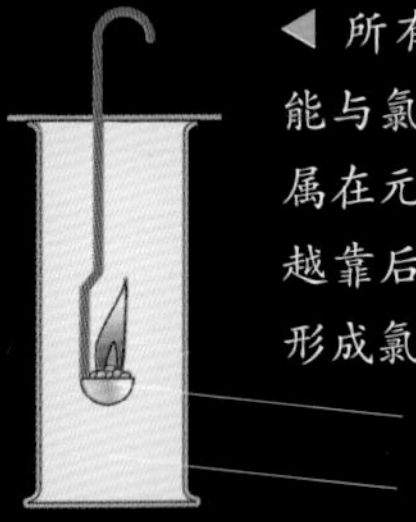

◀ 所有碱金属（I族）均能与氯气发生反应（碱金属在元素周期表中的位置越靠后，反应越剧烈），形成氯化物。

碱金属

氯气

碱氯法

通过电解氯化钠溶液（食盐水）可以获得氯气，该过程的其他生成物还有氢氧化钠（苛性钠）和氢气。向用半透膜分开的隔室中导入盐水（阳极所在的位置），然后通电，在阳极会生成氯气，另一个充满水的隔室中会生成氢氧化钠（靠近阴极）。

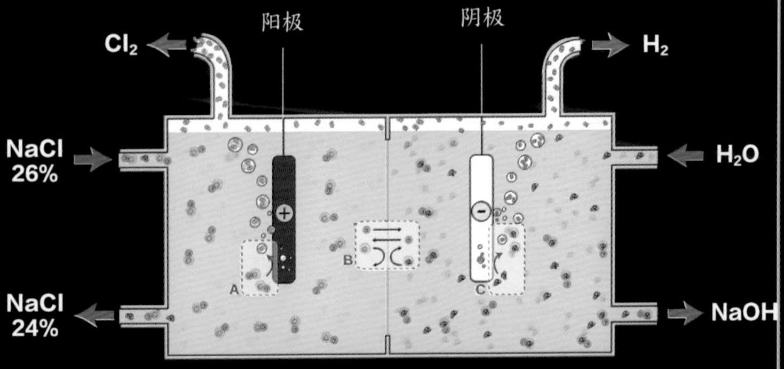

阳极

阴极

Cl_2

H_2

NaCl 26%

H_2O

NaCl 24%

NaOH

A

B

C

18 氩 Ar

氩是元素周期表中的一种稀有气体元素，也是最稳定的元素之一，它完全没有气味和味道。根据八隅规则，它与其他元素完全不发生反应，这一特性使得它在很多方面都非常有用。

氩是典型的惰性元素（希腊语 argon，意为懒惰的），在焊接操作和金属制造中必不可少，尤其是当制造的金属比较容易发生反应时（如钛），由于氩气比空气重（这和同一族中的氦气不同），因而可以在空气和金属之间形成天然的屏蔽层。

氩气的用途多种多样。氩气被用来填充灯泡，因为它不会与灯泡内部的金属丝发生任何反应。由于有不易发生反应及不易燃的特性，氩气在消防器械的制造中也被广泛应用。氩气有时会被用作绝热体，最近还被应用到了外科领域和与亚原子物理学相关的实验技术中。

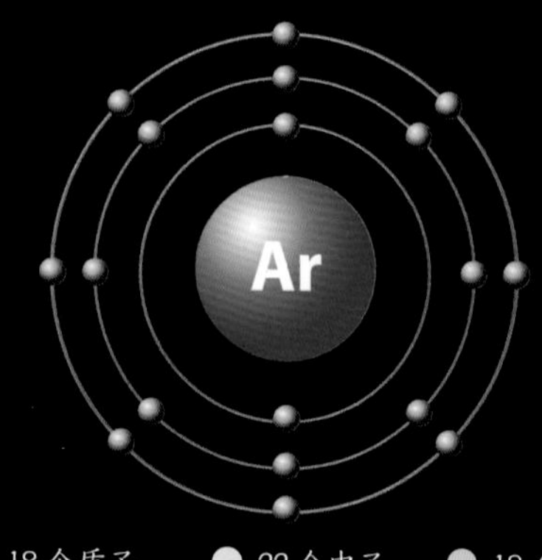

▼ 氩在游离态下是无色的，但通过光谱管变成激发态后会发出紫色的光，这会使人们将它与经历类似电离作用后的氢联系在一起。但氩气和氢气之间显然有很大的不同，最显著的区别便是氩气作为稀有气体拥有显著的惰性，而氢气没有。

氩的属性	
原子质量：	39.948 u
原子半径：	71 pm
密度：	1.784 kg/m^3
摩尔体积：	22.56×10^{-8} m^3 / mol
熔点：	−189.35 ℃
沸点：	−185.85 ℃
晶体结构：	面心立方

◀ 焊接金属的过程中需要一种起覆盖作用的气体以防止熔池与空气接触。在所有惰性气体中，氩气是最适合的。与氦气不同，氩气比空气重，而且能在熔池中保持稳定。

1s	2s	2p	3s	3p	3d	4s	4p	4d	4f	5s	5p	5d	5f	6s	6p	6d	6f	7s
2	2	6	2	6														

◀ 由于氩原子最外层有8个电子，所以氩的惰性几乎是绝对的（2002年发现的与铀组成的化合物是目前唯一的例外）。氩原子光谱中的发射谱线虽然较细，但非常丰富，遍布整个可见光区域。

▲ 由于氩气具有隔热能力，因此它可以用于给潜水衣充气并使其保持密闭，如果使用空气，隔热性将降低近30%。

▼ 为了避免白炽灯爆裂，一般会将低压的氩气（少数时候会用到氪）充入其中。

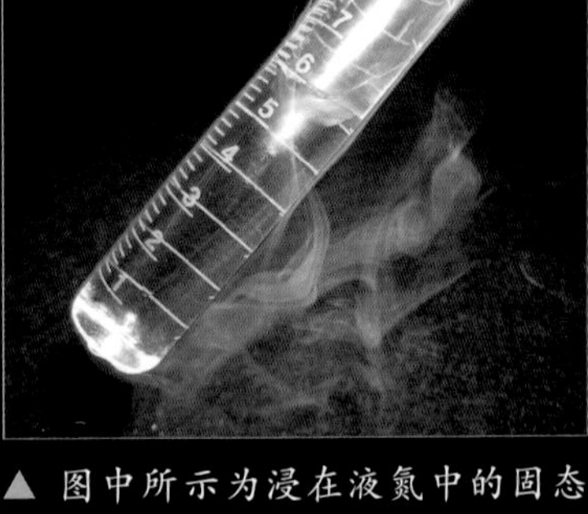

▲ 图中所示为浸在液氮中的固态氩，考虑到二者各自的熔点和沸点，环境温度既要低于 -195.82 ℃，又不能低于 -210.03 ℃。

用来防火的氩

全淹没灭火（total flooding）是指从环境中抽取氧气，直到完全封闭的环境中的氧气占空气总量的10%～12%为止。这样不但切断了燃料的供给，还保证了人在该环境中的正常呼吸（占空气总量的10%~12%为人呼吸所需氧气的最低限度）。为此，空间中需要充入稀有气体，如氩气或氮气，它们既不会污染环境，也不会对生物造成损害。稀有气体通过连接到压力缸的管道网络喷射出来，在发生警报时可以随时使用。

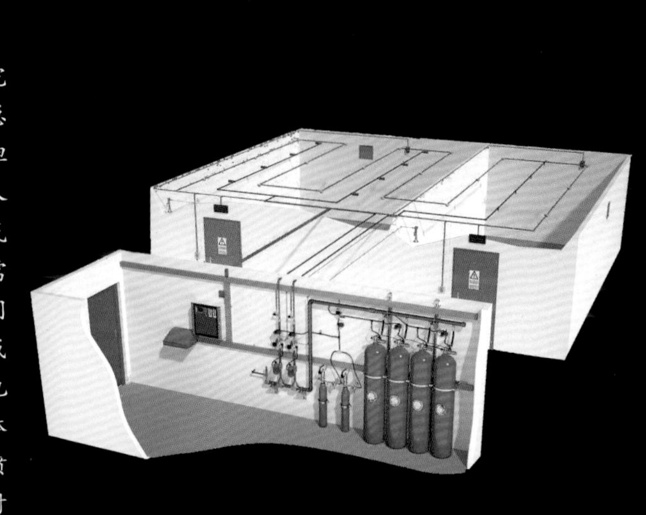

分子

氧化物

氧化物是一种二元化合物，是氧与另一种元素（氟除外）发生反应后的生成物。碱性氧化物是氧和金属反应生成的化合物。酸性氧化物（或叫酸酐）是氧和非金属反应生成的化合物。碱性氧化物与水反应生成氢氧化物，酸性氧化物与水反应生成含氧酸。

自然界中我们最熟知的氧化物——水（H_2O）是一种酸性氧化物，而二氧化碳、一氧化二氮和氧化铝也是如此，它们在工业领域都发挥着非常重要的作用。

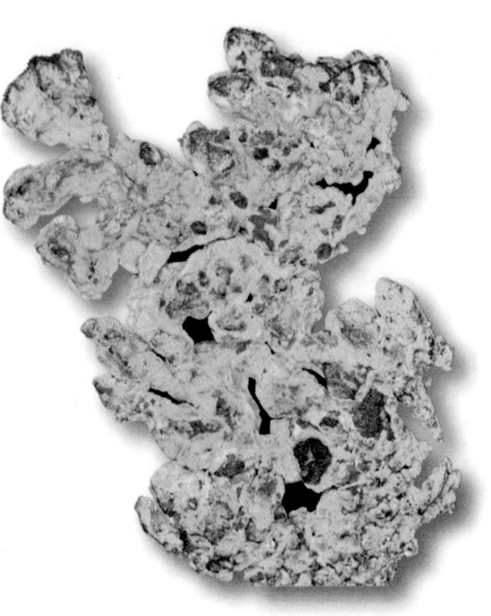

▲ 自然铜是一种几乎完全由铜构成的矿物，只含有极少量其他种类的金属。在自然状态下，自然铜的表面会覆有一层氧化铜或孔雀石（另一种含铜的矿物），因而会呈现出彩虹般的色彩。

▲ 稀土氧化物并不稀有，它在地壳中很普遍，但其在矿物中的所占比例比较低。稀土氧化物经常与同族的其他元素结合在一起，它们具有非常相似的化学性质，在高科技行业中具有很高的价值。

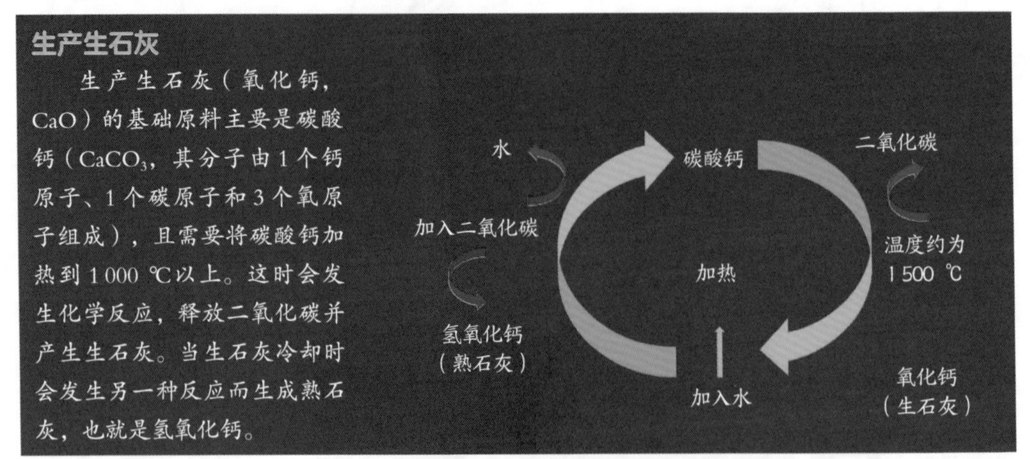

生产生石灰

生产生石灰（氧化钙，CaO）的基础原料主要是碳酸钙（$CaCO_3$，其分子由1个钙原子、1个碳原子和3个氧原子组成），且需要将碳酸钙加热到1 000 ℃以上。这时会发生化学反应，释放二氧化碳并产生生石灰。当生石灰冷却时会发生另一种反应而生成熟石灰，也就是氢氧化钙。

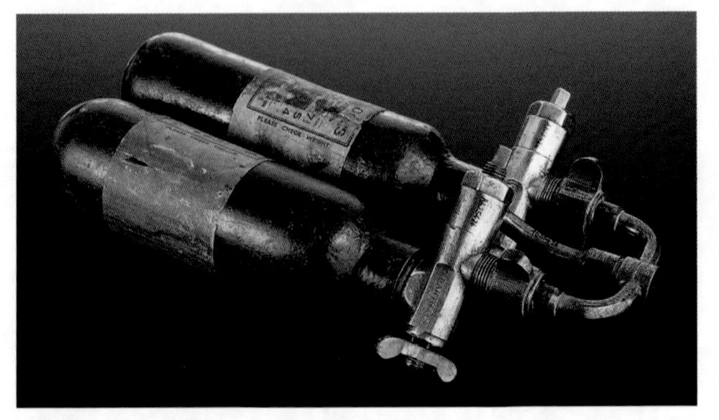

▲ 19 世纪下半叶至 20 世纪上半叶，一氧化二氮（N_2O，即笑气）被广泛用作麻醉剂，尤其是在牙科领域。图中的气缸和调节器就是该时期应用一氧化二氮时会用到的工具。19 世纪初，著名的化学家汉弗莱·戴维就曾尝试用一氧化二氮替代酒精来充当麻醉剂，因为前者不会像后者那样容易对人体健康造成严重危害。

▼ 铁锈是一种自发衍生的化合物，由各种类型的氧化物和碱式碳酸铁——铁与水、空气中的氧气、二氧化硫（SO_2）、二氧化碳 (CO_2) 等发生反应后的生成物组成。与其他许多金属的钝化过程不同，铁会因为氧化作用而一点一点地被腐蚀，氧化作用会使其表层分解，为下面一层再次发生氧化创造条件。

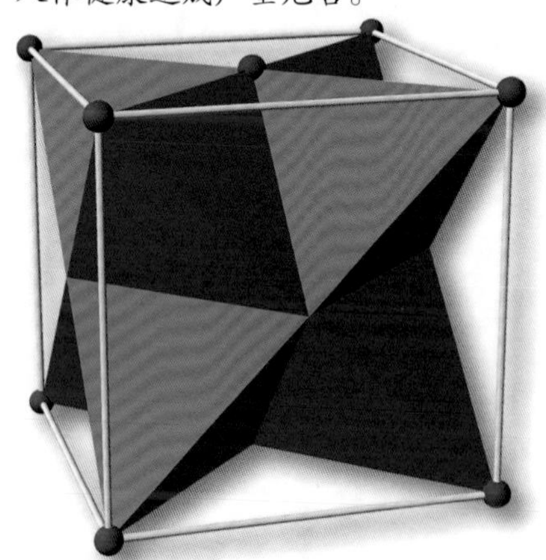

▲ 氧化钠（Na_2O，分子由 2 个钠原子和 1 个氧原子组成）是白色的固态晶体。该图以 3D 形式展现了氧化钠的晶体结构：红色代表氧原子，位于立方体晶胞的 8 个顶点和 6 个面的正中间；8 个顶点在立方体内部的对角线与钠原子相交（在对角线的 1/4 和 3/4 处）。氧化钠晶体结构的构型可以看作是萤石的镜像，因此被称为反萤石型结构（Anti–fluorite structure，antifluorita）。

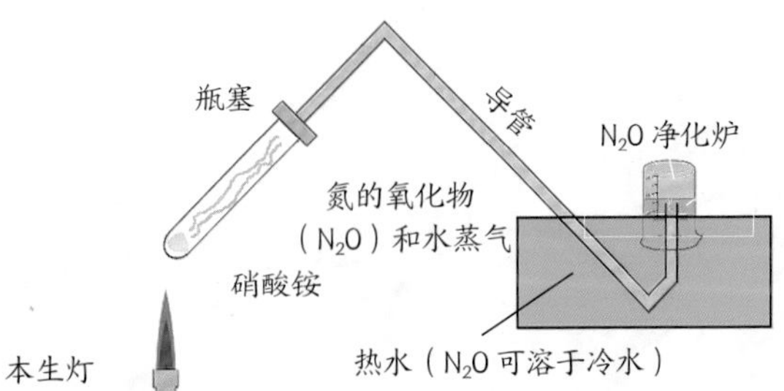

▲ 一氧化二氮分子由 1 个氧原子和 2 个氮原子组成，该化合物是通过加热硝酸铵（NH_4NO_3）产生的，硝酸铵在受热后会分解为一氧化二氮和水。

19　钾 K

钾是地球上分布最广泛的元素之一，以化合物（其中盐不溶于水）的形式存在于多种矿石（如钾盐）及大型天然矿床中。钾对于动植物的生命来说至关重要。

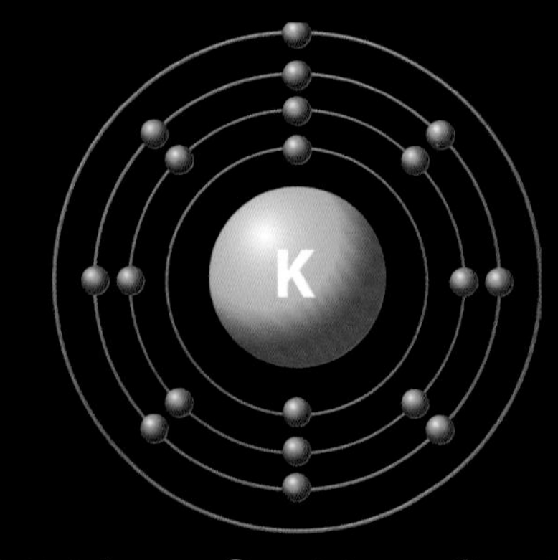

游离态的钾是通过电解氢氧化钾（又名苛性钾）获得的。钾单质很容易发生反应（尤其是与最外层有 7 个电子的卤素），也非常容易形成化学键（氮、硅和硼除外）。碳酸钾是玻璃的成分之一，而氯化钾则在心脏外科领域中被广泛应用。钾元素具有调节作用，因而注入氯化钾可以对心肌产生麻痹作用（注射死刑用的就是氯化钾）。但最重要的是钾是生命和健康的代名词，因为无论是修复剂还是填充物中，都少不了它的存在。此外，许多维持人体健康的必不可少的食品中都含有钾，这些食品为人体提供源源不断的能量供给。

▲ 钾单质是一种非常柔软且具有延展性的金属，呈银白色，与水接触会发生剧烈的反应，直至将水中的氢全部燃尽。钾单质一旦暴露到空气中就会迅速反应，因此只有将钾浸入油中才能完整保存。

钾的属性	
原子质量：	39.098 u
原子半径：	220 pm
密度：	856 kg/m^3
摩尔体积：	45.94×10^{-6} m^3 / mol
熔点：	63.2 ℃
沸点：	758.85 ℃
晶体结构：	体心立方

1s	2s	2p	3s	3p	3d	4s	4p	4d	4f	5s	5p	5d	5f	6s	6p	6d	6f	7s
2	2	6	2	6		1												

◀ 钾原子4s次能级（比第3能级中的3d次能级能量低）轨道中的电子处于几乎可与其他任何元素发生反应的理想状态，这也使钾原子极易形成化学键。

▶ 我们的机体无法合成钾，必须通过摄入食物获取。钾是肌肉正常收缩的必需元素，而心肌的节律也需要钾来维持，一旦缺钾会导致肌肉痉挛，心脏病发作的风险也会增加。钾在以下食物中含量较为丰富：香蕉、牛油果、猕猴桃、西红柿、绿叶蔬菜和土豆。

▶ 钾和锂（如图所示）以及其他碱金属有许多共同的特征：它们外观相似，都很容易发生反应（最外层能级中只有1个电子），硬度也相近。由于锂比钾稀有，所以科学家们一直在尝试在电池生产和其他应用中用钾替代锂。

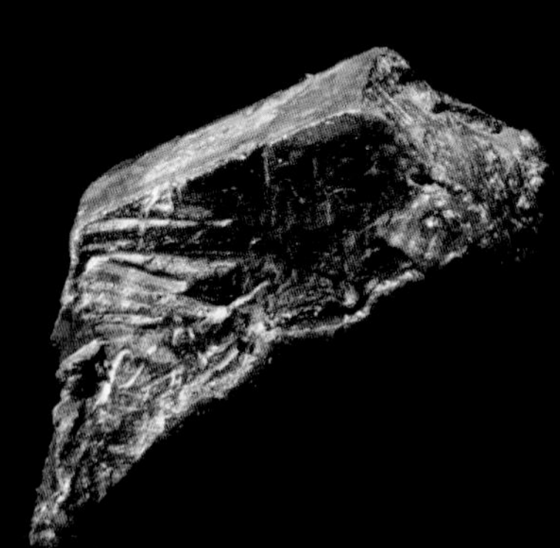

▲ 葡萄糖酸钾由钾和葡萄糖结合而成，是主要的膳食补充剂之一，对处于虚弱状态或康复过程中的人尤为重要。

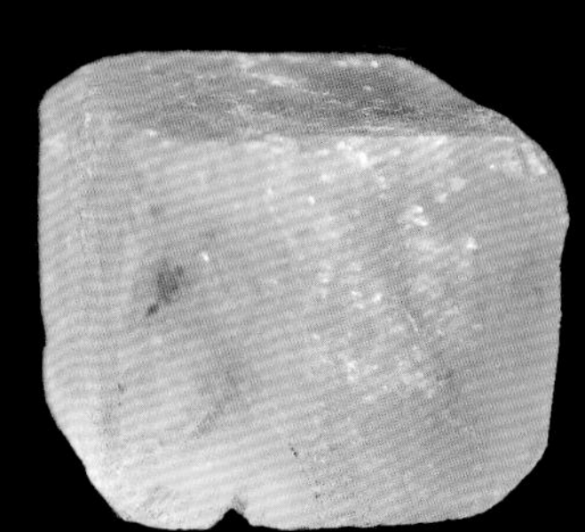

◀ 钾盐晶体由某种含钾的盐晶体与铝混合而成，在自然界中以无色、无味的固体形式存在。它被用作抗菌剂和除臭剂，在皮肤表面上揉搓可起到止汗和收敛的作用。

20 钙 Ca

钙是人体中含量最丰富的金属元素，也是地壳中分布排名第 5 的元素，它最常见的形式是碳酸钙，它还广泛存在于石灰、石膏、萤石以及其他矿物中。

钙是一种碱性元素，属于元素周期表中的第Ⅱ A族，柔软且易延展。钙比较容易发生反应，这使得它在自然界中只以化合物的形式存在，如碳酸钙、硫酸钙和氢氧化钙（石灰）。钙对于骨骼和牙齿的发育以及肌肉功能的正常发挥（与钾一同起作用）至关重要，它在人体中的平均重量约为 1 000 克。

钙的这些特性对植物来说也是非常有用的，因而人们会在某些肥料中加入钙元素。钙在工业领域的用途主要体现在建筑行业，它是黏合剂、混凝土、灰泥、某些类型的水泥〔钙（calcio）的名称源自石灰 (cal)，自古以来就广为人知〕，以及金属合金（钙与铝、铍、铜、铅和镁组成的合金）的主要成分。

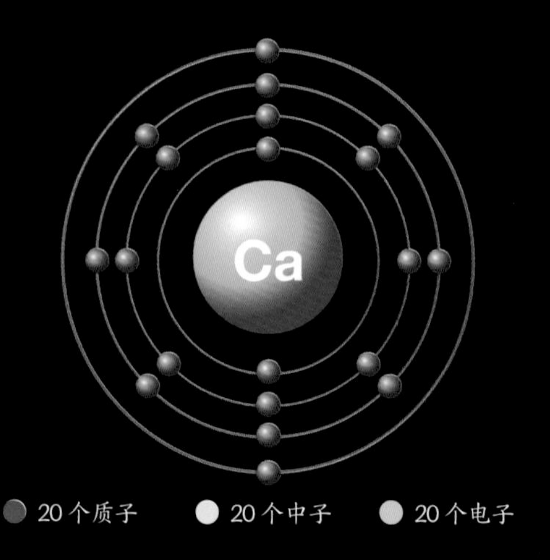

▲ 钙单质比较柔软，呈银白色，与空气接触时会发生反应而变成黄色，表面形成一层深色的氧化层。图中的钙单质被保存在稀有气体中，以防止变质。

钙的属性

原子质量：	40.078 u
原子半径：	180 pm
密度：	1 550
摩尔体积：	26.20×10^{-6} m^3 / mol
熔点：	842 ℃
沸点：	1 484 ℃
晶体结构：	面心立方

◀ 建筑行业中用到的黏合剂通常是钙在碳酸盐化（二氧化碳与另一种化合物形成了化学键）后的产物。钙的碳酸盐化过程就是氢氧化钙和二氧化碳形成碳酸钙的过程。碳酸钙与水、沙子和一些添加剂混合在一起形成的是混凝土。

1s	2s	2p	3s	3p	3d	4s	4p	4d	4f	5s	5p	5d	5f	6s	6p	6d	6f	7s
2	2	6	2	6		2												

◀ 在钙的光谱中，绿色和红色之间的区域内均匀地分布着清晰的谱线，它们呈离散状；而蓝色区域中的谱线则更细，相互靠得更近。钙原子的 4s 次能级中只有 2 个电子。

▶ 我们从食物中获取的钙都被储存在骨骼中，这些钙在有需要时便会被释放出来。钙的这种持续不断的吸收和释放过程受激素控制，而这种平衡一旦被打破，便会出现缺钙的症状，如骨质疏松。医生建议青年人和老年妇女多吃钙含量丰富的食物，包括牛奶和乳制品（酸奶和奶酪），菠菜、西蓝花、卷心菜等蔬菜，牛油果等水果，以及杏仁等坚果。

人体内的钙循环

当血液中钙的浓度超过正常水平时，甲状旁腺会分泌激素（借助维生素 D）以使血液中的钙浓度恢复稳态（homeostasis），即使肠和肾脏少吸收一些钙，剩余的钙则被储存在骨骼中（充当钙的仓库）。相反，当血液中钙的浓度低于正常水平时，甲状旁腺分泌的激素会促使肠和肾脏多吸收一些钙，与此同时，骨骼则会将储存的钙释放到血液中。

血液中的钙浓度增加

甲状旁腺

甲状旁腺激素

骨骼对钙进行重新吸收

儿童体内的羟基化（hydroxylation）对钙和维生素 D 进行重新吸收

1,25- 双羟基维生素 D

肠对钙进行吸收

▼ 珊瑚（图中展示的是粉红色的珊瑚，此外还有白色和深红色的）中的钙主要来源于碳酸钙晶体，这些晶体在珊瑚的结构中至关重要。碳酸钙晶体很容易被人体吸收，因此制药公司从珊瑚化石的沉积物中提取出碳酸钙，制成食品补充剂，用于防止骨骼和牙齿发生病变。

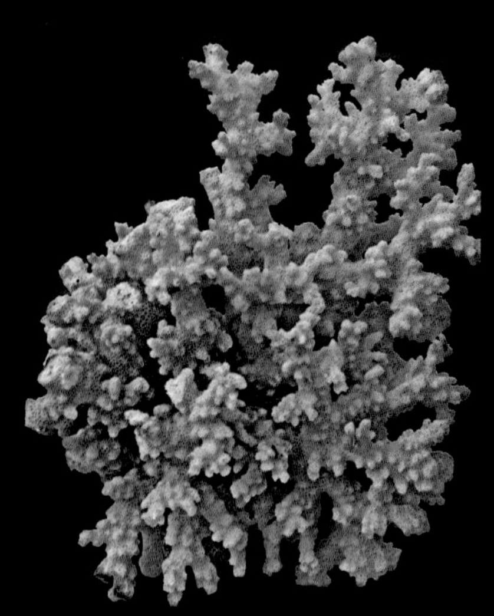

分子

盐

将酸中的全部或部分氢原子替换成金属原子得到的便是盐。如果被替换掉的是部分氢原子，则会得到酸式盐；如果被替换掉的是全部氢原子，得到的则是正盐。

盐是一类溶解度各异的电中性化合物，由各种元素的阴离子和阳离子组成。常见的盐有硝酸盐、硫酸盐、氯化物和乙酸盐。我们可以依据盐的阴离子和阳离子的类型对盐进行分类。

▲ 我们最熟悉且应用最广泛的盐是厨房中的食盐——氯化钠。氯化钠对人体十分重要，世界各地的美食都离不开它，它可以为菜肴增添风味（一方面可以很好地吸收水分，另一方面还能保持食物长时间不变质）。氯化钠主要来源于海洋盐沼和陆上矿藏。图中所示为粉红色的喜马拉雅岩盐，因含有少量氧化铁而呈现这种颜色。波斯蓝盐里面含有蓝色的钾盐。

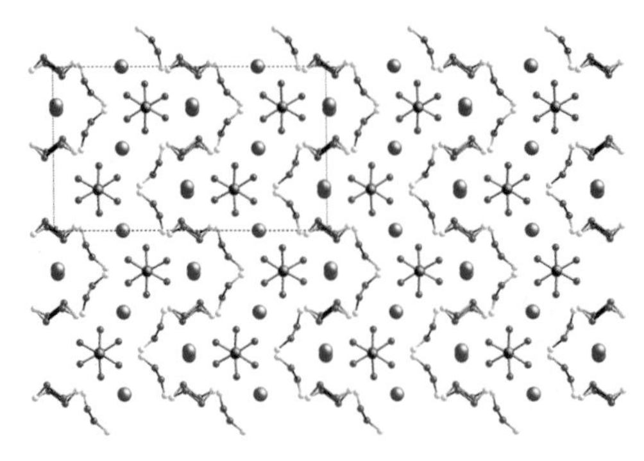

▲ 图为过碳酸钠（$Na_2CO_3 \cdot 1.5H_2O_2$）的晶体结构模型图，红色代表氧原子、白色代表氢原子、紫色代表钠原子、黑色代表碳原子。这种盐经常被用于生产漂白剂、去污剂和洗涤剂。

▲ 胆矾（又名蓝矾）是自然界中天然存在的一种矿物，由含结晶水的铜的硫酸盐构成，可以用饱和的硫酸铜溶液轻松制得。胆矾的一大特征是极易溶于水，因此我们只能在非常干燥的地方找到它，它有晶体、钟乳状和块状 3 种形式。

电离

我们称分子在溶剂作用下部分或全部分裂的过程为电离。这种分裂会使离子（阳离子、阴离子）得以形成。氯化钠溶液电离时会形成 Na^+（阳离子）和 Cl^-（阴离子）。所有被电离的水溶性物质都被称为电解质，而形成离子的过程称作电离。

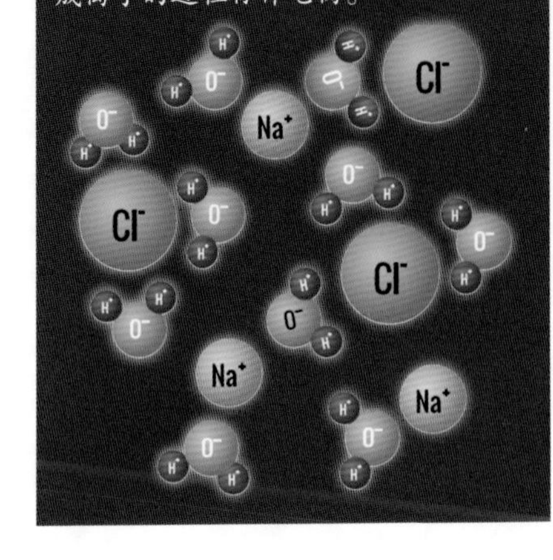

◀ 碳酸盐是含碳酸根离子的盐，其中的碳酸铀酰的分子式为 $UO_2(CO_3)$，是许多铀矿物（如碳钠钙铀矿和纤碳铀矿）的主要成分。铀酰是由铀原子和氧原子之间的多个化学键组成的，而在碳酸铀酰中，碳原子会与铀酰结合在一起。实现铀的富集的最常用方法是借助碳酸铀酰溶液。

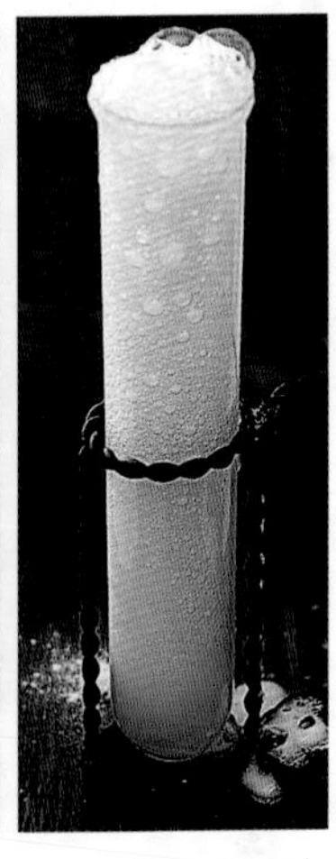

▲ 碳酸氢钠（$NaHCO_3$）与乙酸（CH_3COOH）发生反应会生成 3 种不同的产物：①气体形式的二氧化碳（CO_2），即右侧试管顶部的泡沫；②乙酸钠（CH_3COONa），这种盐会沉淀到试管底部；③水（H_2O）。

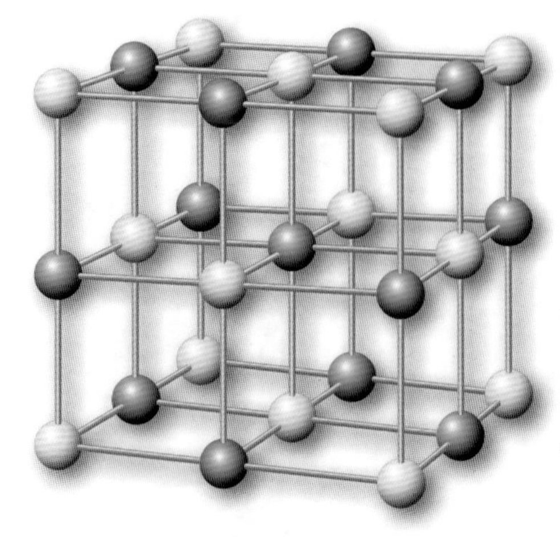

◀ 氯化钠呈立方体结构，氯离子（Cl^-）和钠离子（Na^+）在其中交替出现且彼此对称。钠离子插入晶格八面体形状的空隙中。位于中心的钠离子（绿色）与其周围的氯离子形成 6 个不同的键。

21 钪 Sc

钪是一种银白色的金属，是元素周期表过渡区域中的第 1 种元素，该区域中的所有元素都是金属元素，它们至少会形成 1 种离子，拥有未被填满的 *d* 次能级。

钪是一种非常稀有的金属，在自然界中不以游离态存在，主要以矿物的形式存在于斯堪的纳维亚半岛的钪钇石（thortveitite）中。在工业领域，钪经常和铝一起被制成合金。

21 个质子

24 个中子

21 个电子

钪的属性

原子质量：	44.956 u
原子半径：	160 pm
密度：	2 985 kg/m³
摩尔体积：	15.00×10^{-6} m³ / mol
熔点：	1 541 ℃
沸点：	2 830 ℃
晶体结构：	六方密排晶格

◀ 和铝形成的合金——钪铝合金是一种极其轻便、坚固的材料，具有延展性好、持久耐用的优点。现在的很多飞机都是用钪铝合金制造的。

▼ 在钪的光谱中，发射谱线比较分散，其中紫色谱线表现得尤为明显。钪原子在 3d 次能级轨道中只有 1 个电子，这决定了它比其他三价金属的导电性能更差。

▼ 钪铝合金主要用于制造运动器材，尤其用于制造自行车。这种结实耐用的合金可以生产出直径非常小的车架管，相比纯铝制的自行车，钪铝合金制的自行车更易于操控、更轻便，也更坚固。

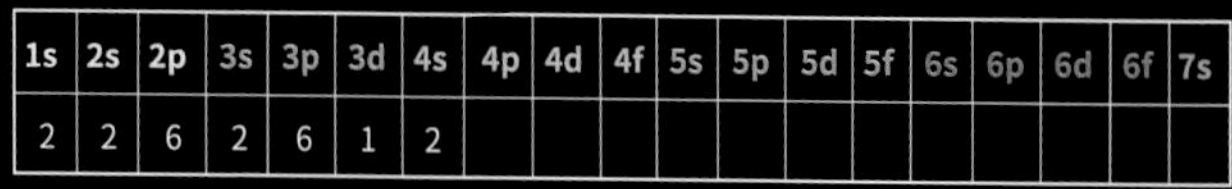

1s	2s	2p	3s	3p	3d	4s	4p	4d	4f	5s	5p	5d	5f	6s	6p	6d	6f	7s
2	2	6	2	6	1	2												

22 钛（Ti）

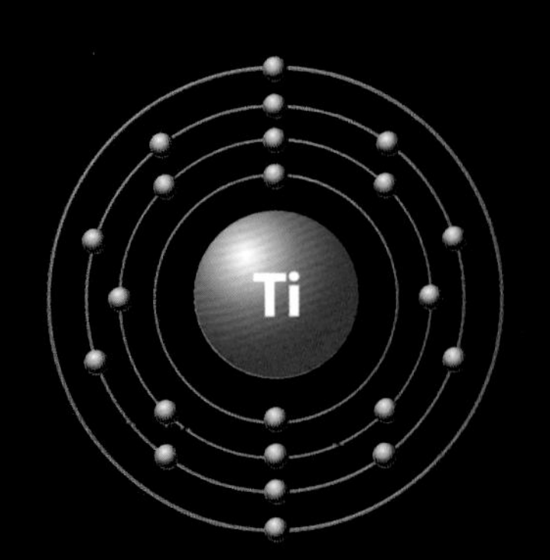

22 个质子

26 个中子

22 个电子

与钪不同，钛在自然界中含量丰富，主要分布在澳大利亚、北美和马来西亚的矿藏中（金红石、钛矿、钛铁矿）。和钪相似，钛也是一种极其轻便、坚固的材料，但它的延展性较差，不像钪那样易于加工。从矿物中提取钛的过程较复杂，所以钛的造价高昂。即使是这样，钛在医疗卫生领域的应用依旧很普遍，用钛制成的假肢没有毒性，而且通常不会引起免疫系统的不良反应，这是因为人体中不含钛元素。

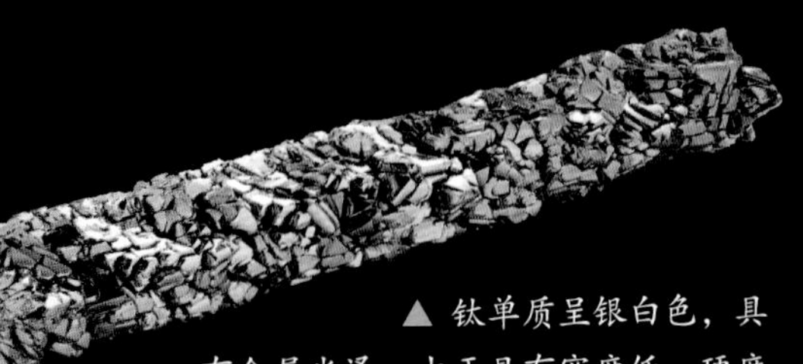

▲ 钛单质呈银白色，具有金属光泽。由于具有密度低、硬度大、强度高等特性，钛成为搭建航空航天设施及发射台的宝贵材料，因为它们都需要耐冲击和震动的材料，钛自然成为不二之选。

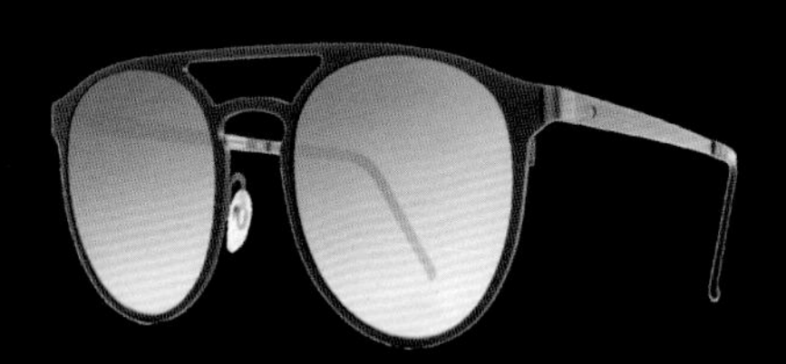

▲ 由钛制成的眼镜框架质轻且耐用，符合市场需求。此外，钛合金没有毒性（不会使皮肤过敏，也不会对黏膜产生任何刺激），在空气中不会发生腐蚀。

◀ 氮化钛是钛的一种化合物，具有较强的抗刮擦性，因而被用作钛或钢合金的涂层。此外，氮化钛还经常用于制造钻头和手术刀，因为用氮化钛制成的刀具拥有最高的强度和最锋利的刀刃。

钛的属性

原子质量：	47.867 u
原子半径：	140 pm
密度：	4 507 kg/m^3
摩尔体积：	$10.64 \times 10^{-6} m^3/ mol$
熔点：	1 667.85 ℃
沸点：	3 286.85 ℃
晶体结构：	六方晶系

▼ 在钛原子的光谱中，紫色到绿色部分的谱带较宽且谱线密集，其余的部分则谱带较窄且谱线稀疏。到现在为止，在我们介绍过的所有元素中，钛的发射谱线是最丰富的。

1s	2s	2p	3s	3p	3d	4s	4p	4d	4f	5s	5p	5d	5f	6s	6p	6d	6f	7s
2	2	6	2	6	2	2												

23 钒 V

在自然界中，钒主要以化合物的形式存在于矿物质中，游离态的钒虽然也有，但含量较少。钒虽然有毒，但在人体中含量很少，对酶具有重要的调节作用。

钒能够抗菌，还因为具有杀精作用而被用在避孕药中，它的一个副作用是会对血液中葡萄糖的浓度造成影响。这样，钒对于人体来说是一种不太安全的元素。因此，我们需要等到药理学研究彻底弄清它的作用机制（正在将钒作为治疗糖尿病药物的一种成分进行试验）后，才能做出准确的定论。

钒主要用在冶金领域，用于生产钢合金。五氧化二钒是生产硫酸过程中一种极佳的催化剂。19 世纪上半叶，人们渐渐发现钒的化合物有着鲜艳而丰富的色彩，这也解释了为什么钒（vanadio）以斯堪的纳维亚的美丽女神凡娜迪丝（Vanadis）的名字命名。

V

● 23 个质子　● 28 个中子　● 23 个电子

◀ 1925 年，范·阿尔克-德波尔（Van Arkel-de Boer）发明碘化物热离解法，一开始被用来提取锆，现在同样用于提取钒。但如今更广泛应用的是镁还原法，这种方法更适用于大规模生产。纯净的钒单质呈银灰色，质地坚硬，易于延展。

钒的属性	
原子质量：	50.942 u
原子半径：	135 pm
密度：	6 110 kg/m^3
摩尔体积：	8.32×10^{-6} m^3 / mol
熔点：	1 902 ℃
沸点：	3 409 ℃
晶体结构：	体心立方

▲ 直到几年前，钒的提取还要用到钒铅矿。钒铅矿是一种红色矿物，其晶体结构为六方晶系。如今，我们一般选用化石燃料和铁矿来提取钒，这样能保证更高的收益。

1s	2s	2p	3s	3p	3d	4s	4p	4d	4f	5s	5p	5d	5f	6s	6p	6d	6f	7s
2	2	6	2	6	3	2												

◀ 在钒的光谱中，谱线数量繁多，其中红色区域的谱线明显比其他区域更细、数量也更少。和所有过渡金属一样，钒原子最外面的次能级 d 级也没有被电子占满。

▶ 毒蝇伞（*Amanita muscaria*）是唯一含钒的担子菌门真菌。毒蝇伞有毒，常被人们称作“假鹅膏”或“飞虫杀手”。毒蝇伞并不是因为含钒而成为效果最好的天然致幻剂之一，而是因为含有鹅膏蕈氨酸、蝇蕈素和毒蕈碱等物质，它们在毒蝇伞中的含量远高于钒。小剂量的钒对人体是有益的，但当每天的摄入量大于几毫克时，钒将变成一种危险元素。谷物、海鲜、肉类以及鱼类等食物中都含有钒。

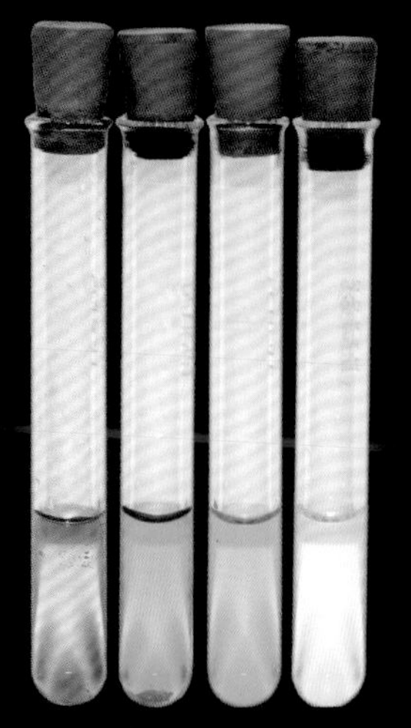

▲ 不同氧化价态下的钒会呈现出不同的颜色。图中钒的价态从左到右依次升高，每个价态对应一种颜色：2 价的呈紫色，中间价态（3 价和 4 价）的呈绿色和蓝色，钒酸盐（5 价钒或五氧化二钒）呈黄色。伴随着颜色的变化，对应的化合物的化学性质也发生着变化，逐渐从金属性到非金属性，最后变成金属性。

▼ 钒合金是制造手术刀和牙钻（用于治疗牙齿疾病）等外科医疗器械的理想材料，也是最受欢迎的材料，因为用钒合金制成的器械比较锋利，而且具有抗氧化性。有些厨房用刀具和剪刀也会用钒（或钼）来制造。钒合金制成的钥匙也很常见。

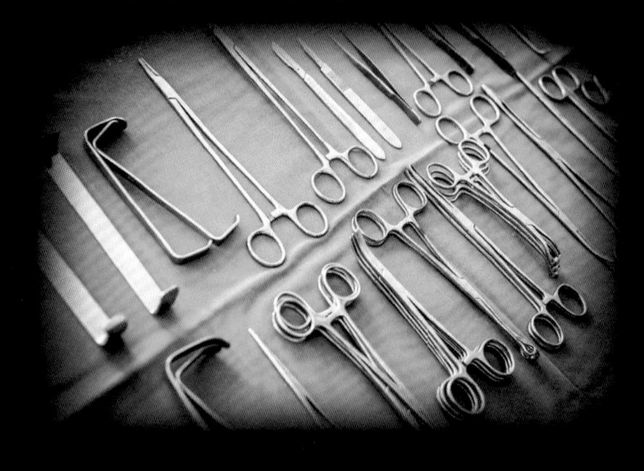

寻找元素

从铁到锌

第一次工业革命发生在 1770—1850 年的英国，变革主要集中在纺织、冶金、采矿和运输领域。第一次工业革命是经济和生产领域的重大转折点，铁及两种铁合金（铸铁和钢）的铸造工艺——它们很早就被广泛使用——是这一历史时期的标志。工业生产所需的原材料从矿物和煤化石中提取，而生产过程中需要大量的劳动力，这造成了大量农村劳动力涌入工业领域的现象，这种现象也永远地改变了工业国家的社会和城乡结构。此时，科学家的重要性开始凸显出来，有时候他们甚至成了能带来收益的角色。实际上，身兼企业家和科学家两种身份的人在那个年代并不少见，而这主要得益于法律对专利的重新定义。现代法律中的专利概念出现在 17 世纪中叶的美国，到了 18 世纪，生产工艺专利在英国已经相当普遍。最为人熟知的生产工艺专利非搅炼法（puddling，一种炼钢法）莫属，该专利的发明者因此而变得富有。1852 年，世界上第一家专利事务所在英格兰成立。

▲ 亨利·科特（Henry Cort, 1741—1800）发明的反射炉将铁和少量的碳通过搅炼系统进行精炼，炼出了第一批工业意义上的钢。

发现时间	
26. 铁	古代
27. 钴	1737 年
28. 镍	1751 年
29. 铜	古代
30. 锌	1526 年

◀ 这幅画描绘的是 19 世纪初伦敦的典型场景——人们将制造铁合金所需的煤从矿井中开采出来后运送到工厂。

▼ 安德烈亚斯·西吉斯蒙德·马格拉夫（Andreas Sigismund Marggraf，1709--1782）是第一个成功提取出锌的西方人。1746 年（许多东方国家从 14 世纪起就在使用纯锌了），他将炉甘石（几种矿物的混合物）和碳装进密闭容器加热后分离出了锌。实际上，威廉·查恩（William Champion，1709—1789）早在几年前就设计出了这一提取工序，但马格拉夫对此并不知晓，因此历史学家仍倾向于将这一发现归功于马格拉夫。马格拉夫在今天之所以被公认为是第一位提取出纯锌的人，很大一部分原因在于他对该工艺进行了详细的描述，并且对其做出了理论解释。

▶ 瑞典男爵阿克塞尔·弗雷德里克·克朗斯塔特（Axel Fredrik Cronstedt，1722—1765）于 1751 年发现了一种新的金属——镍。他之所以将新金属命名为 kupfernichel（意为乔装成铜的魔鬼），是因为镍的某些特性与铜（德语写作 kupfer）相似，还因为他受到了矿工们的误导，矿工们把镍（nickel，意为顽皮的妖精）和铜弄混了。

◀ 图为克朗斯塔特在 1882 年获得的纪念奖章，表彰他在化学和矿物学领域的功绩。除了分离出镍外，他还发现了白钨矿——一种富含钨的矿物，并且率先为钨元素命名。奖章的背面是拉丁文：“他曾涉足地下之路，是瑞典皇家科学院杰出的成员和矿物学家。”

▶ 瑞典人乔治·勃兰特（George Brandt，1694—1768）被认为是钴的发现者，1730—1737 年，他用了 8 年时间证明出玻璃中蓝色的来源是钴。然而，直到 1780 年，单质钴才由另一位瑞典人托贝恩·奥洛夫·贝格曼（Torbern Olof Bergman，1735—1784）成功分离出来，贝格曼承认勃兰特对自己的成功有着重要影响。1798 年，科学家发现在 180 ℃的恒温下，氯化钴的氨溶液中会沉淀出橙色晶体，而当温度高于 180 ℃时，橙色晶体将变为颜色更深的稳定分子。

24 铬 Cr

铬（cromo）是一种“有颜色”的元素（chroma 在希腊语中的意思是颜色），其化合物呈绿色、黄色和红色。游离态的铬在自然界非常少见，想要大量获取铬单质，必须从它的化合物中提取。

铬在冶金业中非常重要，因为它能赋予金属合金抗腐蚀和抗热的性能，而且作为涂层还可以使合金具有光泽（镀铬层）。生产搪瓷和清漆也需要大量的铬元素。根据所使用的铬的氧化物的不同，可以获得不同颜色——从绿色到黄色再到红色（红色氧化物可以生产出合成红宝石）的产品。贴瓷砖用的胶中有铬元素，织物处理的过程中也会使用铬。此外，含铬化合物还会被当作科学仪器和高品质磁带的清洁剂（在光盘问世之前的 20 世纪 80—90 年代一度非常流行）使用。

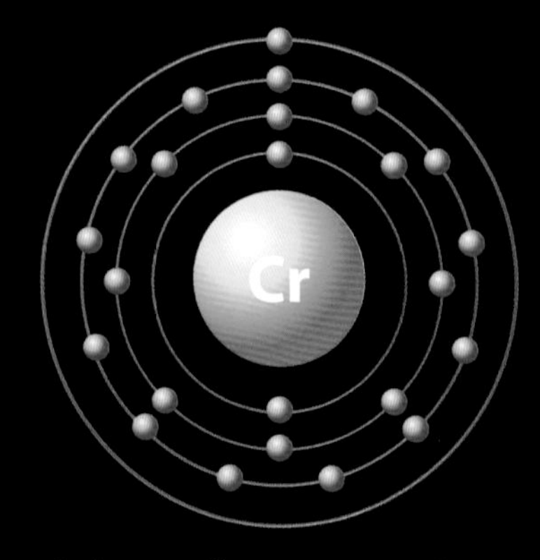

24 个质子　28 个中子　24 个电子

◀ 经过钝化处理（使其表面形成一层保护层，这样可以防止其继续被氧化）的铬单质具有银色的金属光泽，质地坚硬，且具有较强的抗腐蚀性。铬单质一般是从铬铁矿（一种大量存在于南非的矿物）中提取出来的。

▼ 近 200 年来，一种黄色染料在织物和日常用品中被广泛应用，受到大家的普遍赞赏和认同，它就是铬黄——一种由铬酸铅构成的物质。但由于铅是一种有毒的元素，所以铬黄很快就被其他染料替代了，但铬黄色这种标志性的颜色却被保留下来，成了一种参考色。

铬的属性

原子质量：	51.996 u
原子半径：	140 pm
密度：	7 140 kg/m^3
摩尔体积：	7.23×10^{-6} m^3 / mol
熔点：	1 857 ℃
沸点：	2 672 ℃
晶体结构：	体心立方

1s	2s	2p	3s	3p	3d	4s	4p	4d	4f	5s	5p	5d	5f	6s	6p	6d	6f	7s
2	2	6	2	6	5	1												

◀ 在铬的光谱中，黄色和红色之间几乎没有谱线，但是最特别的是其电子在轨道中的排列。铬原子的电子构型极少见：随着原子序数的增加，各个次能级逐步被填满。从理论上讲，我们本以为 3*d* 能级中该有 4 个电子，4*s* 能级中该有 2 个电子。但实际情况却不是这样。

▶ 存在于铁、钢和塑料等物体表面的镀铬层实际上是一种涂层，它不但具有耀眼的光泽，还具有保护功能，即抵抗冲击、使物体具有更强的耐腐蚀性。镀铬层的另一个作用是当物体的某一区域意外受损时，镀铬层能够将自己的原子迁移到该区域，将受到影响的原子替换掉。在工业生产中最先使用的是 6 价铬的溶液，只需要将有镀铬需求的物体完全浸入溶液中便可。后来人们发现 6 价铬具有一定的毒性，于是改用 3 价铬的溶液。

▲ 三氧化铬是一种具有高氧化性的化合物，毒性较强，常在镀铬和电镀中使用。三氧化铬的深红色极具标志性，通常以铬酸酐这个名称出现在市场上。

铬污染

6 价铬盐的污染性极强，即使在浓度较低的情况下也会对人体造成严重危害，而且研究已经证实 6 价铬盐中存在致癌物质。6 价铬盐的溶解性较高，因此土壤中有它的大量残留物。土壤中的铬浓度可能很高，因为铬在过去的工业生产中被大量使用，而采取控制措施、制定环境恢复治理对策仅仅是近 30 年的事。其中一些技术性解决方案的思路是通过一系列程序（如将最安全、最具生态可持续性的试剂分离出来并使用）消除部分有害排放物，抵消污染带来的部分影响。

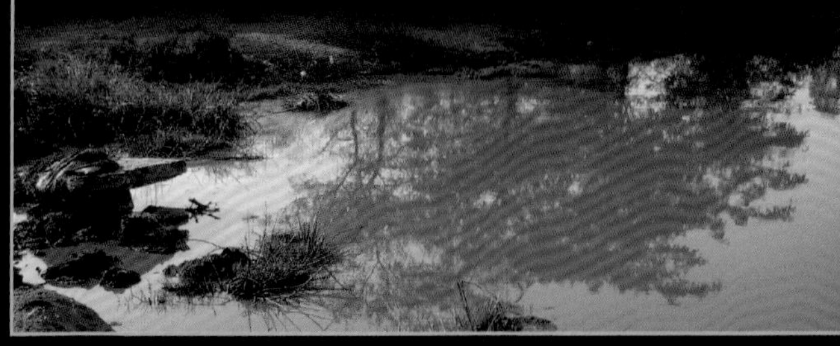

25 锰 Mn

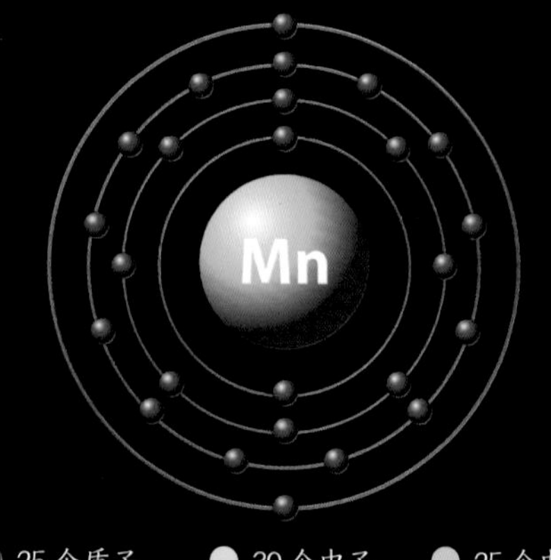

锰是一种过渡金属元素，较容易被氧化。游离态的锰比较柔软且易碎，但与其他金属结合后能形成非常坚固的合金。与铬和钒一样，锰的化学性质也会随着氧化价态的增加而发生变化：2 价锰的化学性质类似于金属，4 价锰的化学性质介于酸和碱之间，6 价和 7 价锰的化学性质与非金属类似。

锰矿床在地球上的分布不连续，大部分位于南非和乌克兰，还有很大一部分位于海底，由于开采难度巨大，目前仍然保存得比较完整。

锰在冶金工业中具有重要的价值，是生产不锈钢和常见的铝合金所必不可少的元素。此外，由于自身的坚固特性，锰还是放映机和喷砂机中的主要材料。锰其实早在古代就已被人们使用，如用于为玻璃脱色。

▲ 锰单质和铁单质类似，也是一种外观呈浅灰色的金属，坚硬但非常脆。图中的碎块就是锰单质（纯度为 99.99%），旁边的立方体块也是由锰单质构成的。锰单质与空气接触后会被氧化，在表面形成一层彩色的物质。

锰的属性

原子质量：	54.938 u
原子半径：	140 pm
密度：	7 470 kg/m^3
摩尔体积：	7.35×10^{-6} m^3 / mol
熔点：	1 244 ℃
沸点：	1 962 ℃
晶体结构：	体心立方

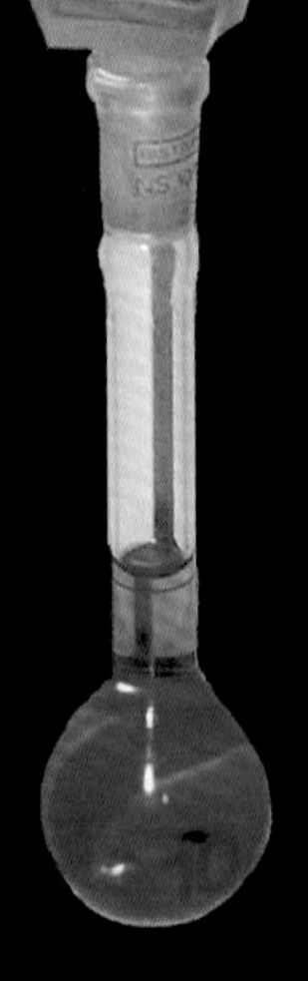

▶ 锰是高锰酸钾的构成元素之一，纯净的高锰酸钾为紫色固体。图为稀释过的高锰酸钾溶液，经常被用作消毒剂、漱口水以及磷的解毒剂。

1s	2s	2p	3s	3p	3d	4s	4p	4d	4f	5s	5p	5d	5f	6s	6p	6d	6f	7s
2	2	6	2	6	5	2												

◀ 在锰的光谱中，紫色区域的谱线较宽，越往右越窄，到红色区域几乎已经没有谱线了。上述特征可以帮助我们轻松地识别出锰的光谱。锰原子 3*d* 次能级轨道处于半充满状态。

▶ 斯巴达重装步兵的短剑拥有无与伦比的坚固性和攻击力，它由一种含锰的铁矿石制成。铸造过程中形成了一种非常坚硬的合金，由该合金制成的尖端尤其利于攻击，在近距离搏击中具有致命的威力。图中所示为在斯巴达战士墓中发现的短剑的复制品。

▼ 当植物底部最嫩的叶子出现颜色逐渐变浅并泛黄、叶片上出现绿色条纹的现象时，这可能是因为植物缺乏锰元素所致。锰是植物生长和成熟过程中的必需元素，如果此时不及时使用含锰的肥料，植物的叶子就会出现深褐色的斑点，直到叶子掉落，这将对植物的生长极为不利。

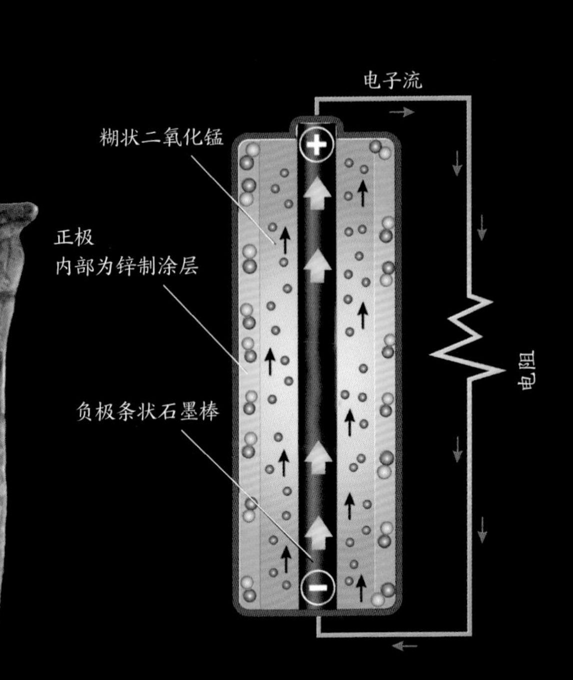

▲ 1866 年，乔治·勒克朗谢（Georges Leclanché，1839—1882）发明了世界上第一节干电池，该电池以他的名字命名。这种电池的内部不含液体，易于运输。电池的一端是锌正极，另一端是呈条状的石墨负极（位于电池中间），两者之间填满了二氯化锌、氯化铵和二氧化锰的混合物。氨逐渐在负极附近聚集（氨与氢都是还原产物），这意味着电位的降低。因为有上述弊端，现在人们更喜欢用由氢氧化钾和氯化铵制成的碱性电池。

分子

水

如今，人们出于习惯会将水视为一种“元素”，但水实际上是一种化合物，由包含 1 个氧原子和 2 个氢原子的分子（H_2O）组成。构成水分子的 2 种化学元素（现代意义上的）在宇宙中也很常见，因此科学家们认为水这种化合物不仅在太阳系中较为丰富，在其他的星系也是如此。然而事实是，水虽然以较为集中的方式存在于地球的大气层中和土星的一颗卫星中（目前只有地球的地表及地下含有丰富的液态水），但仅有极其微弱的迹象表明在太阳系的其他行星上有水存在。这一点决定了太阳系的其他星球上不可能存在生物，因为水是生命得以延续的必备物质。

▲ 我们喝的水不只含有水这一种化合物。由于溶剂（这里指水）的量较大，很多物质都能轻易地溶解在其中，这些物质都属于微量元素（浓度极其微小），其中一些对于人体来说是必需的。

▲ 水分子由 1 个氧原子和 2 个氢原子构成，原子间通过极性共价键连接。每个水分子都很容易与另外 4 个相同类型的分子结合，该过程中的键被称为“氢键”，它的存在得益于偶极之间的相互作用。

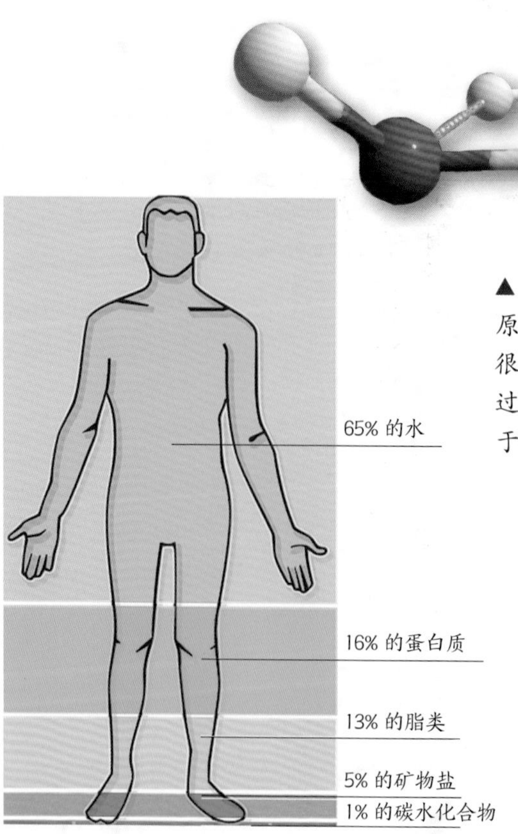

◀ 人体内所含的物质大部分都是水。一个人出生时体内约含 80% 的水；成年后，这一比例会下降，但不会低于 65%，否则会对身体造成致命的伤害。医生建议人们每天至少饮用 2 升水，此外还应通过食物（主要是牛奶、蔬菜和水果）间接摄入水分。

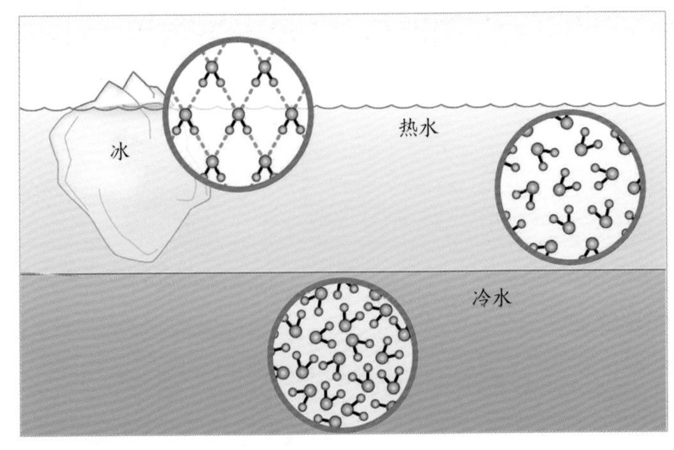

◀ 如图所示，除了气态（水蒸气），水还有2种状态——液态和固态，具体处于哪种状态取决于水的温度。温度越高，水分子越活跃，当温度降低时，水分子则会彼此靠近并形成更稳定的键。当温度降低时，水的密度较大，且会沉向底部。当温度为0 ℃时，水凝固成冰，水分子等距排列形成六边形结构，中间有较宽阔的空白空间。因此，与等量的水相比，冰的体积更大，但密度却更小。

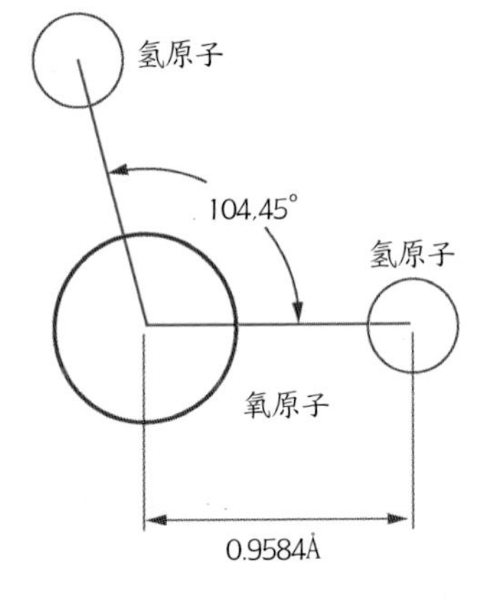

▲ 水分子（H_2O）中的氧原子的价层电子对在空间的排布为四面体构型：中间是氧原子，2个氢原子排列在氧原子的旁边，这2个氢原子与氧原子形成的氢氧键的键角为104.45°，氧原子独享的两对电子对分别占据四面体的另外两个方向。理想的四面体结构为正四面体，此时的键角应为109.5°，而水分子之所以未形成正四面体构型是由氧原子独享的两对电子对（这两对电子只专属于氧原子的轨道）的静电斥力所致。

▶ 过氧化氢（H_2O_2）是过氧化钡（BaO_2）与硫酸（H_2SO_4）发生化学反应的产物。它是一种含有刺鼻气味的透明液体，具有腐蚀性，稀释后被用作防腐剂和漂白剂。

H_2O

H_2O_2

重水

当水分子的结构中存在氘（氢的同位素 ^2H）时，水分子的密度会增大，因此在体积相同的情况下，其质量也会增加。在自然界中，重水最集中的地方在海底。我们也可以通过人工的方法（通过蒸馏的方式分离出轻水）生产重水。重水主要被用在核技术领域，因为和轻水比起来，它吸收的中子更少。

26 铁 Fe

铁是较为常见的能够在恒星内部合成的所有元素中质子数最多的元素。正是因为这个缘故，铁的含量非常丰富，是宇宙中含量排在第6位的元素。

地球与其他岩质行星一样，在地壳和地心中都富含铁元素（地心是铁元素含量最大的地方）。铁元素还大量存在于彗星和陨石中。克莱尔·帕特森（Clair Patterson，1922—1995）通过对比陨石中的铁与地球上存在的铁，认定地球的年龄为45.5亿岁。

铁几乎不以游离态的形式存在，而是存在于化合物和多种矿物质中。铁在磁场的作用下会被磁化，甚至在磁场不再起作用时依然保持磁性，它的这种独特性质被称为铁磁性。

铁能形成多种合金，其中应用最广泛的两种是钢和铸铁（都含有碳）。

Fe

26 个质子　30 个中子　26 个电子

◀ 铁单质是灰色的，有金属光泽，延展性强。它的表面不会生锈，但如果单质中含有杂质，则会生锈。铁的生产工艺有很多种，如电解和还原氧化铁。

▼ 地壳表层中一半以上的物质都由火成岩构成，这种岩石是由地幔中的白热物质冷却后形成的。地壳中的火成岩主要有两种类型：硅铝矿物（由二氧化硅和铝组成）和颜色更深一些的铁镁矿物（主要由铁和镁构成，如下图所示）。

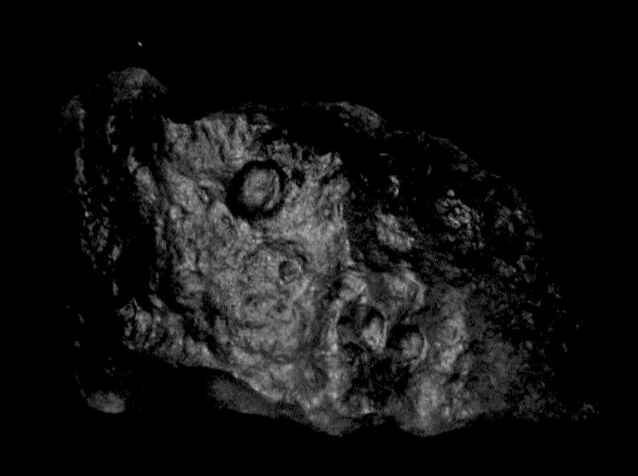

铁的属性	
原子质量：	55.845 u
原子半径：	140 pm
密度：	7 960 kg/m^3
摩尔体积：	7.09×10^{-6} m^3 / mol
熔点：	1 535 ℃
沸点：	3 000 ℃
晶体结构：	体心立方

1s	2s	2p	3s	3p	3d	4s	4p	4d	4f	5s	5p	5d	5f	6s	6p	6d	6f	7s
2	2	6	2	6	6	2												

◀ 在铁的光谱中，紫色和绿色区域的发射谱线比较密集且集中，而蓝色的发射谱线则较为稀少。铁原子的最外层有6个电子，容易形成化学键，尤其是与金属更易形成。

▼ 我们在这里需要澄清一个事实：菠菜中的铁含量并不高。菠菜中的铁含量比糖和鸡蛋中的少得多，甚至比肉中的还要少，只需在摄入肉类的同时搭配适当的食物，人体便可以吸收更大剂量的铁元素。事实上，所有蔬菜中都含有植酸和草酸等物质，它们会抑制人体对铁的吸收。

◀ 铸铁和钢是两种使用最广泛的铁碳合金，其中铸铁的含碳量比钢高。铸铁在熔融的温度下会有更大的流动性，这使得它能够在不受阻力影响的同时铸出非常复杂的形状，且生产成本不太高。

高炉炼铁

铁矿石是经过一系列精炼工艺（粉碎、研磨、分离、浮选、筛分等）获得的。铁矿石、焦炭和石灰石的混合体被称为装料。将装料放进高炉口内，下方的热空气与焦炭发生反应，于是氧与装料中的铁被分离开。铁在高炉内的高温下会熔化，并与焦炭中的碳混合，生成的铸铁从下方被倾倒出来。

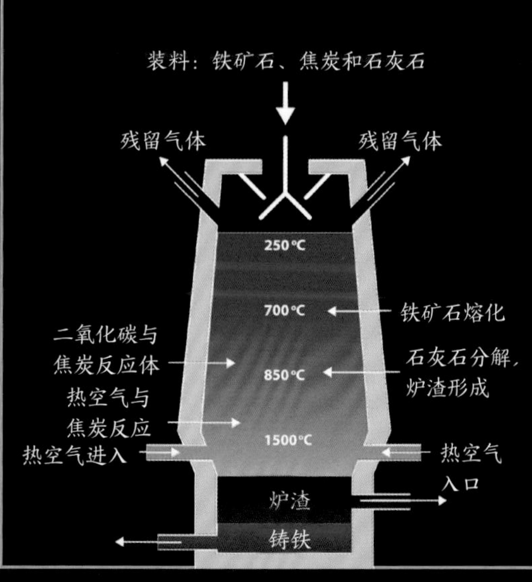

▼ 钢的年产量中的大部分是经过精炼的铸铁，精炼后的铸铁再进入其他锻造工序。根据碳所占百分比的不同（从超软的0.05%到超硬的0.85%），钢可以被分为7种类型。

27 钴 Co

当德国矿工一心想淘到金子，却只找到一种有毒且对他们毫无用处的金属时，他们常常会责怪守护地下的魔鬼。在德语中，守护地下的魔鬼被称作 kobold，所以他们把发现的无用金属称为钴（cobalto）。

游离态的钴（在自然界中不存在）是一种银白色的金属，非常坚硬，其铁磁性比铁还要强。钴几乎不与其他元素反应（在室温下不会被氧化），但也有例外，如在陨石中发现的钴和镍的混合物。我们一般能在水钴矿、辉钴矿和方钴矿中找到钴，而钴只是镍和铜的提取工艺的副产物。在工业领域，钴常被制成硬度较高的合金，含铁的磁体、催化剂，颜料（蓝色和绿色），以及其他产品，用来装饰瓷器和玻璃，并为它们上色。臭名昭著的钴-60 是钴的一种人造同位素，它能放射伽马射线，是镍的一种同位素发生裂变后产生的。尽管钴-60 未用于军事领域，但其放射性却威胁着人类。

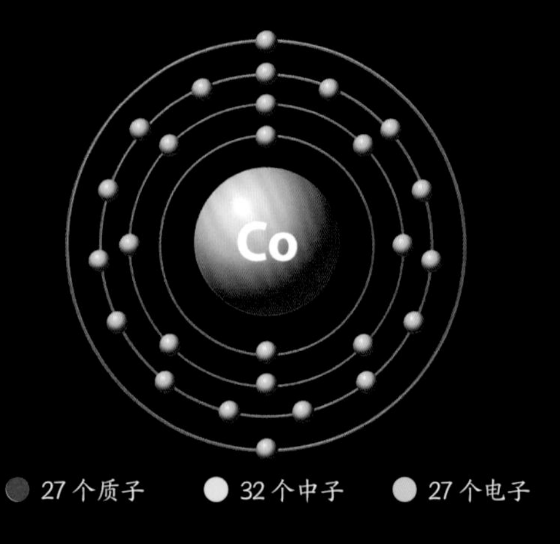

27 个质子　32 个中子　27 个电子

▼ 图中所示为呈粉碎状的防火玻璃，它是钴蓝色的，用于燃气壁炉中，能有效阻隔壁炉下方的火焰。除了美观外，这些防火玻璃还可以增加周围的亮度。

钴的属性	
原子质量：	58.933 u
原子半径：	135 pm
密度：	8 900 kg/m^3
摩尔体积：	6.67×10^{-6} m^3 / mol
熔点：	1 495 ℃
沸点：	2 927 ℃
晶体结构：	六方晶系

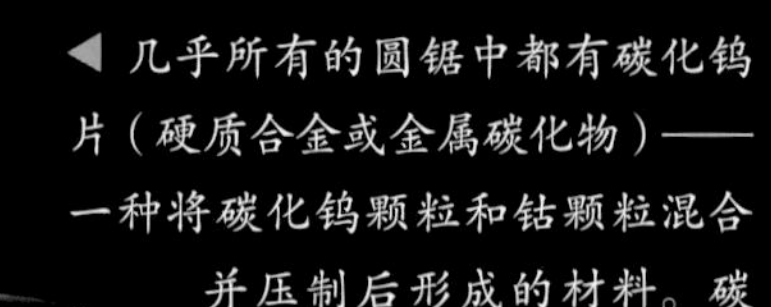

◀ 几乎所有的圆锯中都有碳化钨片（硬质合金或金属碳化物）——一种将碳化钨颗粒和钴颗粒混合并压制后形成的材料。碳化钨通常被称为硬质金属，是一种由碳化物和金属构成的合金。除了圆锯，还有一些工具中也含有碳化钨制成的零件，如打孔机的刀片。

1s	2s	2p	3s	3p	3d	4s	4p	4d	4f	5s	5p	5d	5f	6s	6p	6d	6f	7s
2	2	6	2	6	7	2												

◀ 在钴的光谱中，谱线又少又细，且大部分位于紫色、蓝色和绿色区域。钴原子的 3*d* 次能级由 5 条轨道组成，共有 7 个电子。钴原子一共有 27 个电子和许多质子，由它们形成的原子结构十分复杂，无法通过正常的恒星核合成法对它进行复制。

◀ 由太立合金（一种由铬和钴构成的合金，目前正在申请专利）制成的物体非常坚硬，能耐高温，并且没有磁性。它被用于制造阀门、电机、各种类型的轴承盖以及纺织工业中的用具。

◀ 添加了氧化钴的玻璃呈深蓝色。钴蓝可以赋予瓷器、玻璃杯等特殊的颜色。除了装饰作用外，钴还具备科学用途：在用焰色检测材料以识别其组成成分的过程中，含钴玻璃片是必需的工具。

▼ 下图中与黄铁矿有类似的纹理面的是辉钴矿，它是源于热液（由于岩浆冷却）的矿物之一，其中的钴含量很高。

▼ 水钴矿于 1872 年被发现，是自然界中钴的主要来源之一。最大的水钴矿床位于刚果（金）的加丹加省。与辉钴矿的成因不同，水钴矿是由富含硫酸钴的沉积物堆积而成的。

▼ 方钴矿的主要成分是钴、镍和铁，也属于热液矿物，因外表呈闪亮的银色而极具辨识度。砷通常是从这种矿物中提取的。

分子

矿物和岩石

构成地球及其他岩石行星的无机固体被称为矿物，即天然的化合物，矿物的化学结构和物理性质十分明确，因此很容易区分和分类。矿物最常见的结构是晶体结构，大部分矿物由硅酸盐组成，其中仅长石（具有晶体结构的岩浆岩）一种就占到地壳矿物总量的 60%。

▲ 沸石是晶体结构内部含有大量空隙的一种矿物。大量空隙的存在使沸石在受热时会释放内部的水，并形成水蒸气。

并非所有矿物在室温下都是固态的，如天然汞在室温下就是液态的。与矿物不同，岩石并不具有明确而同质的化学组成和结构，因为它们是不同化合物的聚集体，或者是具有大量杂质的单一化合物的聚集体。岩石可分成三大类：火成岩（火山喷发后，在地表下流动或露出地面的岩浆凝固后形成的）、沉积岩（产生自有机和无机的残留物以及胶结的矿物盐）和变质岩（原有岩石在不同压力或温度下变质的结果）。

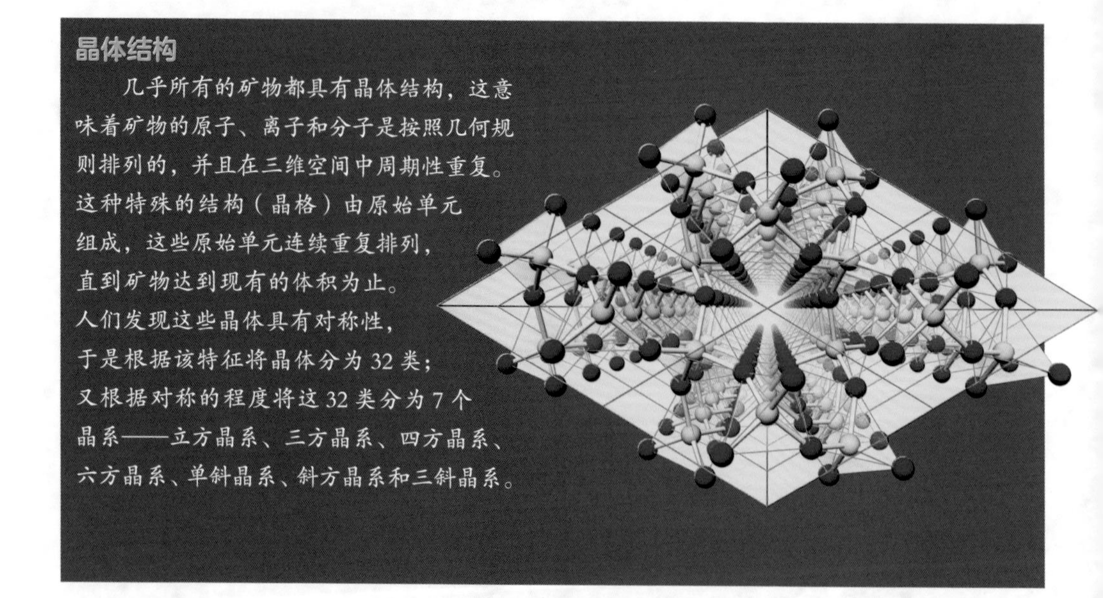

晶体结构

几乎所有的矿物都具有晶体结构，这意味着矿物的原子、离子和分子是按照几何规则排列的，并且在三维空间中周期性重复。这种特殊的结构（晶格）由原始单元组成，这些原始单元连续重复排列，直到矿物达到现有的体积为止。人们发现这些晶体具有对称性，于是根据该特征将晶体分为 32 类；又根据对称的程度将这 32 类分为 7 个晶系——立方晶系、三方晶系、四方晶系、六方晶系、单斜晶系、斜方晶系和三斜晶系。

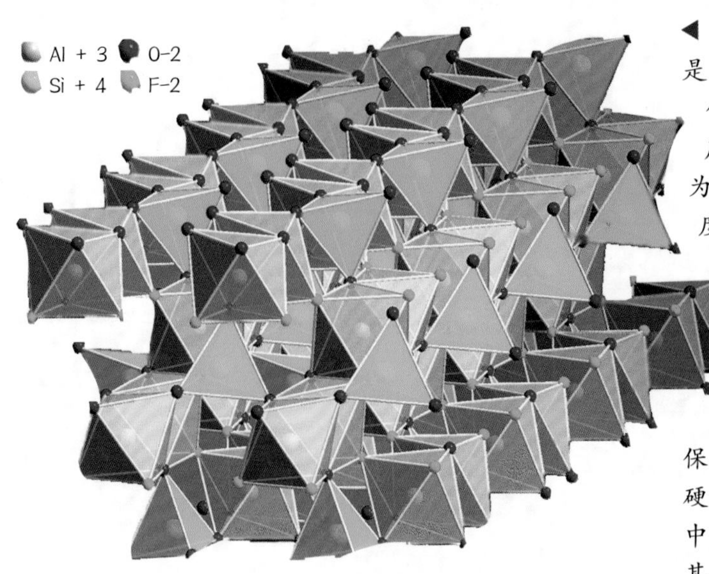

◀ 黄晶〔$Al_{12}SiO_4(F, OH)_2$〕是含氟硅铝酸盐矿物，其晶体属于斜方晶系。黄晶被广泛用在珠宝首饰中，因为它拥有各种各样的色彩(纯度最高的是无色的)。它的结构非常紧凑，多个SiO_4(图中以天蓝色呈现，红色的顶点代表氧原子)四面体彼此独立排列。这种构造可以保证黄晶具有很大的折射度、硬度和密度。黄晶在自然界中以棱柱形晶体的形式存在，其顶端通常呈金字塔形。

◀ 该复合标本中包含4种晶体：绢云母(红色，位于左上方)、方解石(白色，位于左侧)、霓石或绿辉石(黑色，横向排列)，以及钠沸石(位于右侧)。

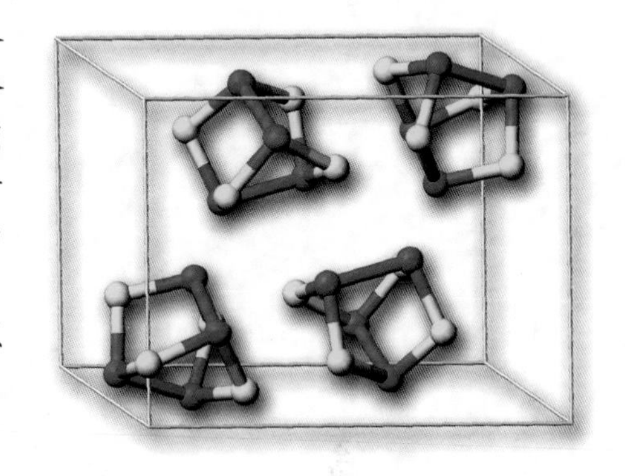

▲ 雄黄(As_4S_4，砷的硫化物矿物)的棱柱形晶体呈特别深的红色。从微观层面看，其晶体结构为单斜晶系——分子排列在双轴和一个对称的平面上。这些分子由4个硫原子和与硫原子相连的4个砷原子组成，每个硫原子有3个键。这种排列方式比黄玉的排列方式简单得多。

▶ 石英由二氧化硅(SiO_2)构成，是地壳中分布排名第2的矿物。石英有很多种，其中较为人们熟知的是水晶(非常纯净，完全透明)和紫水晶(如图所示)。紫水晶由于含有各种杂质，尤其是铁，因此或多或少地呈现偏紫色。石英有多种用途，在珠宝、花瓶或玻璃杯等的制造中尤为常用。

28 镍 Ni

单质镍仅少量存在于某些铁陨石中，绝大部分是从矿物（由镍、硫、砷、锑和硅组成的化合物）中提取的。镍与其他金属组成的合金主要被当作涂料使用。

在澳大利亚和新喀里多尼亚有大量保存完好的矿物，其中大部分是红土（如含镍褐铁矿和硅镁镍矿）和火成岩（如镍黄铁矿），还有一种是天然的铁镍合金——铁纹石，它经常与钴一同出现在陨石中。

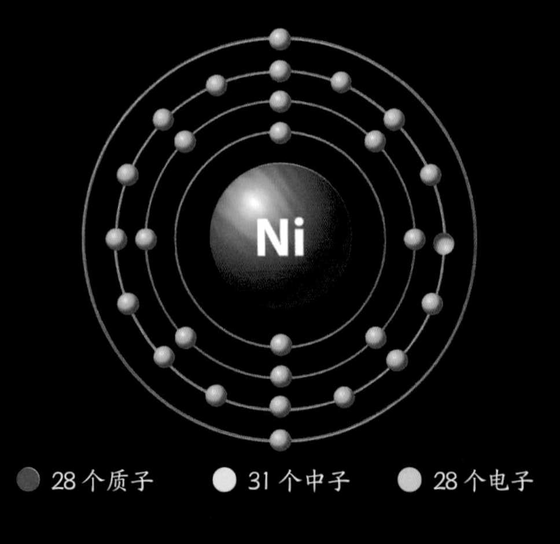

28 个质子　31 个中子　28 个电子

镍可以被制成多种人造合金，如不锈钢、镍钢（极强的耐低温能力），以及在磁场和机器人制造领域中起保护作用的金属。我们的日用品中很多都含有镍，如充电电池、硬币、电话、仿制珠宝……需要注意的是镍易引发皮肤过敏。

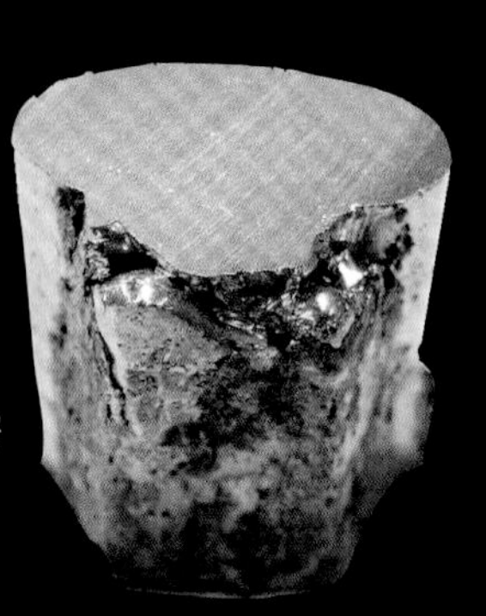

◀ 镍是一种质地坚硬的金属，有银色的金属光泽，具有延展性和铁磁性。镍单质通常是从矿物中提取的，用于制造硬币和实验室器材，也被用作催化剂。

▼ 飞机、火车和轮船上的发动机原理是将热能转化为动能，而这些发动机正是由含镍的合金制成的。含镍的合金能够使运转强度极大的发动机拥有最强的耐高温能力和耐久性。

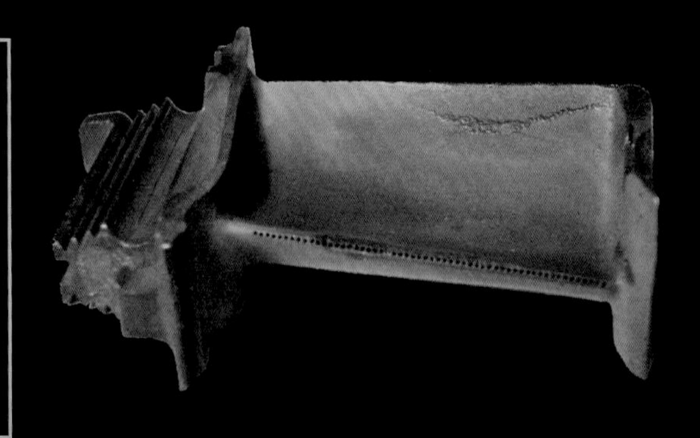

镍的属性	
原子质量：	58.693 u
原子半径：	135 pm
密度：	8 908 kg/m^3
摩尔体积：	6.59×10^{-6} m^3 / mol
熔点：	1 455 ℃
沸点：	2 913 ℃
晶体结构：	面心立方

1s	2s	2p	3s	3p	3d	4s	4p	4d	4f	5s	5p	5d	5f	6s	6p	6d	6f	7s
2	2	6	2	6	8	2												

◀ 在镍的光谱中，谱线主要集中在蓝色和绿色之间的区域，其余部分的谱线非常稀疏。镍原子在进行轨道填充时，最后剩下 10 个电子需要选择轨道，其中的 8 个排进了 3*d* 次能级，而能量更弱的 4*s* 次能级则被电子完全占满。

坡莫合金

坡莫合金是由镍、铁、钼、硅和铜构成的合金，能够屏蔽磁场。

坡莫合金通常被制成片状或条状，用来包裹对外部影响非常敏感的组件。如今，它已成为对磁导率有极高要求的电缆生产行业的首选材料。

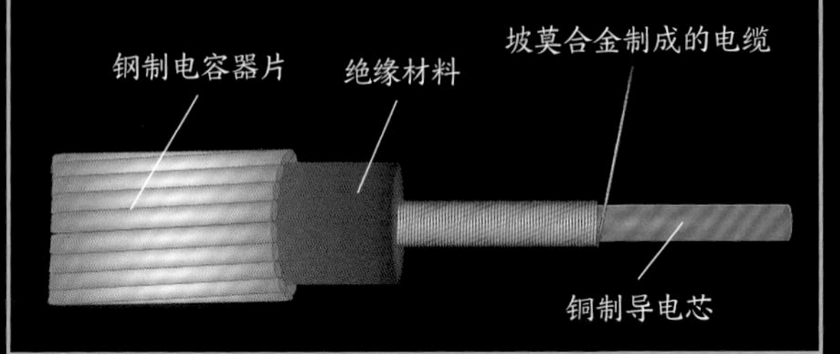

▼ 在美国和一些欧洲国家，镍被认为是价值不高的货币。许多流通中的硬币都是用镍或其合金制成的，这些合金包括含镍的不锈钢（由铁、铬和镍构成）、黄铜与镍的合金。现在在美国流通的银色 5 美分硬币，以及在欧洲流通的 1 欧元、2 欧元硬币都含有镍。1 欧元和 2 欧元硬币由 2 个同心圆组成：内部的圆由铜镍合金制成，外部的圆环由黄铜与镍的合金制成。由于镍能够引发皮肤过敏，有些人在使用这些硬币时可能会受到影响。此外，欧元中的 1 分、2 分、5 分硬币由镀铜钢制成，10 分、20 分、50 分硬币由黄铜制成。

▼ 锑化镍或红锑镍矿是一种铜色化合物，具有金属光泽，由六方晶系组成。它在工业领域的用途较多，常用于生产红外传感、制图以及半导体材料。

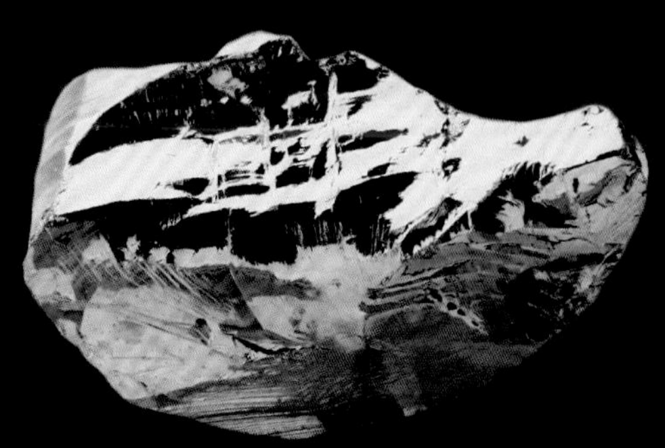

29 铜 Cu

铜是地球上含量最丰富的金属之一，也是人类最早开始使用的金属。铜单质在自然界中很少见，它在矿物中比较常见。铜能够抗菌，具有极高的导电性，而且易于回收利用，这些特性使铜成为当今世界上使用最广泛的金属之一。

细菌易吸附铜原子并因此失活，这使铜成为生产管道及硬币的首选材料。铜不具有磁性，但导电性和导热性极佳，它非常容易被回收利用，在电气和电子行业中的作用广为人知。铜的唯一缺点是价格越来越高（主要是由于铜矿逐渐枯竭，回收利用只能暂时缓解资源短缺问题）。铜主要存在于含氧元素的矿物（如孔雀石和赤铜矿）和含硫元素的矿物（如黄铜矿）中。铜与锡形成的青铜、与锌形成的黄铜曾是一段时期内最重要的合金。

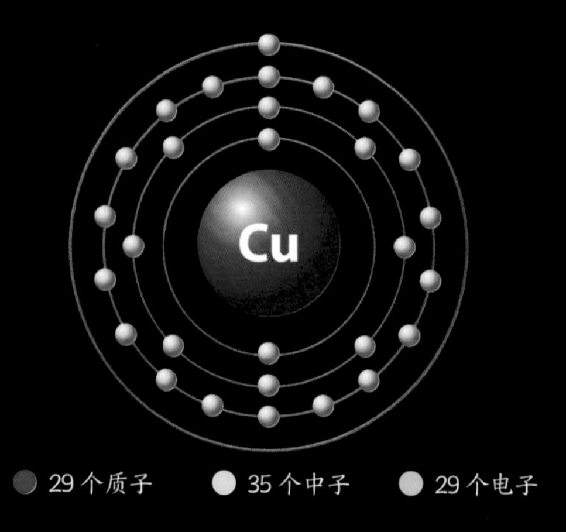

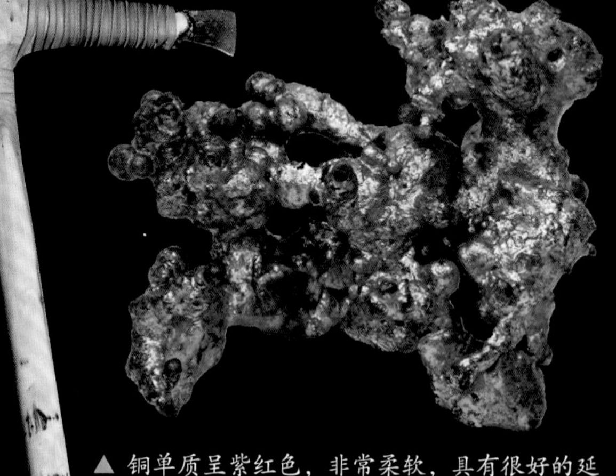

▲ 铜单质呈紫红色，非常柔软，具有很好的延展性，导电性和导热性极佳（仅次于银）。和其他金属一样，铜单质的表面也会形成一层氧化物（蓝绿色的铜绿），这层氧化物可防止其被进一步氧化。

◀ 公元前 5 世纪末，人们就已经掌握了铜的冶炼和开采技术。实际上，铜自公元前 10 000 年起就已为人知。自然态下的铜更容易被提取。首先需要对自然态下的铜进行冷加工，再将它暴露于 200 ℃左右的温度下以提升硬度。铜在当时主要被用来建造管道或制造武器（图为仿制的厄茨铜斧）。

铜的属性

原子质量：	63.546 u
原子半径：	135 pm
密度：	8 920 kg/m^3
摩尔体积：	7.11×10^{-6} m^3 / mol
熔点：	1 084.6 ℃
沸点：	2 567.2 ℃
晶体结构：	面心立方

1s	2s	2p	3s	3p	3d	4s	4p	4d	4f	5s	5p	5d	5f	6s	6p	6d	6f	7s
2	2	6	2	6	10	1												

◀ 一般情况下，随着原子序数的增加，电子会依次有序地排列在可用的轨道上。但这一规律也有例外，之前我们已经看到的铬的核外电子排布就是个例外。在铜的原子中，3*d* 次能级有 10 个电子，4*s* 次能级有 1 个电子。但依据规律，3*d* 次能级中应该有 9 个电子，4*s* 次能级中应该有 2 个电子。

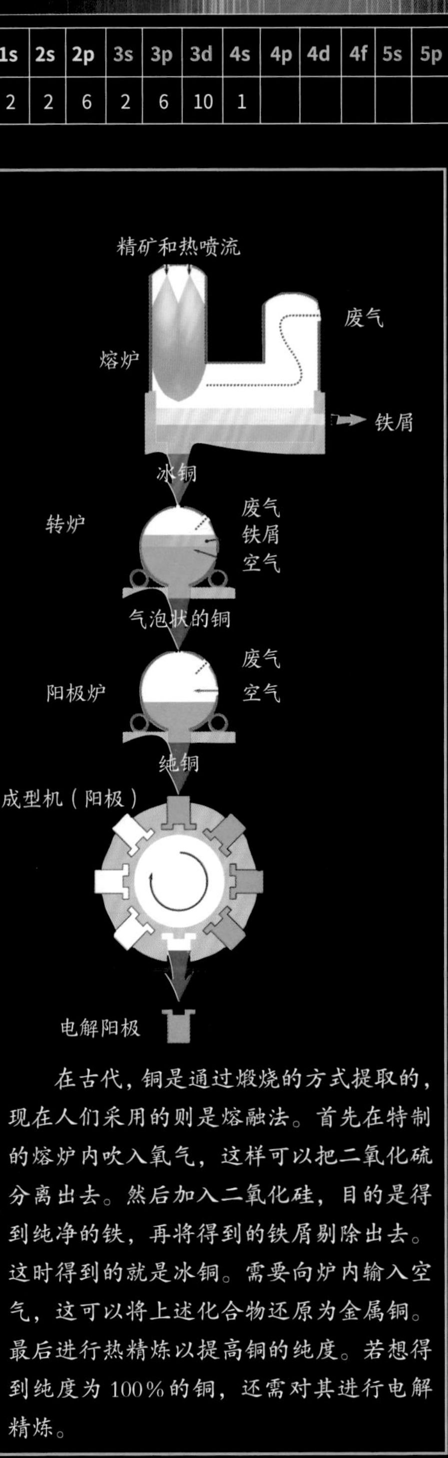

在古代，铜是通过煅烧的方式提取的，现在人们采用的则是熔融法。首先在特制的熔炉内吹入氧气，这样可以把二氧化硫分离出去。然后加入二氧化硅，目的是得到纯净的铁，再将得到的铁屑剔除出去。这时得到的就是冰铜。需要向炉内输入空气，这可以将上述化合物还原为金属铜。最后进行热精炼以提高铜的纯度。若想得到纯度为 100% 的铜，还需对其进行电解精炼。

▲ 铜是人体新陈代谢的必需元素，但人体内含量很少。铜元素含量最丰富的食物是动物内脏和甲壳纲动物。人的体内缺铜会引发骨质疏松症和贫血症。

▲ 管道用于输送饮用水、燃气，以及有加热或冷却功能的流体。铜能够防水、易于使用、既耐腐蚀、耐太阳辐射的特性使其成为制造管道的理想材料。

寻找元素

从镓到钼

发现时间	
31. 镓	1875 年
32. 锗	1886 年
33. 砷	1250 年
34. 硒	1818 年
35. 溴	1826 年
36. 氪	1898 年
37. 铷	1860 年
38. 锶	1808 年
39. 钇	1794 年
40. 锆	1789 年
41. 铌	1801 年
42. 钼	1782 年

分光仪最初是一种天文仪器，用来研究太阳和其他恒星的连续光谱。分光仪的出现得益于约瑟夫·冯·弗劳恩霍夫（Josef von Fraunhofer，1787—1826）在天文方面的开创性贡献。弗劳恩霍夫出生在德国，是一位光学仪器制造师和物理学家，于1814 年分离出了太阳光谱中的吸收线。不久后，分光仪就有了另一个用途——用于分析几种化合物和元素燃烧产生的火焰所发射出的辐射。与恒星光谱（一系列连续的光谱，中间会被细细的吸收线打断）不同，元素光谱是一系列具有离散（或不连续）特征的发射谱线，数量通常比较稀少。

1860 年，人们借助火焰发射光谱法首次检测出一种新的元素——铯。15 年后，同样是借助该技术，化学家勒科克·德·布瓦博德朗（Lecoq de Boisbaudran，1838—1912）在观察闪锌矿的光谱时发现了另一种未知的元素（闪锌矿是一种富含锌的矿物，其光谱中有 2 条独具特征的紫线，是之前从未被观察到的）。此后不久，他通过电解法成功分离出了该元素，之前的假设因而得到了证实。这种新元素的特性与门捷列夫曾预测的类铝（eka-aluminio）相吻合。布瓦博德朗将这种新元素命名为镓（galio），以此来纪念他的祖国——法国，而且他还用自己的姓氏（Le coq）玩了个文字游戏，该姓氏在拉丁文中是 gallus（gallo, 意思是雄鸡）。

▶ 锗的发现不仅意味着人类发现了一种新的元素，而且还证实了元素周期表强大的预测能力。门捷列夫（图中左侧）在此之前已从理论角度对被他称为类硅（eka-silicon）的元素的性质进行了一番描述。1886 年，克莱门斯·温克勒（Clemens Winkler，1838—1904）通过实验鉴定出了该元素，并从硫银锗矿（一种由硫和银构成的矿物）中将它提取了出来。

▶ 分离出氧气的瑞典药剂师卡尔·舍勒（Carl Scheele）注意到，一些他本以为是含碳化合物或含铅化合物的物质实际上是由一种新的元素——钼构成的。他成功从辉钼矿中提取出了钼的氧化物。直到19世纪末，钼元素才被应用到工业领域，并且直到人们发现它可用作钢的黏合剂后，才开始提取它。除了钼以外，舍勒还发现了钨、氮、氯和锰元素，以及硫化氢、亚砷酸铜、甘油和酒石酸等化合物。

▶ 砷在波斯文明时期就广为人知，被人们用来杀死政敌或仇家。史学家们一致认为，西方世界第一位分离出砷的人是自然哲学家、神学家大阿尔伯特（13世纪），即托马斯·阿奎那（Thomas Aquinas）的老师。这位著名的修道士涉猎的学科众多，其中还包括炼金术（涉及某些化学工艺）。此外，他的成就还包括撰写名为《论炼金术》(*De alchimia*) 的专著。

▼ 查尔斯·哈切特（Charles Hatchett，1765—1847）对铌铁矿的样品进行分析后发现了一种新元素，他将其命名为钶（colombio），后来改为铌（niobio）。

◀ 威廉·拉姆赛（William Ramsay，1852—1916）生活在这样一个时代：一方面，平民阶层对文化的兴趣日益提升；另一方面，科学似乎正在将现实明确而全面地揭示出来。正是这样的时代特征，使得像威廉·拉姆赛这样举足轻重的化学家成为真正意义上的公众人物，并出现在像《名利场》（*Vanity Fair*）这样的流行杂志上。在他的诸多发现中，尤其值得一提的是发现氪元素，这得益于与莫里斯·特拉弗斯（Morris Travers, 1872—1961）的合作。1898年，他们通过蒸发液态空气的方法成功分离出氪。这一切始于拉姆赛的一个发现：合成氮气的密度与从周围的空气中分离出来的氮气的密度之间存在差异。

30 锌 Zn

锌是一种蓝白色金属，在室温下呈现脆性，通常用于制造黄铜和镍银等合金。人体中也含有微量的锌元素。实际上，锌是仅次于铁的常见元素。

锌是从闪锌矿、菱锌矿和炉甘石等矿物中提取出来的。锌、铁、铝和铜是工艺技术和工业中最常用的金属。自古以来最为人熟知且常见的合金是黄铜合金，它由锌和铜构成。人类已经发现了一些由锌制成的史前物体，它们的状态非常接近游离态。锌的氧化物是被使用得最多的一种化合物，主要用来生产清漆。锌的氯化物经常被制成除臭剂。锌元素对人体的骨骼结构和发育至关重要，是膳食补充剂的基本成分之一。铁制品表面的锌单质涂层可以防止铁制品被腐蚀。

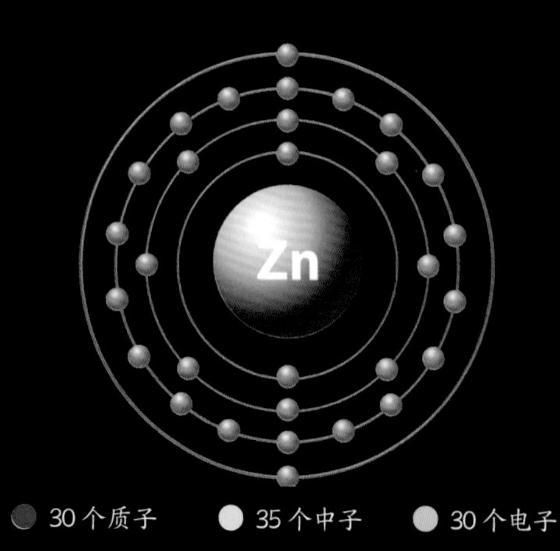

30 个质子　35 个中子　30 个电子

▼ 选择锌来铸造护套和外壳是因为它具有耐腐蚀性，而且价格适中，这对有大型连接组件需求的项目来说尤其适用。该制造工艺需要在高压下将熔融状态的金属注入模具中。

▼ 使 DNA 序列连接起来的蛋白质结构域由 1 ~ 2 个锌原子组成，它们与存在于螺旋结构中的组氨酸残基之间发生相互作用。这种序列被称为锌指结构基元 (zinc finger motif)，其重要作用是使核酸（包含着各种生物体的生物合成中所必需的遗传信息）结构保持在相互连接的状态。

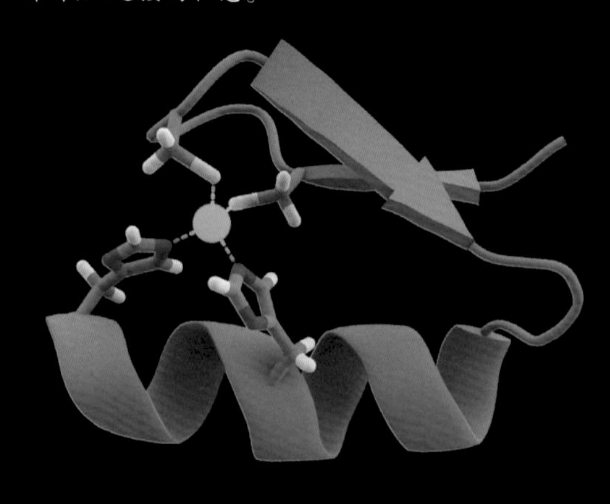

锌的属性	
原子质量：	65.409 u
原子半径：	135 pm
密度：	7 140 kg/m^3
摩尔体积：	9.16×10^{-6} m^3 / mol
熔点：	419.52 ℃
沸点：	907.2 ℃
晶体结构：	密排六方体

1s	2s	2p	3s	3p	3d	4s	4p	4d	4f	5s	5p	5d	5f	6s	6p	6d	6f	7s
2	2	6	2	6	10	2												

◀ 在锌的光谱中，谱线十分稀少，其中橙色谱线比其余颜色的谱线宽，绿色光谱中心区域的范围较广。所有次能级轨道，包括最外面的几条，都被电子填满了。

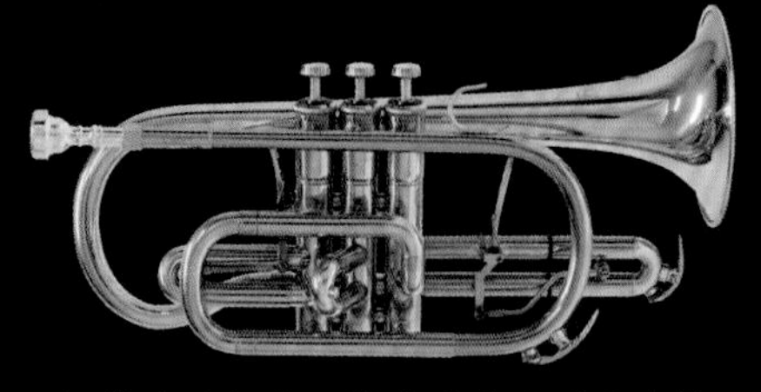

▲ 铜管乐器与其他管乐器的区别是其制造材料是黄铜合金，以及拥有一个专门为空气的进入和震动而准备的特殊装置。其他管乐器，如萨克斯，也由黄铜合金制成，但多了一个簧片。

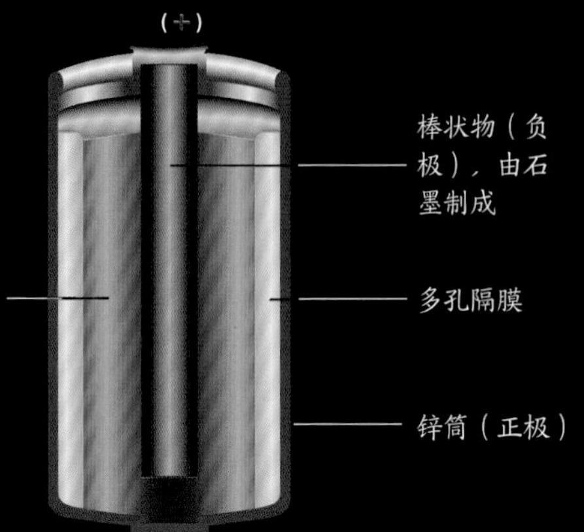

▲ 乔治·雷克兰士（Georges Leclanché）于 1866 年发明了一种新型电池，电池的正极由锌制成，负极则由一根用石墨和氧化锰制成的棒状物充当。该电池的工作过程在之前介绍锰元素时已经进行了详细说明。

▶ 人体中锌和铜的含量应当保持平衡，这对于避免出现骨骼和关节问题至关重要。锌含量较高的食物有牡蛎、肉类、坚果、菜豆、全谷类、啤酒酵母、可可、南瓜和葵花籽等。

▶ 菱锌矿是一种富含锌的矿物，因独特的外观而受到收藏家们的青睐。詹姆斯·史密森（James Smithson, 1765—1829）因出资建立史密森学会（Smithsonian Institution）的慷慨行为而举世闻名，他曾专门对菱锌矿做过研究。

31 镓 Ga

镓是一种银色金属，比较罕见，在自然界中不以游离态形式存在，仅少量存在于锌矿石和铝土矿中。

砷化镓在电子工业中非常重要，被用于制造蓝色发光二极管（LED）和半导体线材。含有镓的合金一般很脆弱，因为镓会腐蚀其他金属。近期，镓在医疗产品领域有了一种新用途——被制成温度计（材料是由镓、铟和锡组成的合金），成为更常见、危险性更高的水银温度计的替代品。这两种温度计的工作原理相同，但由镓合金制成的温度计可以防止人不小心中毒。

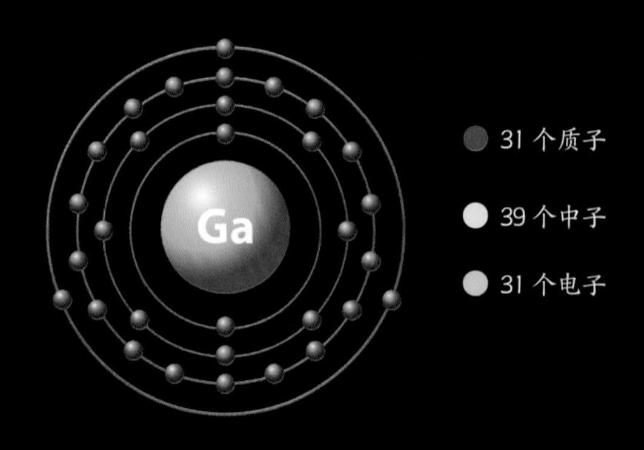

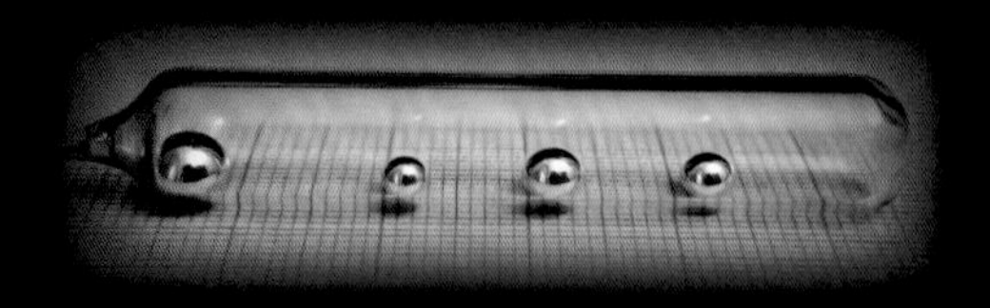

▲ 镓单质是一种容易断裂的金属，当温度达到 30 ℃以上时会熔化成小球，这一点让人联想到汞。镓的毒性较低，有些时候会用来代替汞。

◀ LED 是传统人造光源的名副其实的替代品。氮化镓能使 LED 发出蓝光。

▼ 镓的最奇特的特性是熔点很低，仅凭双手的温度就可以使它变成液体。魔术师们深谙镓的这一特点，利用它施展各种手法，例如让由镓制成的物体“消失”。

镓的属性	
原子质量：	69.723 u
原子半径：	130 pm
密度：	5 904 kg/m^3
摩尔体积：	11.80 × 10^{-6} m^3 / mol
熔点：	29.76 ℃
沸点：	2 204 ℃
晶体结构：	斜方晶系

1s	2s	2p	3s	3p	3d	4s	4p	4d	4f	5s	5p	5d	5f	6s	6p	6d	6f	7s
2	2	6	2	6	10	2	1											

32 锗 Ge

20 世纪 60 年代以前，锗一直是电子工业中的首选材料，而如今它几乎已被性能更优越的硅所取代。锗存在于煤炭、硫银锗矿、锗石等许多种矿物中，尤其是含锌的矿物中。地球上的锗大部分都位于煤层中。

锗是一种准金属，经常被用作半导体材料，因为它具有同类产品都没有的优势——在红外线环境下也能正常工作。锗的氧化物具有较高的折射率，因而成为生产远摄镜头和照相机的必备原料之一。锗在科学仪器领域和光纤的工业生产中也有应用。

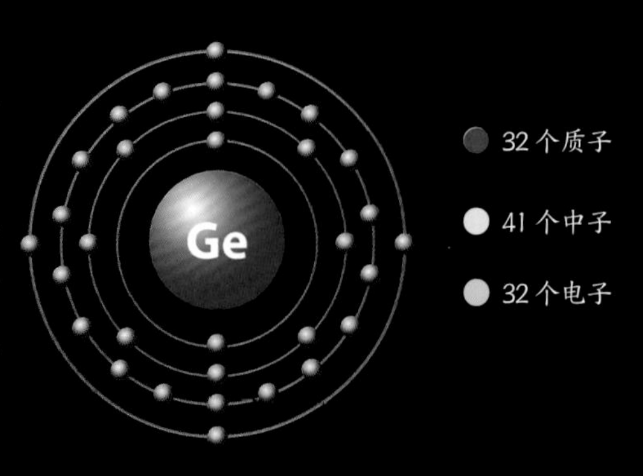

锗的属性

原子质量：	72.64 u
原子半径：	125 pm
密度：	5 323 kg/m^3
摩尔体积：	13.63×10^{-6} m^3 / mol
熔点：	938.3 ℃
沸点：	2 820 ℃
晶体结构：	面心立方

▶ 锗单质具有准金属的外观特征——呈银白色、有光泽、硬度适中。锗单质是从含锗的硫化物、煤炭以及一些含锌的矿物中提取出来的。

▼ 为了使由二氧化硅制成的光纤的折射率更高，人们会向其中添加少量的四氯化锗，这不会使光纤衰减或损耗。

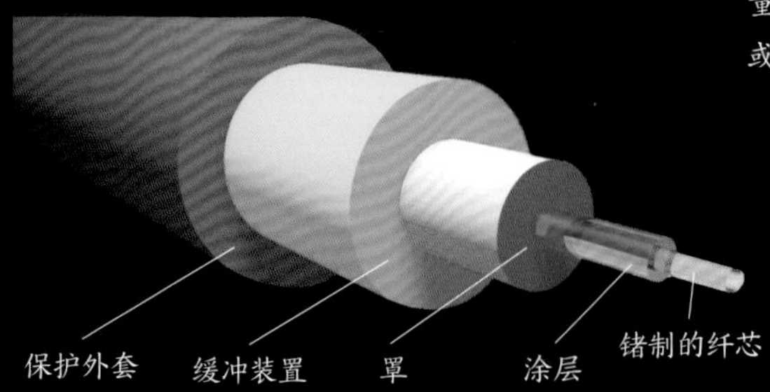

▲ 光纤由不同材料构成：由锗制成的纤芯的折射率最高，由二氧化硅制成的包层的折射率稍低。光穿过管道并在两种材料的边界之间进行一系列全反射。保护外套可使光纤免受腐蚀和撞击。

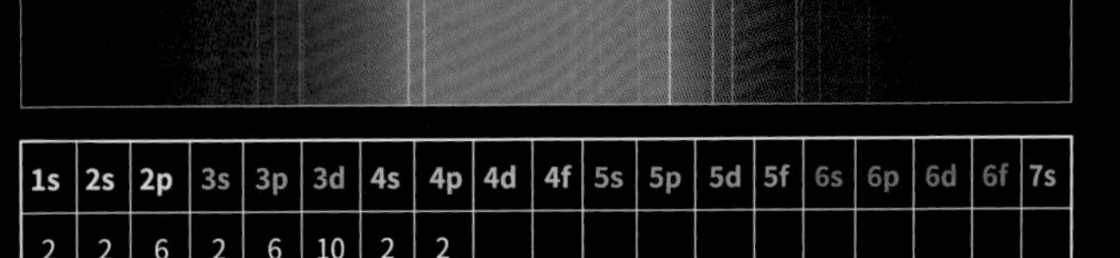

1s	2s	2p	3s	3p	3d	4s	4p	4d	4f	5s	5p	5d	5f	6s	6p	6d	6f	7s
2	2	6	2	6	10	2	2											

寻找元素

从锝到碘

元素周期表中的第 43 号元素（门捷列夫预测的类锰）曾是个谜，似乎在地球的任何角落都不存在这样一种元素。事实上，从某种程度上说确实是这样，因为它是一种极不稳定的元素，不稳定到几乎已经从地壳中消失的地步（极少存在，很难被找到）。

1939 年，埃米利奥・塞格雷 (Emilio Segrè，1905—1989）借助伯克利大学的粒子加速器在被氘核轰击过的钼样品中首次检测到了锝元素。它是人类单纯依靠人工手段发现的第 1 种元素（锝的名称 recnecio 实际上是指人工）。

此后，美国光谱学家、天文学家保罗•威拉德•梅里尔（Paul Willard Merrill，1887—1961）向世界宣布，自己在一些红巨星的光谱中发现了锝的吸收谱线。1952 年，科学家最终证实，尽管锝是在实验室内通过人工合成的方式发现的，但它也存在于自然界中。

▲ 埃米利奥·塞格雷与矿物学家卡洛·佩里耶（Carlo Perrier，1886—1948）合作，于 1939 年在巴勒莫大学的一个实验室里发现了锝元素。在被迫离开意大利（职业生涯末期曾返回意大利生活 1 年）到伯克利大学寻求庇护期间，塞格雷又发现了一种新元素——砹。

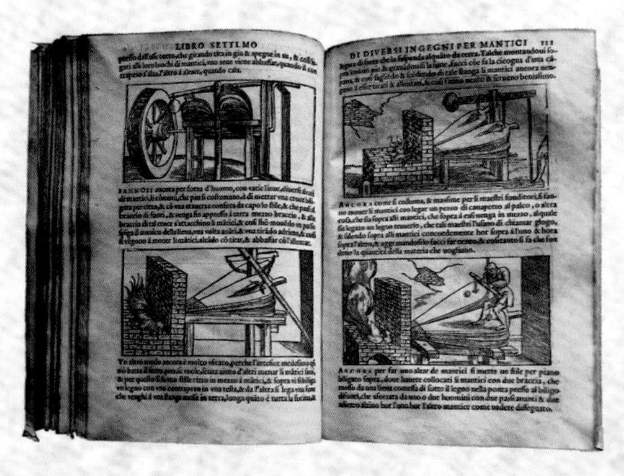

LIBRO SETTIMO

DI DIVERSI INGEGNI PER MANTICI

◀ 万诺乔・比林古乔（Vannoccio Biringuccio，1480—1539）在其所著的名为《火法技艺》（*De la pirotechnia*, 1540）的冶金工艺手册中第一次用插图的形式解释了锑的分离方法。因此，人们从很久以前就普遍认为是比林古乔首先发现了锑这种半金属。16—17 世纪，炼金术在实践领域的一个主要应用就是用锑进行试验。尤其值得一提的是“万有引力理论之父”、著名的数学家、炼金术士艾萨克・牛顿有一段时间曾对这一主题十分痴迷。

▲ 作为一名兴趣广泛的科学家，英国天文学家、物理学家威廉·海德·沃拉斯顿（William Hyde Wollaston，1766—1828）也开始投身于化学实验。几个月后，他发现了2种新元素——钯和铑。他以当时刚刚发现不久的矮行星帕拉斯（Pallas）的名字为钯元素命名，这彰显了他对天文学的巨大热情。

▼ 铀元素和锆元素最初是由马丁·海因里希·克拉普罗特（Martin Heinrich Klaproth，1743—1817）发现的，但他没能分离出纯净的铀和锆。他还找到了一些当时刚发现不久的元素（如碲元素）的化合物。

发现时间	
43. 锝	1939 年
44. 钌	1844 年
45. 铑	1803 年
46. 钯	1803 年
47. 银	古代
48. 镉	1817 年
49. 铟	1863 年
50. 锡	古代
51. 锑	1540 年
52. 碲	1783 年
53. 碘	1811 年

▼ 德国物理学家费迪南德·赖希（Ferdinand Reich，1799—1892）和希耶洛缪努斯·西奥多·李希特（Hieronymus Theodor Richter，1824—1898）是铟元素的发现者，他们使用光谱学方法检测到了独特的靛蓝（índigo）色发射谱线（铟因此得名）。4年后，赖希成功分离出了铟单质。

▼ 弗里德里希·斯特隆美尔（Friedrich Stromeyer，1776—1835）分析了炉甘石矿物（由碳酸锌构成）的杂质后，偶然发现了一种新元素——镉。这位化学家、矿物学家的成就还包括首先对异性石进行了科学的描述。

33 砷 As

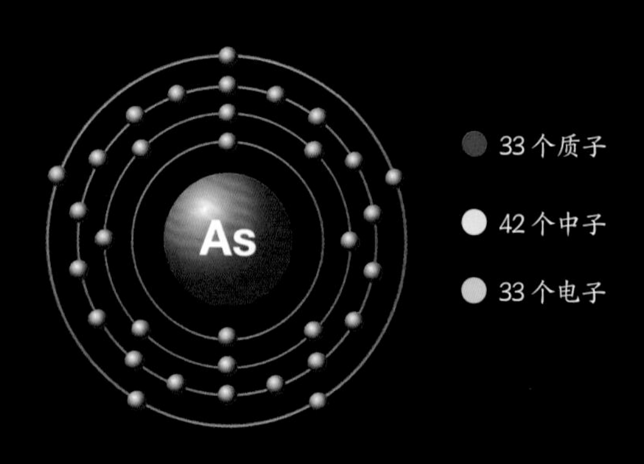

砷的化学性质与第三周期中排在它之前的磷非常相似。实际上，砷在某些化学反应中能轻易地“假扮”成磷，这会对人体造成非常严重的（通常是致命的）伤害。人们发现砷是一种有用的微量元素，其化合物被广泛用在杀虫剂和除草剂中。

几个世纪以来，砷给人们留下的印象是不祥的，因为它经常与凶杀联系到一起。它会使尸检变得异常困难，让专业人员很难检测出中毒原因。砷中毒后的一种有效的解毒剂是氢氧化铁。砷的另一个独特的性质是可以在低于熔点的温度下升华。

在工业领域，砷的化合物——砷化镓被大量用于制造集成电路和光伏面板，虽然其造价较贵。

砷的属性	
原子质量：	74.922 u
原子半径：	115 pm
密度：	5 727 kg/m^3
摩尔体积：	12.95 × 10^{-6} m^3 / mol
熔点：	817.2 ℃
沸点：	613.8 ℃
晶体结构：	菱方晶系

▼ 在 36 个大气压下，砷的熔点约为 830 ℃，此时的砷如图中试管中的模样。黄砷是由急速冷却砷蒸汽产生的，其分子由砷原子以共价单键连接而成。

◀ 砷在自然界中非常罕见，呈固体，有 4 种同素异形体，其中最稳定的呈深灰色且有光泽。砷元素主要存在于与铁和铜等金属形成的合金中，很少以氧化物的形式存在。

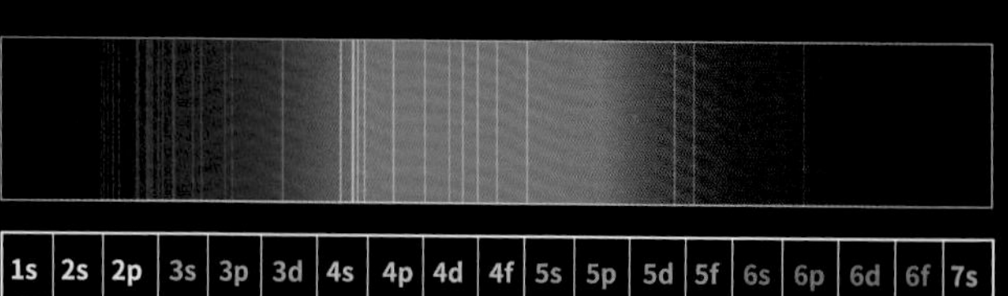

1s	2s	2p	3s	3p	3d	4s	4p	4d	4f	5s	5p	5d	5f	6s	6p	6d	6f	7s
2	2	6	2	6	10	2	3											

34 硒（Se）

硒虽然是维持人体健康所不可缺少的微量矿物质，但它的毒性非常大（很多微量元素都是这样）。

硒的稳定的同素异形体有着与金属相似的外观。我们能在黄铁矿和其他矿物中找到硒，同时硒也以游离态存在于土壤中，主要通过这种方式被生物吸收。硒可以用于生产玻璃（充当脱色剂）和清漆（它的一种特殊的同素异形体可以制造出红色的色调），也可以用于照片印刷。除上述应用外，硒还在可再生能源领域发挥着重要作用，因为暴露于太阳辐射下的硒可以降低电阻。

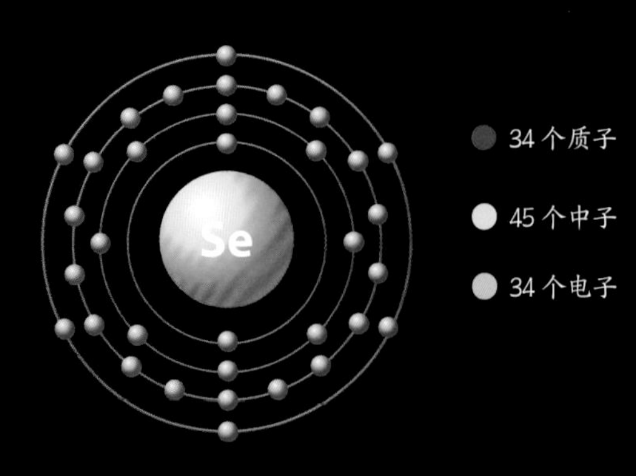

▲ 硒是一种很好的抗氧化剂，也是人体必需的微量元素之一。肉、鱼、奶酪和谷类食品中的硒含量较为丰富。巴西坚果（如图所示）也是一种富含硒的食物，其树木生长在南美洲。

▼ 硒以沉积矿物的形式存在于砂岩中。在图中石头的上方，我们可以观察到一种呈深灰色的硒的同素异形体。

◀ 图为纯硒颗粒。过去，硒元素因自身的光伏和半导体性能而被应用到电子工业中，但后来被硅取代了，因为硅对于人体健康来说更加安全（大量摄入硒会使机体中毒）。

硒的属性

原子质量：	78.96 u
原子半径：	115 pm
密度：	4 790 kg/m^3
摩尔体积：	$16.42 \times 10^{-6}\ m^3/mol$
熔点：	221 ℃
沸点：	684.7 ℃
晶体结构：	六方晶系

1s	2s	2p	3s	3p	3d	4s	4p	4d	4f	5s	5p	5d	5f	6s	6p	6d	6f	7s
2	2	6	2	6	10	2	4											

35 溴 Br

溴是一种活性较强（比氯稳定，比碘活泼）的卤族元素，具有强氧化性，单质与水混合时氧化性尤为强烈。溴在无水的状态下可与金属（尤其是铝和铁）发生反应。

溴是杀伤力最强的化学武器和催泪气体中的致命成分之一。溴原子的最外层电子构型（最外层有 7 个电子，时刻都在准备获得第 8 个）决定了它极易与其他元素、化合物，甚至是有机物（如胺和酚类）发生反应。

溴的名称来源于希腊语，意思是臭气，因为它的气味非常难闻且具有较强的穿透力，还会刺激人体。溴主要以溴化物的形式被从海水中提取出来。它的化合物被应用到工业和农业领域。之前有一段时间，溴曾作为超级汽油的一种成分被大量生产，但由于这种汽油会造成污染，现已被禁用。如今，溴仍被广泛用于以下产品的生产中：熏蒸剂、着色剂、药品、消毒剂和阻燃物质。用溴甲烷熏蒸是消杀寄生虫的有效手段，但溴甲烷自 2018 年起已被欧盟禁用。

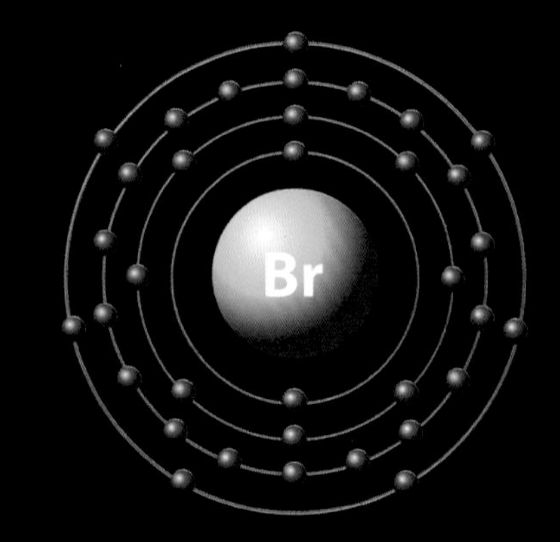

35 个质子　45 个中子　35 个电子

◀ 溴单质在室温下是深红色、浓稠、有臭味且极易挥发的液态。在自然界中，溴一般以溴化物的形式存在于许多地表岩石和海水中。通常情况下，溴极易溶于有机液体，会刺激黏膜和皮肤，因此可能对人体造成严重损害，吸入大量的溴会危及呼吸系统。因此，在与溴接触时必须佩戴口罩和护目镜，以保护自己的身体免于伤害。

溴的属性

原子质量：	79.904 u
原子半径：	115 pm
密度：	3 119 kg/m^3
摩尔体积：	19.78 × 10^{-6} m^3 / mol
熔点：	−7.2 ℃
沸点：	58.78 ℃
晶体结构：	斜方晶系

▶ 在药物学领域，含溴离子的无机化合物（尤其是简单盐形式）可以被用作抗惊厥剂（对动物和人类均有效），我们还能在血管扩张药物和抗癌药物中发现该成分。直到 20 世纪溴化钾仍被当作镇静剂使用，但从 70 年代开始，溴化钾由于其副作用而在许多国家被禁用。

1s	2s	2p	3s	3p	3d	4s	4p	4d	4f	5s	5p	5d	5f	6s	6p	6d	6f	7s
2	2	6	2	6	10	2	5											

◀ 在溴的光谱中，黄色、橙色和蓝色（最明显）区域的谱线宽度较大且比较分散。由于溴原子的最外层有 7 个电子，所以溴极易与几乎所有元素和化合物发生反应。

▲ 在工业领域中，当人们想抑制或阻止某种材料完全燃烧时就会给材料蘸上一些溴水。溴元素在受热时会产生一些气体，这些气体能够阻燃，有助于灭火。氯元素也具有类似的性质，但溴的阻燃效果更佳。

▶ 和氯一样，溴也具有杀菌和抗菌的特性，因此也可用于净化游泳池。有专门的设备负责持续地将小剂量的溴输入水中，因为只有适当剂量的溴才可以使水保持清洁的同时避免对人体造成伤害。

锌溴电池

锌溴液流电池通常由溴化锌制成，主要应用于可再生能源领域及电动汽车生产。这种电池是一种可充电的电池，由电解液构成，电解液内充满了具有溶解性和电活性的物质，这些物质被泵送着通过反应堆的燃料电池，这一过程能够将化学能转化为电能。聚烯烃微孔膜将锌和溴的电解液分离开来。电极由碳和塑料的复合材料制成。在充电阶段，薄膜形态的锌会沉积到负极上，而溴则沉积到底部；在放电阶段，这两种元素发生反应生成溴化锌，同时产生 1.8 伏的电压。

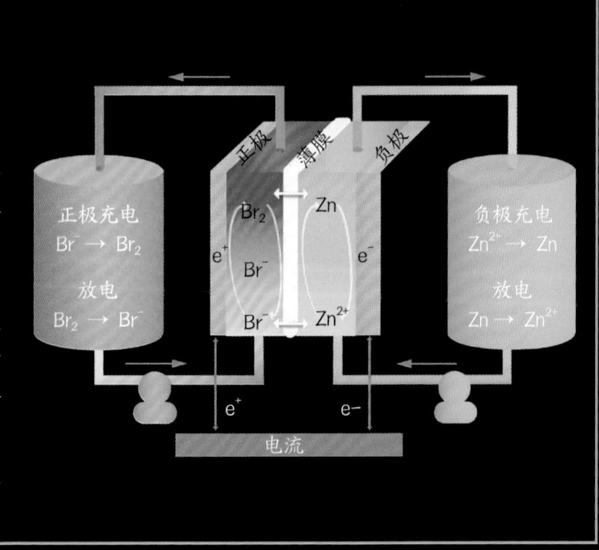

分子

爆炸性物质

爆炸是一个突然而剧烈的内部分解过程，这一过程将高能、不稳定的物质转化为能量较低且更稳定的物质。

爆炸性物质是指能够引发爆炸的化合物或混合物。根据爆炸速度的不同，爆炸性物质可以分为高能炸药（如硝化甘油）和低能炸药（如火药）。另一种更重要的分类方式将爆炸性物质分为3类：初级炸药（起爆药），这一类炸药对物理因素（冲击和热量）极为敏感，经常被用作雷管；次级炸药对刺激的敏感度远低于初级炸药，点火后不会爆炸，只是燃烧；三级炸药只在一种情况下爆炸，即仅在二次装药引发爆炸时才跟着爆炸。

$C_7H_5N_3O_6$

▲ 三硝基甲苯（TNT）是一种爆炸性的硝基化合物，与硝化甘油不同，它在受到撞击和刺激时不会爆炸。三硝基甲苯需由初级爆炸装置引爆，该爆炸装置通常是一根保险丝或金属丝，内部通电。核弹所用的计量单位千吨指的就是1 000吨三硝基甲苯爆炸所释放的能量。

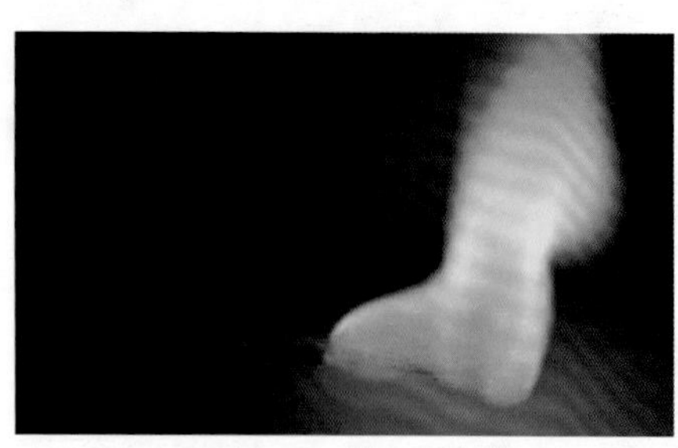

▲ 硝化纤维素（硝酸纤维素或火棉）自19世纪中叶开始被人们熟知，它是一种易燃易爆的化合物，是照相机闪光灯和电影胶片的主要成分（这就是过去的电影胶片会经常起火的原因）。如今，硝化纤维素是单基火药（枪支的推进剂）的基本成分之一。

◀ 图为欧洲经济共同体（CEE）时期的一张海报，2010年被另一张海报取代，并且背景换成了白色。海报中的警告标识是在提醒人们，该物质或药剂在与火花接触、遭受撞击或受热时会发生爆炸。

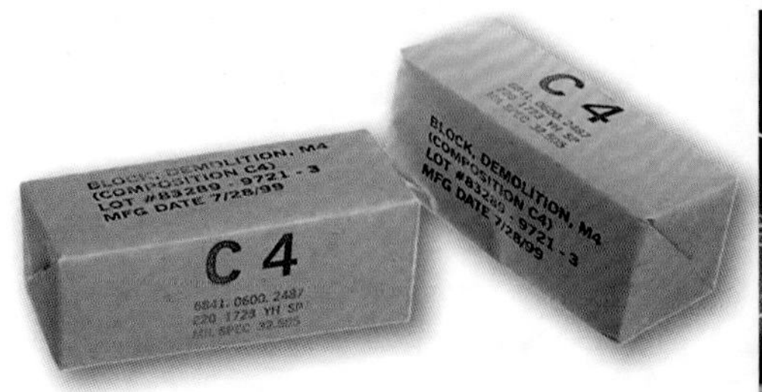

$C_3H_6N_6O_6$

▲ C4 塑胶炸药（简称 C4）是一种用于军事领域的爆炸性物质，于 20 世纪 70 年代投入使用，其最突出的特点是具有极佳的柔韧性，可被放置于各种大小的凹槽或孔洞中。C4 在受到撞击或被流弹击中时不会爆炸，只能借助雷管引爆。

▲ 阿姆斯特朗混合物是一种以氯酸钾和红磷为主要成分的强力炸药，对摩擦、撞击和热量均非常敏感。目前，它仅被用于休闲娱乐和制造玩具，如用于制造烟花。由于它具有一定危险性，在应用时应注意将其剂量控制在安全数值内。

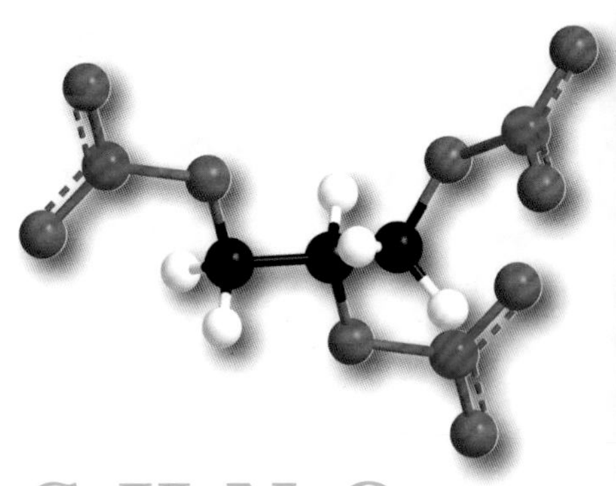

$C_3H_5N_3O_9$

▲ 硝化甘油是一种合成化合物，是淡黄色的油状液体，具有爆炸性。它的分子中包含 3 个碳原子（黑色），它们直接与 5 个氢原子（白色）和 3 个氧原子（红色）相连。这 3 个氧原子又各自与 1 个氮原子（蓝色）相连形成一个键，氮原子同时还与另外 2 个氧原子结合——1 个硝酸盐分子就是这样形成的。这种炸药对撞击和刺激特别敏感，温度的波动也会令它发生反应。

爆炸性混合物

除了化合物外，工业领域还会生产出众多通常具有致命性的爆炸物（两种非爆炸性物质组合后就具有爆炸性了）和混合物（至少一种物质具有天然的爆炸性）。在这些混合物中，火药、甘油炸药、炸弹、明胶和塑料较为人们熟知。下图中是一种经典的黑色火药，是硝酸钾、木炭和硫的混合物。加利福尼亚州最早的那批牛仔会在烟盒里塞满这种混合物，并随时准备将它们放入自己的柯尔特左轮手枪中。这种火药还被用到了美国内战中。19 世纪 70 年代起，它被其他一些新型混合物取代，这些新型火药都是阿尔弗雷德·诺贝尔（Alfred Nobel，1833—1896）的创新产物。

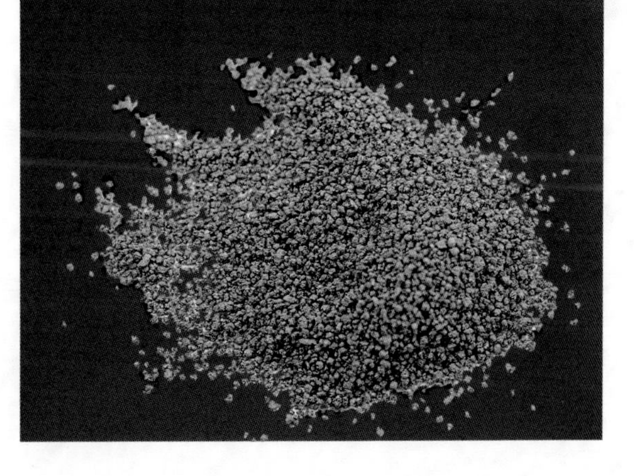

36 氪 Kr

氪单质(希腊语意为“隐秘的”)是一种无色、无味的气体，在我们呼吸的空气中也含有氪，属于稀有气体之一。氪元素原子的外层电子构型（满足八隅规则）决定了它除了在极少数例外情况及特殊条件下，不会与其他元素和化合物发生反应。

在氪被发现的几年之后，人们成功地使这种惰性元素和氟发生化合，尽管这需要在极端低温的条件下才能实现。氪气在长寿命灯泡的生产中尤为常用。

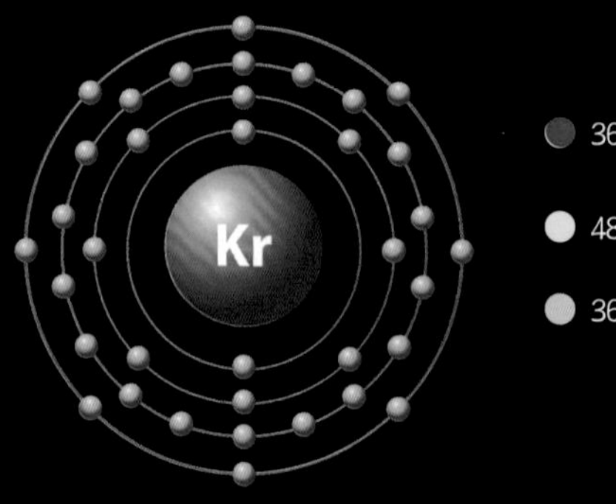

36 个质子

48 个中子

36 个电子

氪的属性	
原子质量:	83.798 u
原子半径:	189 pm
密度:	3 708 kg/m^3
摩尔体积:	27.99 × 10−6 m^3 / mol
熔点:	−157.36 ℃
沸点:	−153.76 ℃
晶体结构:	面心立方

▲ 内部装有氪离子的光谱管会发出冷色白光。氪在自然状态下是不可见的，因为它完全无色。氪还被应用到照明设备中。

▶ 和所有无毒的窒息性气体一样，氪对人体不会造成直接的毒害。但当氪气完全替代了空气时就会导致窒息。充满这种气体的环境对生物来说非常危险。

▶ 有一种白炽灯泡内部会被充入氪和氩的混合物，这种灯泡的平均寿命比内部只有普通灯丝的灯泡更长。这种白炽灯泡从2000年开始投入生产，而在那之前，氪元素已经被应用到了相机闪光灯中，以获取低曝光的图像。

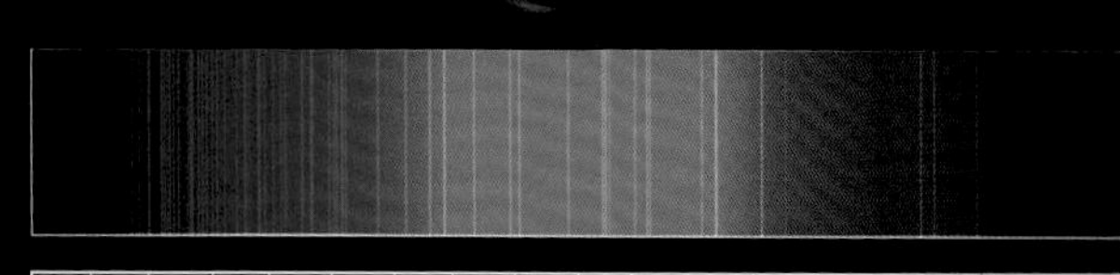

1s	2s	2p	3s	3p	3d	4s	4p	4d	4f	5s	5p	5d	5f	6s	6p	6d	6f	7s
2	2	6	2	6	10	2	6											

37 铷（Rb）

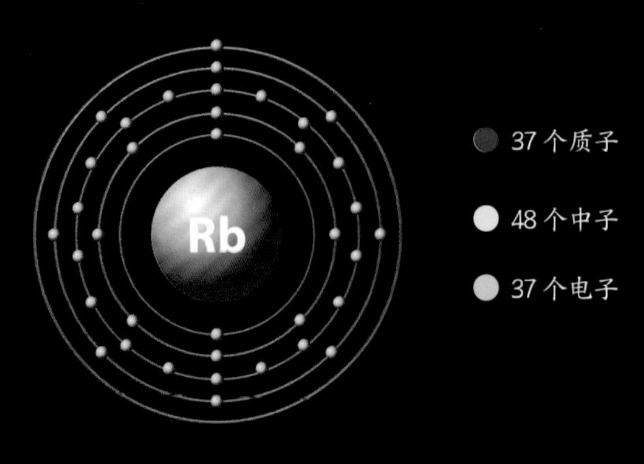

铷是一种碱金属元素，因此非常容易发生反应（铷原子的最外层能级中只有 1 个电子，极易与其他原子的电子相结合）。铷在工业领域中有多种用途：可充当涡轮机中的冷却液，也是某类玻璃和光电管中非常重要的一种成分。混合了银和铷的碘化物是所有离子晶体化合物中最优秀的电导体。由于拥有上述属性，铷常被用来制造电池。铷在自然界中不以游离态存在，但在地球上的含量依然十分丰富，主要存在于很多矿物和化合物中。

铷的属性	
原子质量：	85.4678 u
原子半径：	235 pm
密度：	1 532 kg/m^3
摩尔体积：	55.76×10^{-6} m^3 / mol
熔点：	39.31 ℃
沸点：	688 ℃
晶体结构：	体心立方

▶ 铷单质的熔点略高于室温，因此很容易熔化。铷单质与空气接触会燃烧，遇到水会发生剧烈的反应，所有碱金属单质或多或少都会这样。铷单质从外观上看是一种银色金属，质地比较柔软。

◀ 想要确定盐（最常见的是氯化物）中存在的金属类型，一种有效的方法是对其进行焰色试验。受热后被激发的物质会产生火焰，火焰发出的光会呈现特定颜色，焰色试验就是要对这一颜色进行定性评估。将少量样品置于玻璃棒上，使其靠近煤气燃烧器（本生灯）的火焰。在这种情况下，铷会产生紫红色火焰，这与钾和铯的情况类似。上述 3 种元素在元素周期表中同属于第ⅠA族，在这一族中排在钾后面的是铷，铷的后面则是铯。

▼ 铷原子钟是各种原子钟中最经济的，它的体积非常小，但却有着超长的寿命。和所有原子钟的运作方式类似，铷原子钟主要依靠铷原子的共振频率来维持运转。

1s	2s	2p	3s	3p	3d	4s	4p	4d	4f	5s	5p	5d	5f	6s	6p	6d	6f	7s
2	2	6	2	6	10	2	6			1								

38 锶 Sr

锶是一种天然稳定的元素，对人体无害，但它的 1 种同位素是通过核反应人工产生的，是一种对人体具有破坏性的放射性物质。

过去，稳定的锶被大量用于电视阴极管的生产中。如今，锶仍被用于制造烟花和牙膏（氯化锶）。此外，锶的最重要用途是制取铁氧体磁铁和纯净的锌。锶与钛形成的化合物有时会被用来代替钻石，因为二者在外观上很相似，尽管前者在质地上脆弱得多。

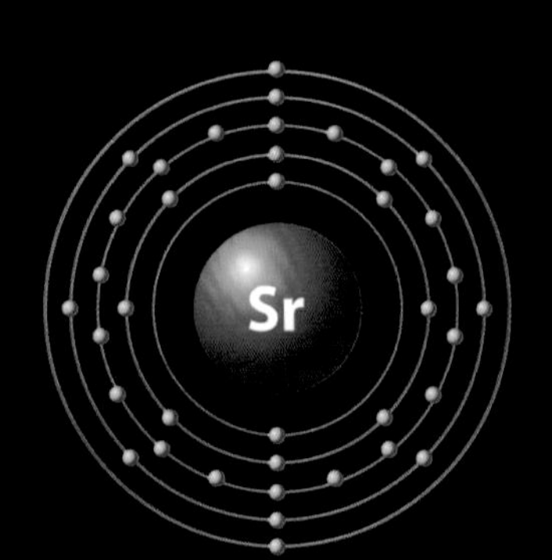

38 个质子

50 个中子

38 个电子

锶的属性

原子质量：	87.62 u
原子半径：	215.1 pm
密度：	2.6 kg/m^3
摩尔体积：	33.94×10^{-6} m^3 / mol
熔点：	777 ℃
沸点：	1 382 ℃
晶体结构：	面心立方

▲ 锶单质是一种柔软的金属，呈银白色或淡金色。金属锶是从天青石矿和菱锶矿中提取出来的，也可以通过电解氯化锶和氯化钾来获得。

◀ 锶的同位素具有放射性，其原子的原子核中有 52 个中子，半衰期接近 29 年，对人体来说非常危险。锶的同位素是由核裂变产生的，通常存在于乏核燃料和放射性废物中，如果人体摄入了被它污染过的食物，它将会沉积在人体的骨骼、骨髓以及血液中。该同位素在人体内的半衰期为 18 年，累积过量将会引发肿瘤、白血病和骨肉瘤等病变。

▶ 锶在焰色试验中产生的火焰呈深红色，非常明亮，颜色比钠的火焰更深，比锂的火焰浅。

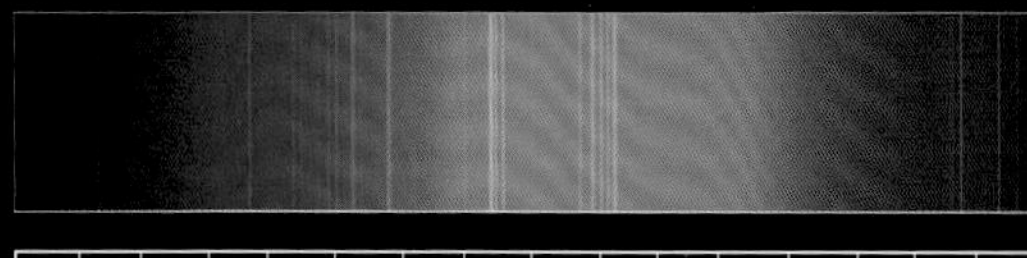

1s	2s	2p	3s	3p	3d	4s	4p	4d	4f	5s	5p	5d	5f	6s	6p	6d	6f	7s
2	2	6	2	6	10	2	6			2								

39 钇 Y

钇是一种过渡金属，在工业上可以用来制造电极、电解质、电子滤波器、激光器、超导体以及医疗仪器。钇还通常被用来增加铝镁合金的强度。钇的化合物是微波过滤器、某些陶瓷和玻璃（特别是氧化物）以及某些宝石（如人造钻石，尤其是石榴石）的基本成分。钇的名字来源于瑞典的小型矿山 Ytterby，那里拥有大量稀土，共有 7 种元素（包括钇）是在那里被首次发现的。

39 个质子

50 个中子

39 个电子

◀ 图为以前用在电视中的阴极管，现已被淘汰。它的成分包含氧化钇，而磷光体则可以发出红光。

▲ 钇单质是一种银黑色金属，具有光泽，化学性质相当稳定，与空气接触不会发生反应。自然界中的钇不以游离态存在，而是存在于几乎所有的稀土矿和铀矿中。金属钇通常从独居石和氟碳铈矿中提取，方法是用金属钙还原氟化钇。

▶ Nd：YAG 是使用最广泛的固态激光器之一，它以钇和铝的晶体为激活介质。此类激光常用于制造眼科手术器械和口腔软组织介入治疗中用到的器械。

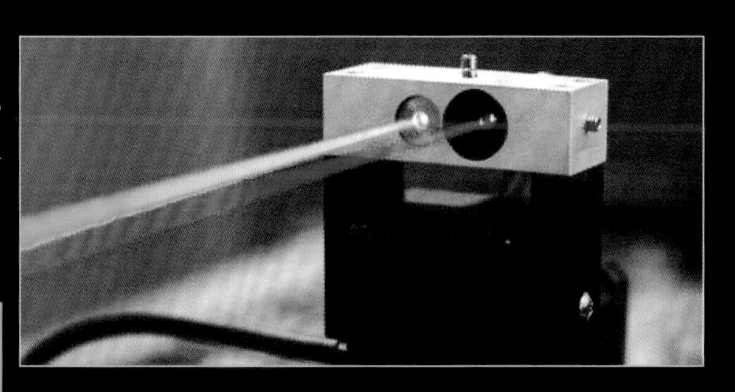

钇的属性

原子质量：	88.906 u
原子半径：	180 pm
密度：	4472 kg/m^3
摩尔体积：	$19.88 \times 10^{-6} m^3 / mol$
熔点：	1 526 ℃
沸点：	3 336 ℃
晶体结构：	六方晶系

1s	2s	2p	3s	3p	3d	4s	4p	4d	4f	5s	5p	5d	5f	6s	6p	6d	6f	7s
2	2	6	2	6	10	2	6	1		2								

分子

污染物

▲ 当光在一层薄膜的边缘（上方和下方）发生反射时，我们可以观察到彩色的干涉图案，油在大海里分散开后会产生这种现象。此外，在肥皂泡中也会出现干涉图案。

在现代化学领域，无论是理论模型的应用还是科学实践，最终会造成2种极具破坏性的结果：一是合成物质被排放到自然环境中，二是自然界中现存的工业废料无法被有限的空间完全吸收。

发生在土壤和海洋中的会对生态系统造成损害的侵入性活动通常被定义为污染。有些元素或化合物由于具有毒性或浓度过高而被称为污染物，其中危害最大、出现频繁的是镉（锌、铅和铜的提取物及化肥生产产生的副产物）、汞（由燃煤电厂释放）、农药（因过于密集的农业活动而散布到含水层和下层土壤中）、放射性同位素（因核能的运用而散布）、铅（通过不同的工业过程被排放，其中之一为对铅酸电池的回收利用）、6价铬（制革厂及其他行业产生的残留物）、氯氟碳化合物（通过挥发而扩散到大气中）和二噁英（通过燃烧垃圾产生）。

主要污染物质

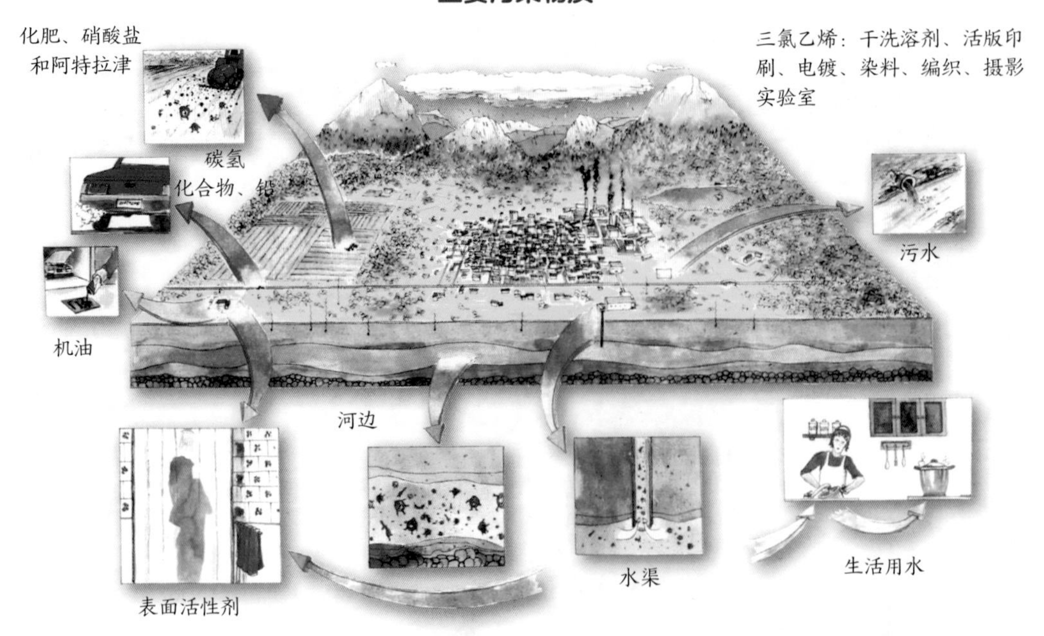

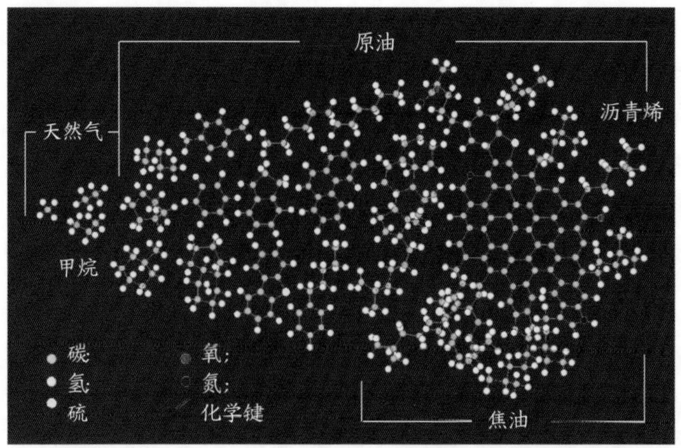

◀ 石油是存在于地壳上层的油状有机液体，是由生物机体分解而产生的化石。石油的结构非常复杂，是碳氢化合物（仅含有氢原子和碳原子的有机化合物）、水和其他杂质（如含氮化合物、含氧化合物和有机硫化合物）的混合物。

▲ 工业生产产生的大多数废物都是不可生物降解的，尤其是二噁英，会对土壤、含水层、地表水和大气造成极大的污染风险，从而使含有石棉、镉、铅、氯、农药和化肥的食物最终被我们摆上了餐桌。

▲ 二氧化硫（SO_2）是工业中生产碳氢化合物和化石燃料时产生的衍生物，也是主要污染物之一。吸入二氧化硫会引发呼吸系统疾病、咽炎及黏膜损伤。

石油造成的污染

石油泄漏会对海洋造成两种形式的污染。第1种是系统性污染，这种污染虽然不明显，但会一直持续下去，其形成的原因是少量但持续的油性物质（来自石油）排放使海洋受到污染。第2种污染与海上事故有关，即大量石油在短时间内排入海中。在上述两种海洋污染中，石油中的液体挥发后，剩下的部分则会在海水表面形成浮点。如果人们不进行干预，随着时间的流逝，海水表面的石油往往会逐渐下沉至海底，随后成为生态循环的一部分。

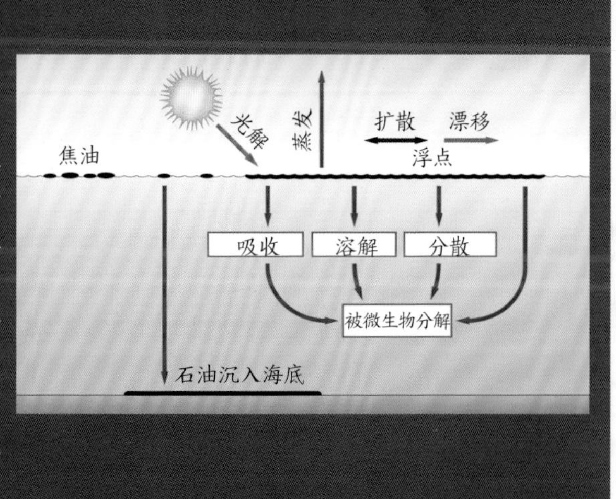

40 锆 Zr

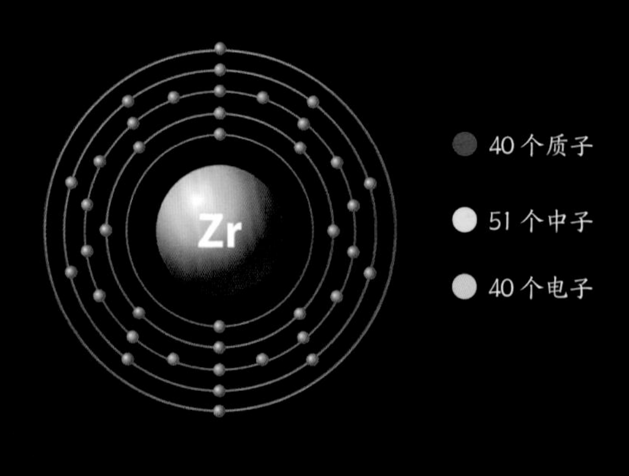

锆单质是一种坚硬且耐腐蚀的过渡金属，在民用核能领域中已被广泛使用，在工业化学领域也有诸多应用。锆的氧化物用途广泛，可作为电阻材料中的主要成分，同时还具有易于处理（像陶瓷和玻璃一样）的优点。由于可以与人体组织很好地融合，锆的氧化物是制造矫形假体和假牙的不二之选。在低温下，锆和铌组成的合金是顶尖的超导体。

▶ 二氧化锆在室温下呈白色粉末状，常被用来生产陶瓷，进而制成茶杯、水壶等日常用具。此外，二氧化锆还是牙科领域被用得最多的材料之一，因为其具有易研磨、绝佳的生物相容性和稳定性高的优点。

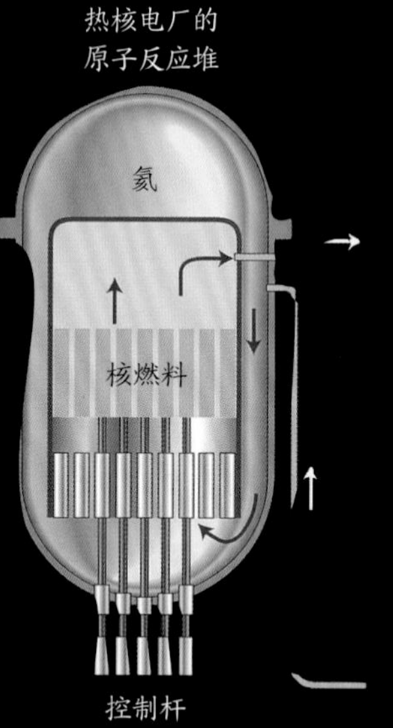

▶ 由于锆原子具有较低的中子吸收截面，因而锆常被用作核电站的组分涂料。与核反应的支撑结构一样，核反应堆的导管通常也由锆合金制成。

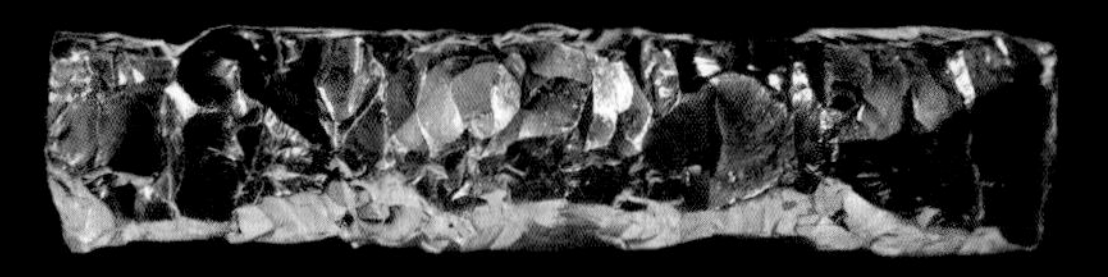

▲ 锆具有典型的金属外观，呈银白色，质地非常坚硬。锆的这些外部特征均与钛（同一族的另一种过渡金属）类似。锆在自然界中并不以游离态存在，而是存在于锆石（一种硅酸盐矿物）中。

1s	2s	2p	3s	3p	3d	4s	4p	4d	4f	5s	5p	5d	5f	6s	6p	6d	6f	7s
2	2	6	2	6	10	2	6	2		2								

锆的属性

原子质量：	91.224 u
原子半径：	155 pm
密度：	6 511 kg/m^3
摩尔体积：	14.02×10^{-6}m^3/ mol
熔点：	1 855 ℃
沸点：	4 409 ℃
晶体结构：	六方晶系

41 铌 Nb

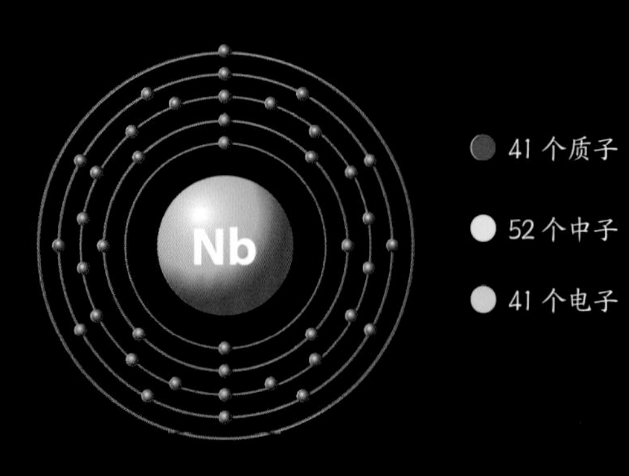

铌在自然界中不以游离态存在，而是存在于铌铁矿中。金属铌一般就是从铌铁矿中提取出来的。

铌元素的化学特性与同族的钽元素非常相似，两者发生反应的方式类似，原子的大小也相同（原子半径均为 145 pm）。铌的用途很广，通常是被制成合金后使用。铌通常与钛、铁、镍和钴形成合金，这些合金都极其坚硬。铌还被用在核工业领域。

▼ 铌单质的银灰色外观会让我们联想到银。实际上，铌具有很棒的可塑性和延展性，而且与银不同的是铌具有铁磁性。

▼ 图为“阿波罗 15 号”宇宙飞船（1971 年 7 月升空），它的深色喷嘴位于指挥 / 服务舱（CSM）的背面，由铌钛合金制成。这种合金以高强度著称，如今已被广泛用于航空航天领域，尤其是在导弹喷嘴和航天器的制造中。

◀ 铌合金能在极高的温度下依然保持超导性，它能承受的温度高于其他任何金属。这类射频超导体在制造粒子加速器和诊断设备（如核磁共振成像仪）中具有非常重要的作用。

铌的属性

原子质量：	92.906 u
原子半径：	145 pm
密度：	8 570 kg/m^3
摩尔体积：	10.83 × 10^{-6}m^3 / mol
熔点：	2 477 ℃
沸点：	4 744 ℃
晶体结构：	体心立方

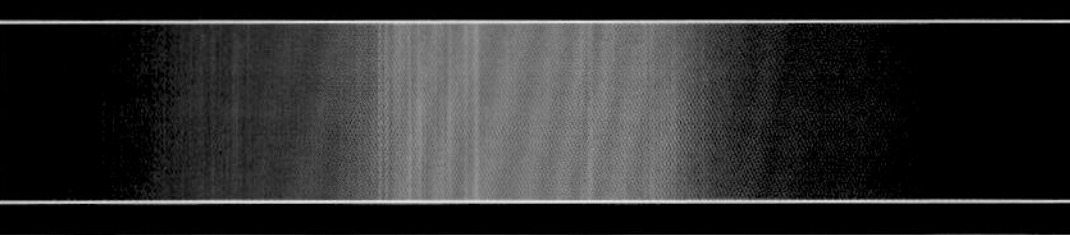

1s	2s	2p	3s	3p	3d	4s	4p	4d	4f	5s	5p	5d	5f	6s	6p	6d	6f	7s
2	2	6	2	6	10	2	6	4		1								

化学史

炼金术与化学

自古以来，炼金术和化学的概念框架就是不同的，炼金术中有很大的哲学和魔法成分，但这些与化学毫不相干。

现代化学是在 17 世纪包括机械论在内的科学革命之后发展起来的。初始阶段的现代化学是一种化学哲学。当时，各界人物都曾对现代化学这一概念做出过诠释，比如巴拉赛尔苏斯及他的评论家们，还有很多像罗伯特·弗拉德（Robert Fludd）这样有创见的思想家。他们所有人都试图从化学层面上对物质和精神现实做出一个全面的解释：宇宙的创造被认为是一个与物质结构、物质现象及联系相关的过程。正是因为这些最初的假设，化学领域的关注点才开始转向以化学作用为基础的现实问题，虽然这与现在植根于我们观念中的科学观念依然相差甚远，但还是迈出了重要的一步。一些原则或经验在炼金术和化学中曾同时适用，炼金术士和化学家的手稿中有时会出现相同的内容，如技术、补救措施、配方，以及某些背景构想。宏观宇宙与微观宇宙之间具有统一性、金属间可以转化、远距离的事物间也存在吸引力，这几种构想也出现在了牛顿的科学体系中。

▲ 咬住尾巴的蛇是一个古老的符号，象征着无休止的回归和时间上的轮回，自然万物在其中成熟、死亡、再生。炼金术的基础思想就是所有物质都可以恢复为最初的原料。

▶ 这幅画创作于 17 世纪中叶，描绘的场景位于炼金实验室中。画面中有一些蒸馏器和曲颈甑，一位助手正在往管道里输送原料。炼金术士正在按照一本配方小册子中的说明（一般都很严格和精确）来混合制剂。17 世纪，尽管笛卡儿的机械论开始使人们的信念发生动摇，不再认为世界由同情和魔法（文艺复兴前的文化残余）主宰，但炼金术士们仍在狂热地进行实验。又过了不到 1 个世纪，此类实验便已大大减少，化学作为一门自主科学和实验科学已经迈出了第一步。与此同时，炼金术士完全放弃了实践领域的活动，转到纯粹象征性和精神性的方法论中去，将全部的注意力放到了寻找永生和贤者之石上。

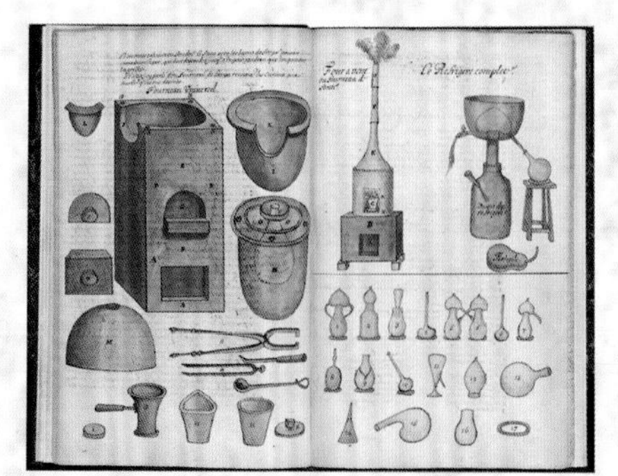

◀ 图中展示的是炼金实验室中的典型仪器，复制自17世纪晚期的一份手稿。与科学或人文类书籍不同，大多数炼金术手册是手稿的形式，所用的词汇如哑谜一般充满暗示和影射，炼金术士希望通过这种方式将他们的伟大技艺尽可能地保存下来。此外，专门致力探讨该学科的印刷书籍也数量颇丰，里面都配有神秘且极具象征性的图像，只有对这些知识有所了解的人才能理解其中的含义。一些历史学家认为，这些神秘内容主要是想通过类推的方式来进行一种尝试，将“喜欢隐藏”这一自然界的本质重现出来。

▲ 对于炼金术传统而言，赫尔墨斯是这门秘术的祖师爷，是那个时代的摩西（Moisés）。直到18世纪，炼金术士们依然坚信这一点，尽管艾萨克·考索邦（Isaac Causaubon）已于1614年证实了这只是个谣言，他对可追溯到公元前4世纪的《赫尔墨斯文集》（*Corpus Hermeticum*）进行研究后得出此结论。

▼ 和实验仪器一样，内含配方（实践炼金术）和基本原理（纯理论的炼金术）的书籍也是炼金术实验室中的主角。除了赫尔墨斯和巴拉赛尔苏斯，该时期出版作品较多的作家还有让·巴蒂斯特·范·海尔蒙特（Jean Baptiste van Helmont）、迈克尔·西迪沃吉乌斯（Michael Sendivogius）、埃伦奈乌斯·菲利莱蒂斯（Eirenaeus Philalethes）和迈克尔·梅尔（Michael Maier），其中梅尔创作了著名的《亚特兰大逃亡》（*Atalanta Fugiens*, 1617）。

42 钼 Mo

钼单质是一种极坚硬的过渡金属，熔点极高，因而被广泛用在合金中以增加硬度，钢中加入钼还可以使其具有更强的耐热性。

金属钼呈银白色，一般是从各种矿物中提取出来的。动植物（包括人）体内的某些酶中就含有钼。对于人体来说，钼是一种必需的微量元素，可以促进次黄嘌呤降解，使肝脏功能维持正常。钼含量较高的食品包括豆类及某些谷物。

钼在工业领域的用途除了生产合金和钢材外，还被用来制造飞机、导弹、清漆和染料（黄色和橙色）。此外，钼还在口腔医学中发挥作用，它的化合物二硫化钼被用作高温润滑剂和电子元件的半导体。

42 个质子　54 个中子　42 个电子

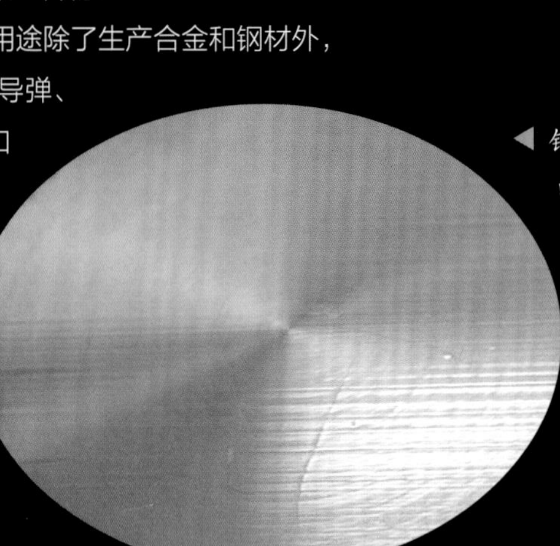

◀ 钼可以制成非常坚硬且耐腐蚀的合金。图中的物体由铜钼合金制成，这种合金是一种出色的导热体，在航空航天领域、眼镜架生产和微电子组装行业中都有应用。

▼ 钼在自然界中以矿物（如图）的形式存在。美国科罗拉多州的矿山中含有大量二硫化钼（辉钼矿），是金属钼最重要的来源。此外，还可从钼铅矿和钼钙矿中提取钼。

钼的属性	
原子质量：	95.94 u
原子半径：	145 pm
密度：	10 280 kg/m^3
摩尔体积：	9.38×10^{-6} m^3 / mol
熔点：	2 623 ℃
沸点：	4 639 ℃
晶体结构：	体心立方

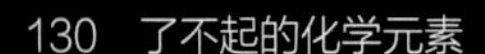

1s	2s	2p	3s	3p	3d	4s	4p	4d	4f	5s	5p	5d	5f	6s	6p	6d	6f	7s
2	2	6	2	6	10	2	6	5		1								

◀ 在钼的光谱中，发射谱线非常丰富，只有紫色、绿色、黄色和红色 4 个区域内不存在谱线。钼原子的最外层有 6 个电子，因此能够轻松地创造出化学键并形成分子。

▼ 钼涂层通过喷涂焊接工艺制造出来。该涂层可使材料表面具有更高的硬度、更强的耐刮擦性和耐热性。

▲ 许多用于焊接玻璃或使玻璃具有可塑性的电极都是由钼制成的，这样的电极具有良好的稳定性和较强的耐腐蚀性，同时还能保持绝佳的导热性和导电性。这种电极通常含有少量的氧化锆，这样能够使金属钼原有的性能得到进一步增强。

▶ 最新的长寿命可充电电池由钼制成，取代了原先以锂离子为基础的电池。新电池的性能提高了 5 倍，变得更高效。二硫化钼被 2 层薄薄的硅碳氮包裹起来，这种结构可以提高阴极的电导率，更重要的是新涂层使阳极的稳定性得到了提升。

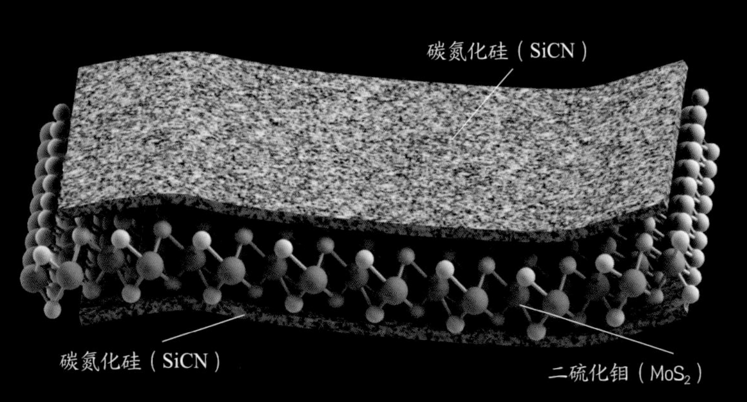

分子

有毒物质

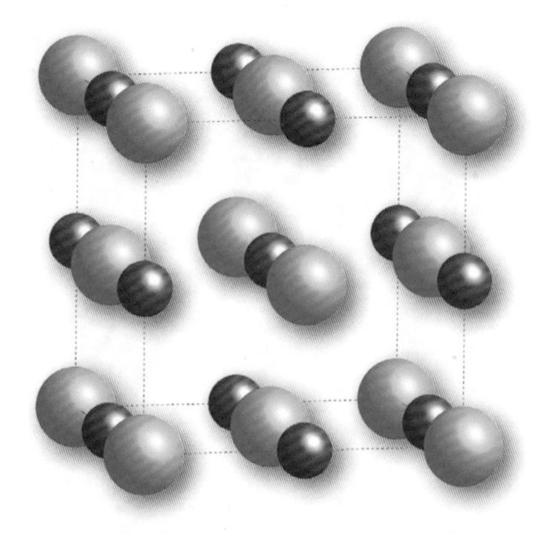

KCN

▲ 氰化钾是氢氰酸的钾盐，其气味是极具辨识度的苦杏仁味。150 毫克的氰化钾就足以致命。

化学有时可以治愈我们的身体，有时可以为日常生活提供便利，但有时也足以致命。元素和分子（有些非常复杂）可以进入人体并造成损害，或者伪装成其他物质造成人体新陈代谢紊乱，并使人体将其错误地识别为有用或有营养的物质。从前面的内容中我们已经认识到某些化学元素对人体来说是极其危险的，如大量摄入铅、汞、镉、铬和砷会使人体机能产生严重问题。其他一些元素虽然不一定有毒，但也可能具有危险性，如许多看不见且没有气味的稀有气体，它们能使人窒息。当然，许多化合物也可能是有毒甚至是致命的，它们中的一些存在于自然界中，生物在摄取一定剂量后便会死亡，例如真菌和肉毒杆菌（一种细菌释放出的蛋白质）中的毒素，以及马钱子中所含的士的宁（strychnine）就有这种威力。此外，人体在消耗了一些无毒物质（如苦杏仁苷）后，体内也有可能产生毒素。

蘑菇中的有毒化合物

有些蘑菇含有剧毒，蘑菇中的毒素被人体摄入后会有一段相当长的潜伏期（这是最致命的情况）。其中，最可怕的是由死亡帽（*Amanita phalloides*）引起的中毒，其毒素的分子结构极为复杂，含有鬼笔环肽（phalloidin, faloidina）和α－鹅膏蕈碱等毒素，会对肝细胞造成不可挽回的伤害，一旦食入就会致命。奥来毒素（orellanine）中毒是由奥来毒素引起的，该毒素存在于皮质中，会对肾脏和肝脏造成严重损伤，且在食用 4 天后才开始出现症状，最终导致死亡。鹿花菌也含有毒素，但不会直接致命，该毒素会一点点积累，最终对人体健康造成损害。还有一些蘑菇毒素的潜伏期较短，如毒蝇鹅膏菌（*Amanita muscaria*）的毒素，它通常会使人的神经系统发生变化，不禁让人联想到麻醉性物质。

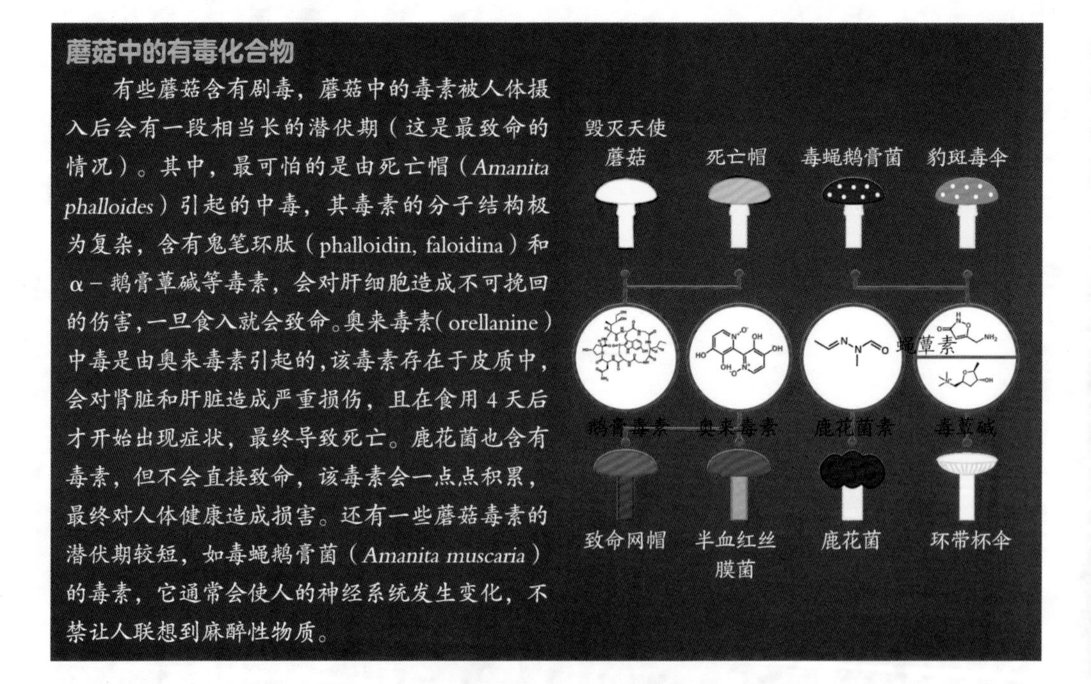

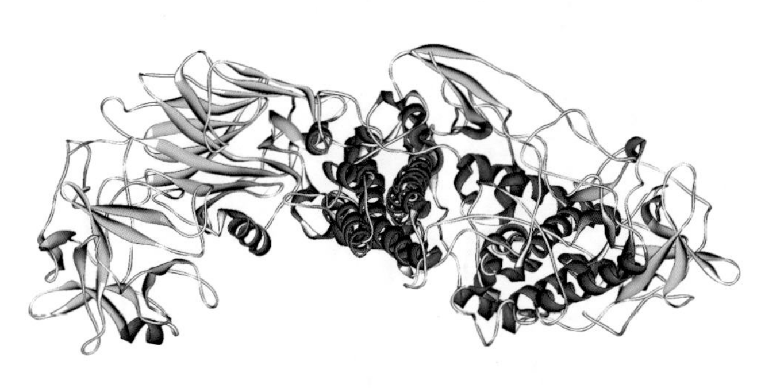

$C_{6760}H_{10447}N_{1743}O_{2010}S_{32}$

▲ 肉毒杆菌毒素是由肉毒杆菌产生的，是所有已知的蛋白质中毒性最高的。它由通过肽键（多肽）连接在一起的氨基酸组成，会对神经系统造成干扰，导致肌肉麻痹。未经亚硝酸盐处理过的罐头食品中就潜藏着肉毒杆菌毒素。

▲ 与会危害身体健康的有毒化学物质接触时必须穿戴化学防护服，这种防护服既可以防止人体与潜在危险物质接触，又可以防止危险物质被直接吸入人体。

$C_{21}H_{22}N_2O_2$

▲ 士的宁是一种来源于植物的有机化合物（生物碱），存在于马钱属毒毛旋花子（*Strychnos icaja*）的树皮内或马钱子的种子里。它是一种白色的粉末，没有气味，入口后味道较苦。一个人一旦摄入80毫克士的宁就会有生命危险。

$C_{20}H_{27}NO_{11}$

◀ 除苦杏仁外，杏、樱桃和桃的种子内部也含有苦杏仁苷。人体摄入苦杏仁苷后，在某些酶的作用下会在人体内释放出氰化物分子。每克苦杏仁苷可以产生59毫克的氰化物，足以让一个成年人丧命。

43 锝 Tc

锝在希腊语中是人工的意思，但实际上这种元素在自然界中并非完全不存在，只不过它是通过人工合成而被首次发现的。人们发现它是铀核裂变的产物，这一裂变过程既可以自然发生也可以人为产生。尽管锝在地球上鲜有存在，但我们已经发现了它的踪迹。通过光谱分析，我们还发现一些红巨星中也含有该元素。从外观上看，锝单质是一种银灰色的金属，主要作为防腐剂和抗氧化剂应用于医疗诊断领域和钢材处理工艺。

Tc

43 个质子

55 个中子

43 个电子

◀ 1925 年，人们从硅铍钇矿中分离出铼时第一次相信自己发现了原子序数为 43 的元素。该新元素被命名为“钨”（masurio），但这一发现从未得到过证实。

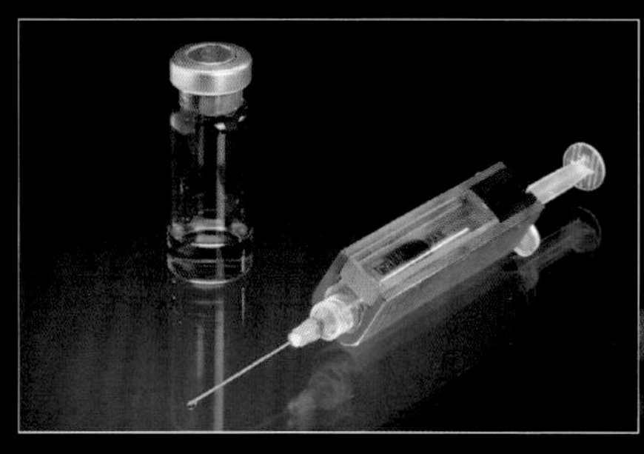

▲ 锝−99m 是锝−99 的激发态核同质异能素。它在医学影像检查中被用作放射性示踪剂，通过口服或静脉注射给药。

◀ 闪烁显像中用到了锝−99m，它是通过回旋加速轰击钼而形成的，即钼被轰击后会变成钼−99，钼−99 进而分解成锝−99m。照片中是 1958 年以钼−99 为来源的一种锝生成器的原型。锝−99m 的生物半衰期为 1 天，这使得患者可以短暂地暴露在辐射中。

锝的属性

原子质量：	97.907 u
原子半径：	135 pm
密度：	11 500 kg/m^3
摩尔体积：	8.63×10^{-6}m^3 / mol
熔点：	2 157 ℃
沸点：	4 265 ℃
晶体结构：	六方晶系

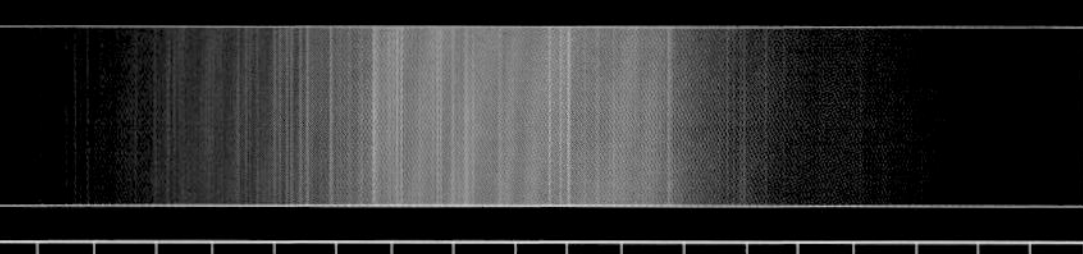

1s	2s	2p	3s	3p	3d	4s	4p	4d	4f	5s	5p	5d	5f	6s	6p	6d	6f	7s
2	2	6	2	6	10	2	6	5		2								

44　钌 Ru

钌是一种过渡金属，存在于白金、镍黄铁矿和火成岩的红色岩石中。因为开采量较少（稀有且难分离），所以钌成为一种极其昂贵的元素。将钌添加到铂和钯的合金中可以提高合金的硬度，添加到钛合金中可以使其更加耐腐蚀。钌与铱一起可以制成豪华手表的组件。除了上述用途外，游离态的钌或钌的化合物（如二氧化钌）还会被用作催化剂。

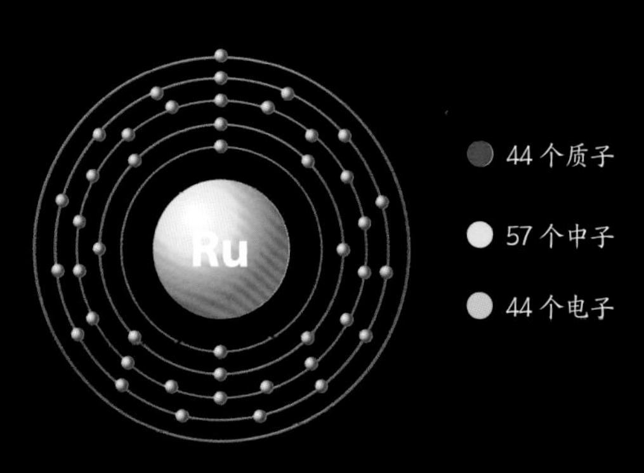

钌的属性

原子质量：	101.07 u
原子半径：	130 pm
密度：	12 370 kg/m^3
摩尔体积：	8.17×10^{-6} m^3 / mol
熔点：	2 334 ℃
沸点：	4 149 ℃
晶体结构：	六方晶系

▶ 钌单质是一种银白色的硬质金属，在室温下不会变暗，会迅速生锈。它在自然界中不以游离态存在，仅存在于铂族金属的矿石中，且数量非常稀少。提取得到的钌是粉末状的，之后人们会把它变成固体，或将它熔化。

▲ 钌是一种贵金属，其因较高的硬度、上佳的光泽和稀有的特点而深受金匠和珠宝商的追捧。实际上，钌是珠宝行业中最受人欢迎的金属之一，仅次于铑、铂、金和银。照片中展示的是一个由钌制成的手镯，其商业价值为 250 欧元左右。

▼ 一些电连接器上会镀有钌、钌钯合金或铂钌合金，这样的连接器具有很高的耐磨性，两个机械组件之间的连接也能保持在相对稳定的状态。同时，这样的连接器也可以有效提高音频播放的保真度。

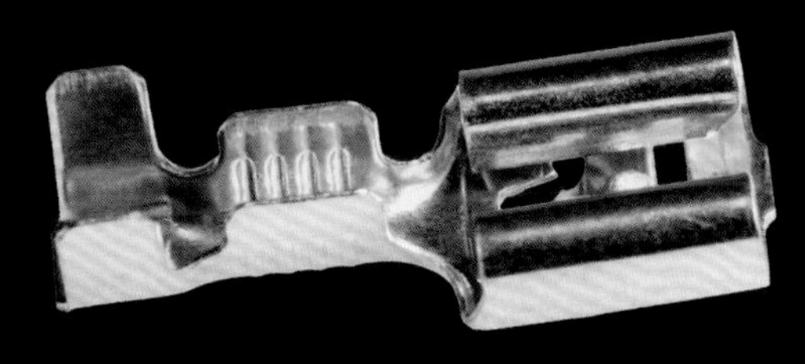

1s	2s	2p	3s	3p	3d	4s	4p	4d	4f	5s	5p	5d	5f	6s	6p	6d	6f	7s
2	2	6	2	6	10	2	6	7		1								

45 铑 Rh

铑可以用于制造珠宝，同时也是很好的催化剂。铑与铂和钯构成的合金非常结实耐用，很适合制成热电偶、坩埚以及电极。此外，这种过渡金属还具有很强的耐腐蚀性，电阻也比较低，因此多种电触头都选用铑作为材料。铑是一种优质的催化剂，可制成柴油机排气管中的组件，还用于对纯氧和纯氮中的氮氧化物进行还原。

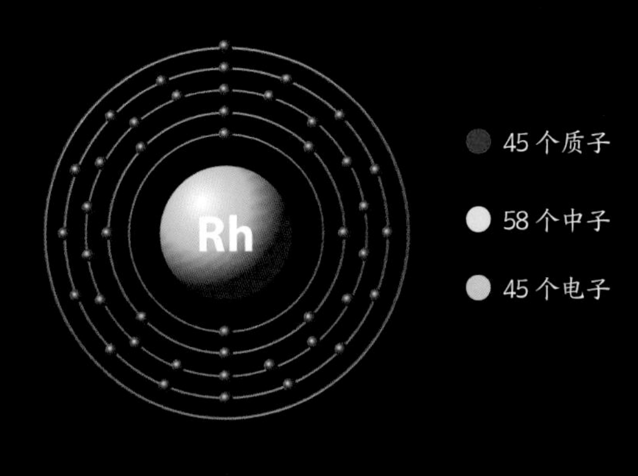

▶ 铑的特征之一是能够反射光线，尽管它与空气接触后也会缓慢氧化。它在自然界中非常稀有，存在于矿物和其他一些金属中。此外，从乏核燃料中也可以提取铑。

▲ 通过电解生成铑涂层的技术可以用于对某些贵金属（如金和银）的表面进行处理，使它们获得独特的光泽。

◀ 铑是一种银白色的过渡金属，硬度较低。尽管铑金属曾经是所有金属中价格最昂贵的，但近年来其价格已经稳定下来，与黄金和白金相当。

铑的属性	
原子质量：	102.906 u
原子半径：	135 pm
密度：	12 450 kg/m^3
摩尔体积：	$8.28 \times 10^{-6} m^3 / mol$
熔点：	1 964 ℃
沸点：	3 695 ℃
晶体结构：	面心立方

1s	2s	2p	3s	3p	3d	4s	4p	4d	4f	5s	5p	5d	5f	6s	6p	6d	6f	7s
2	2	6	2	6	10	2	6	8		1								

46　钯 Pd

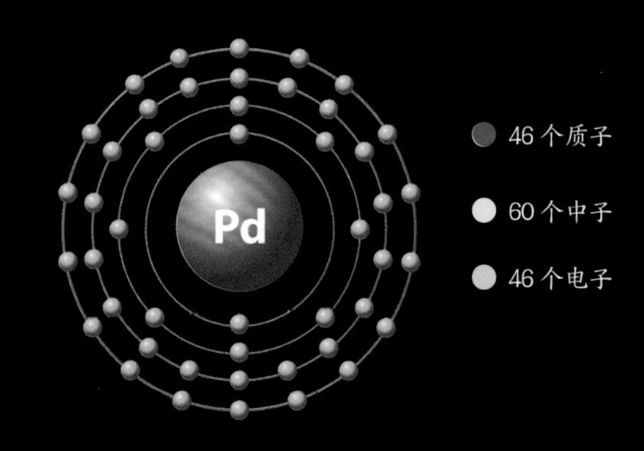

钯与钌、铑一样也是属于铂族的稀有银白色金属，且是铂族金属中熔点最高的。金属钯能够吸收大量氢气（用来对其进行纯化），与空气接触时不会氧化。除了应用于珠宝领域，它还在电信整流系统、牙科、外科手术、制表业、军事工业（制造高科技装甲）、废气处理（用作催化剂）等领域发挥作用。

钯的属性

原子质量：	106.42 u
原子半径：	140 pm
密度：	12 023 kg/m^3
摩尔体积：	8.56×10^{-6} m^3 / mol
熔点：	1 554.9 ℃
沸点：	2 963 ℃
晶体结构：	面心立方

▶ 钯单质是一种稀有的银白色金属，化学性质与同族的铂近似。钯在自然界中既以游离态存在，也会与其他金属（如铂和金）结合在一起，或者存在于铜–镍冲积矿床中，商业价值比较大。

▶ 白金是由金和钯构成的合金，其中钯的存在使金褪掉了颜色。图中展示的结婚戒指就是由白金制成的，事实上，许多戒指、手镯和其他种类的珠宝都是用这种合金制成的。一些珠宝中用到的钯的含量占 95%，其余部分是硬度更大的贵金属。

◀ 火花塞是一种电气设备，能够产生火花，有了它发动机才能启动。钯自身的特性使得由它制成的合金尤其适合生产这类器件。航空领域中的汽油发动机的火花塞也是由钯制成的。

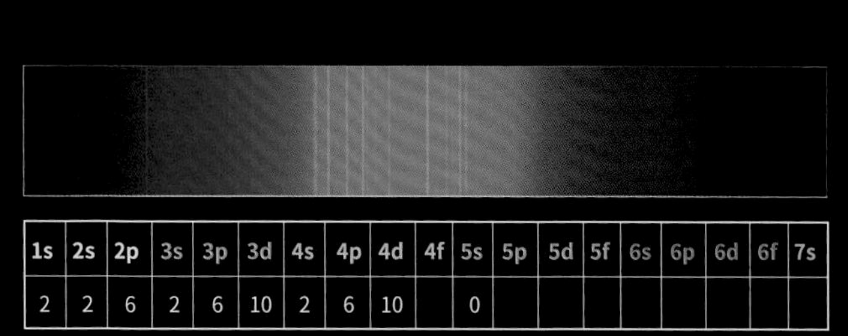

1s	2s	2p	3s	3p	3d	4s	4p	4d	4f	5s	5p	5d	5f	6s	6p	6d	6f	7s
2	2	6	2	6	10	2	6	10		0								

寻找元素

从氙到镧

17 世纪，人们开始认识到呼吸的空气是由多种气体组成的混合物。第一个认识到这一点的人是佛兰德斯的炼金术士、医生扬·巴普蒂斯塔·范·海尔蒙特(Jan Baptista van Helmont)。

18 世纪 70 年代，法国化学家、生物学家拉瓦锡分离出了空气中的两种气体——氧气和氮气。

威廉·拉姆齐（William Ramsay）在 19—20 世纪发现了除氦气以外的在空气中含量极少的稀有气体，虽然皮埃尔·詹森（Pierre Janssen）和诺曼·洛克耶（Norman Lockyer）在他之前已经发现了氦气，不过最终还是由拉姆齐成功地将氦气从钇铀矿中提取了出来（由于氦气在空气中的含量极少，所以它首次被分离出来并不是通过空气，而是从矿物或火成岩内部提取的）。另一种稀有气体氙气则是从空气中提取出来的，尽管它在空气中的含量比氦气还要低（如今我们知道氙占 8×10^{-8}%，而氦气占 5.24×10^{-4}%）。氙在希腊语中的意思是奇怪，旨在强调其在大气中的稀缺及奇异的特性。

▲ 1894—1910 年，特拉弗斯的老师、苏格兰化学家威廉·拉姆齐发现并分离出了 5 种稀有气体。第 1 种是氩气，之后依次是氖气、氪气、氙气和氡气。氙于 1898 年作为液态空气的部分蒸发残留物被分离出来。因为这一成就，以及陆续发现的新的稀有气体，拉姆齐于 1904 年获得了诺贝尔奖。他的获奖理由中还包括在过去 10 年中与艾米莉·阿斯顿（Emily Aston）一起进行的矿物实验和对原子量的测定。

▶ 莫里斯·威廉·特拉弗斯（Morris William Travers, 1872—1971）与威廉·拉姆齐合作发现了 3 种稀有气体——氖气、氪气和氙气。特拉弗斯在拉姆齐的保护下开始了他的学术生涯，拉姆齐将自己刚刚发现的 2 种气体——氦气和氩气的相关研究成果分享给了特拉弗斯。

发现时间

54. 氙	1898 年
55. 铯	1860 年
56. 钡	1808 年
57. 镧	1839 年

▶ “电化学之父”汉弗莱·戴维于 1808 年通过电解成功分离出钡。同年，他通过相同的电解系统发现了钙、锶、镁和硼，这些都是与现代电磁学的创始人、著名物理学家和化学家迈克尔·法拉第（Michael Faraday，1791—1867）合作完成的。

▲ 在戴维成功分离出钡之前，瑞典人卡尔·威尔海姆·舍勒已于 1774 年对这种元素的存在提出过假设。博洛尼亚石是一种含钡的矿物，17 世纪的炼金术士们对它十分熟悉。

▶ 化学家路易斯-伯纳德·盖顿·德·莫尔沃（Louis-Bernard Guyton de Morveau，1737—1816）与拉瓦锡一样都持“反燃素学说”的观点。莫尔沃发现了氧化钡并给它起名为 barote，他的最重要著作是《化学命名法》（*Méthodede nomenclature chimique*，1787），该作品是他与其他法国化学家共同完成的，是对化学符号和命名方法的系统化，这对化学这样一门复杂的科学来说是必不可少的。

◀ 铯是第一种通过分光镜被发现的元素。罗伯特·本森（Robert Bunsen, 1811—1899）与古斯塔夫·罗伯特·基希霍夫（Gustav Robert Kirchhoff, 1824—1887）共同制造出了一种新的仪器，用于分析各种物质在燃烧时产生的火焰所发出的辐射。因为有了该仪器，他们才能够对可见光谱的发射线进行分离和测量。铯的谱线非常明亮，其中蓝色的谱线数量较多。

▶ 瑞典化学家、矿物学家卡尔·古斯塔夫·莫桑德尔（Carl Gustav Mosander, 1797—1858）主要致力对镧系元素的研究和分析。他通过处理硝酸和硝酸铈而发现了镧——该族（稀土元素中的大部分都来自该族）中按原子序数排列的第 1 个元素，4 年后，他又分离出了镧系中的另外两种元素——铽和铒。之后他又宣布自己发现了第 4 种元素，并将其称作“钕镨化合物”，但卡尔·奥尔·冯·韦尔斯巴赫（Carl Auer von Welsbach）于 1885 年证明它是由 2 种不同的元素（镨和钕）构成的混合物。

47 银 Ag

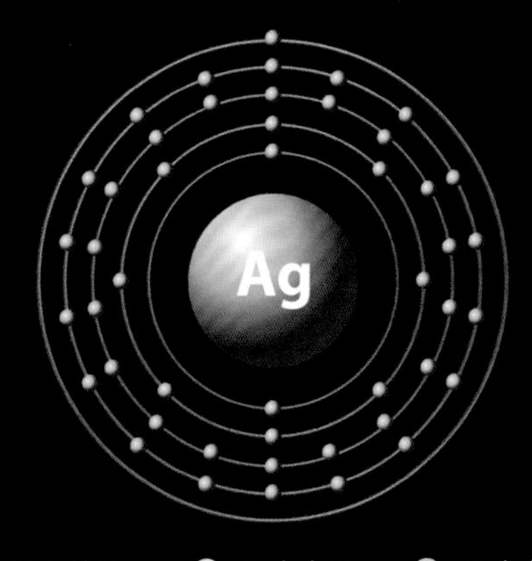

银是所有金属中导电和导热性能最佳的导体，它在自然界中既以单质的形式存在，又存在于矿物中。由于银的价格高昂，在工业电力领域已被铜取代，但在珠宝行业依然被广泛使用。

卤化银(尤其是氯化银)具有较强的感光性，因此在数字技术出现之前常被用在摄影胶片中。人类从很早就开始使用银了，在距今至少4000年以前，人类已经将它用于器皿和装饰品的制造。公元前8世纪起，银有了一个新的用途——和金一起成了铸造硬币的材料，最后干脆变成了钱的同义词(美洲西班牙语中的platahe和法语中的argent都是钱的意思)。银似乎很早就开始被当作防腐剂使用。有一个古老的窍门：将一枚银币放入牛奶罐的底部就可以防止牛奶变质。

◀ 银单质是所有金属中颜色最白、反射性最好的，它的硬度略低于金，并且在抛光过程中还能获得更亮的光泽。由于自身的可锻性和延展性，银很容易被加工，也因此成为生产各种物品时最常用的金属之一。

银的属性	
原子质量：	107.868 u
原子半径：	144 pm
密度：	10 490 kg/m^3
摩尔体积：	10.27 × 10^{-6} m^3 / mol
熔点：	961.78 ℃
沸点：	2 162 ℃
晶体结构：	面心立方

▶ 古罗马时期生产的银制品的种类和数量繁多，从用银框起来的玻璃吊坠(当时的一种假珠宝)到日常用品，还包括纪念奖杯、玩具和硬币。直到几个世纪前，银一直是所有金属中第二贵重的。

1s	2s	2p	3s	3p	3d	4s	4p	4d	4f	5s	5p	5d	5f	6s	6p	6d	6f	7s
2	2	6	2	6	10	2	6	10		1								

◀ 银的光谱中发射谱线非常稀少，主要集中在黄色到紫色区域，红色区域中一条谱线都没有。4*d* 次能级的所有轨道都被电子填满，而按能量递增顺序出现的下一个能级 5s 中有 1 个电子，占据了 2 个可用的位置之一。

▲ 美国在《独立宣言》发表 200 周年之际制造了 750 个纪念杯，它们由 24 克拉的镀金标准纯银（sterling silver，一种铜银合金）制成。事实上，每年都有许多类似的物品被生产出来，包括珠宝和高档日用品，如茶壶、托盘或餐具。

▶ 位于现在的捷克共和国库特纳霍拉市附近的奥赛（Osel）银矿在 14 世纪时成为西方最重要的开采中心之一，波希米亚王国的经济因此而繁荣。图中描绘的是矿厂附近的开采和加工过程。

◀ 人们自古以来就使用银来铸造硬币。图为康斯坦提乌斯二世时期（Constantius II, 4 世纪）的一枚银币，价值相当于同等重量黄金的 1/24。

雨和碘化银

云播种是一种获得降水的方式，通过将化学物质分散到云中，使这些云能够在一个特定的区域内产生降雨或增加降雨量。除了使用干冰进行人工降雨外，我们还经常用到碘化银，通过特殊的分散系统从地面或者借助飞机从高空进行播撒。飞机通过焰条将碘化银播撒下去，从而促进降雨的产生。

48 镉 Cd

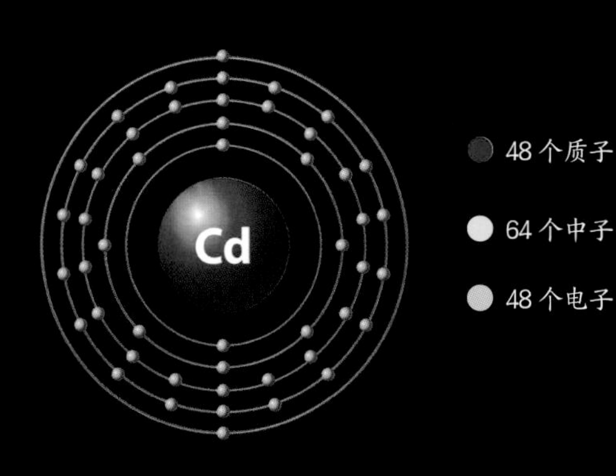

镉是地壳中非常罕见的一种二价金属。它存在于矿物中，多出现于与闪锌矿（esfalerita）有关的绿辉石中。精炼后的锌、铅和铜会产生残余物，商用的镉一般就是从这些残余物中提取出来的。镉对生物体来说是有毒的，容易在体内沉积。每年生产出来的大部分镉会被用来制造可充电镍镉电池，其余的用来制造合金、烫发剂和塑料。老式黑白或彩色电视机里的磷光体也含有镉。硫化镉是黄色颜料（镉黄）的主要成分，硒化镉是红色颜料的主要成分。

镉的属性

原子质量：	112.411 u
原子半径：	155 pm
密度：	8 650 kg/m^3
摩尔体积：	13.00 m^3 / mol
熔点：	321.07 ℃
沸点：	767 ℃
晶体结构：	六方晶系

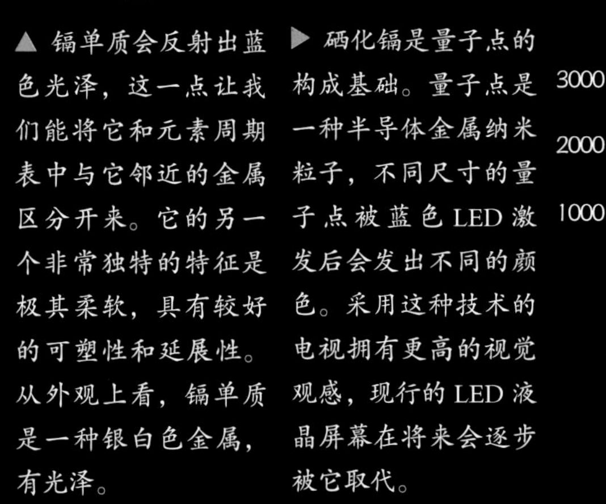

▲ 镉单质会反射出蓝色光泽，这一点让我们能将它和元素周期表中与它邻近的金属区分开来。它的另一个非常独特的特征是极其柔软，具有较好的可塑性和延展性。从外观上看，镉单质是一种银白色金属，有光泽。

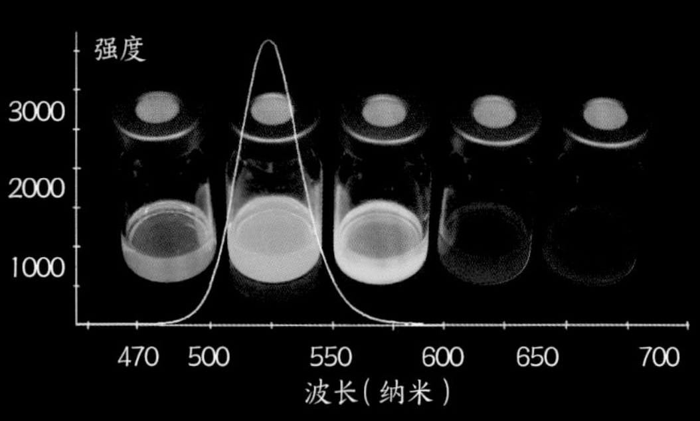

▶ 硒化镉是量子点的构成基础。量子点是一种半导体金属纳米粒子，不同尺寸的量子点被蓝色 LED 激发后会发出不同的颜色。采用这种技术的电视拥有更高的视觉观感，现行的 LED 液晶屏幕在将来会逐步被它取代。

▼ 镍镉（NiCd）电池无疑是最传统的一种可充电电池，它主要在消费量较高的便携式设备中使用，如相机、计算机及其控制台。

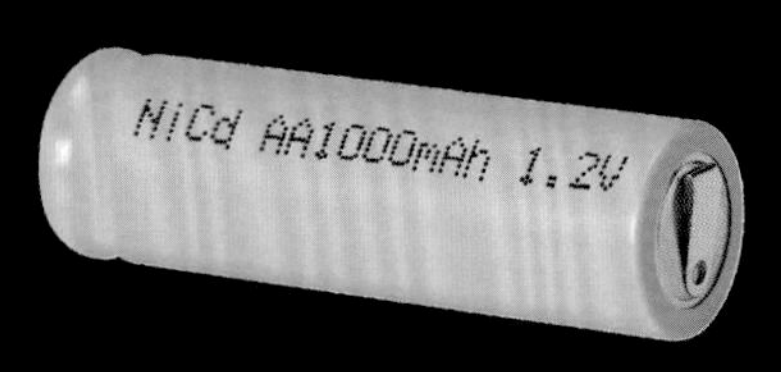

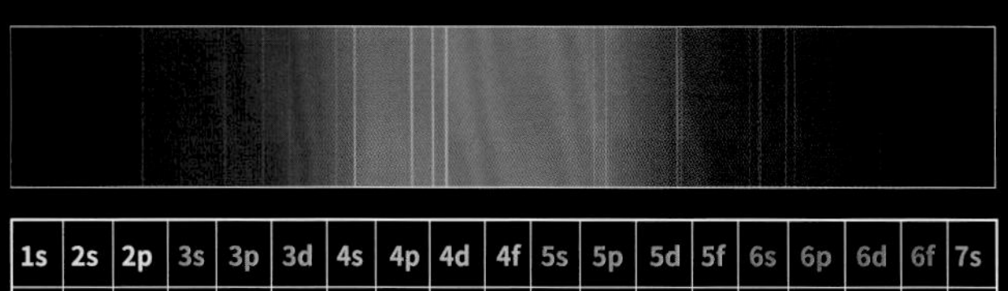

1s	2s	2p	3s	3p	3d	4s	4p	4d	4f	5s	5p	5d	5f	6s	6p	6d	6f	7s
2	2	6	2	6	10	2	6	10		2								

49 铟 In

铟得名于其可见光谱之中单独发射出的靛蓝色明线。铟是一种比较稀有的金属，质地非常柔软，可塑性极强，与空气接触后会经历钝化的过程。被钝化后，铟的内部将不会再生锈。在工业领域，铟的主要用途是制造涂料、合金部件、焊接材料和电子设备元件。与镓一样，铟也经常被用来覆盖在玻璃表面，目的是使玻璃具有更强的耐腐蚀性。铟当前还在液晶显示屏（LCD）技术之中发挥着重要作用。

49 个质子

66 个中子

49 个电子

◀ 铟（在图片中为液态）与镉一样，是一种具有光泽的银白色金属。铟具有轻微的放射性（从其在元素周期表中的位置便可知），但与镉不一样的是它没有毒性。铟在地壳中含量极其稀少，一般需要从含铅、铜、铁和锌等元素的矿物中提取。

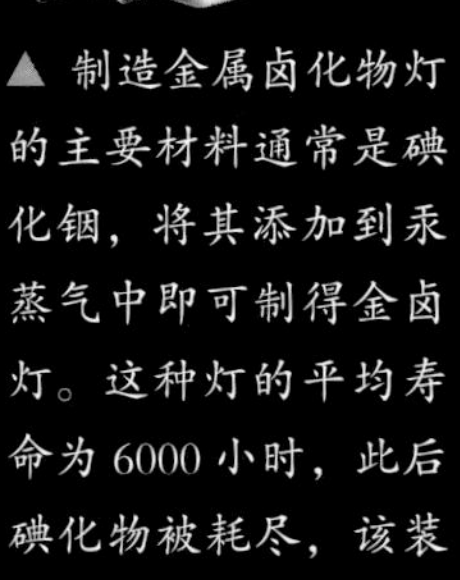

▲ 制造金属卤化物灯的主要材料通常是碘化铟，将其添加到汞蒸气中即可制得金卤灯。这种灯的平均寿命为 6000 小时，此后碘化物被耗尽，该装置会出现间歇性无法被点亮的故障，性能变得不再稳定。

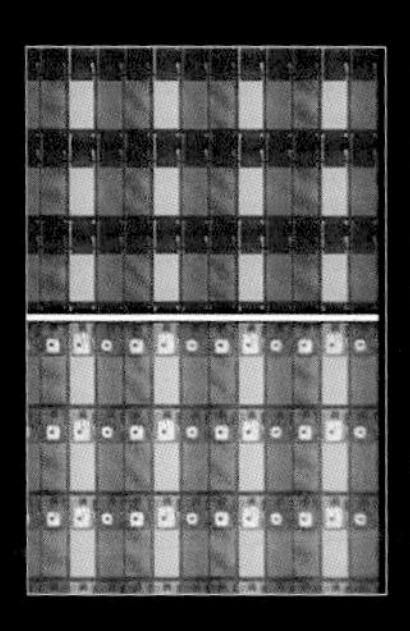

◀ 液晶显示屏特有的薄膜中含有一些半导体，它们是由磷化铟和氧化铟锡（ITO）制成的，被用在触摸式等离子液晶显示器中。

▼ 由铟合金（含银或锌）制成的电缆熔点低，因而非常适合用于制造各种焊接材料，尤其是用来焊接电子元件。纯净的铟合金在低温环境中也可保持原有性能。

铟的属性

原子质量：	114.818 u
原子半径：	155 pm
密度：	7 310 kg/m^3
摩尔体积：	$15.76 \times 10^{-6} m^3$ / mol
熔点：	156.6 ℃
沸点：	2 072 ℃
晶体结构：	四方晶系

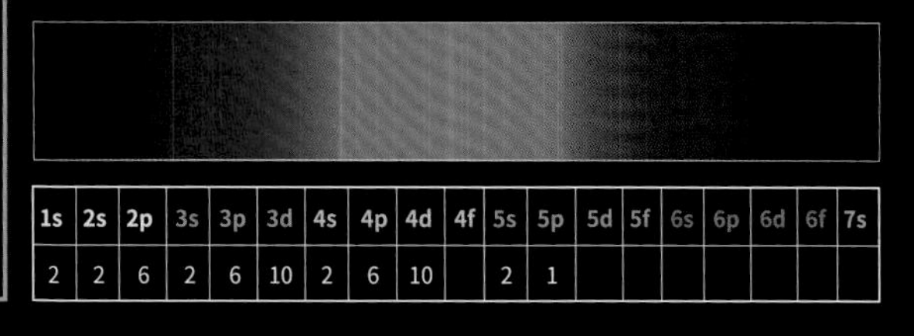

1s	2s	2p	3s	3p	3d	4s	4p	4d	4f	5s	5p	5d	5f	6s	6p	6d	6f	7s
2	2	6	2	6	10	2	6	10		2	1							

化学史

文艺复兴和 17 世纪

“同情之粉”（powder of sympathy，可以治愈由武器造成的伤口）在历史上曾风靡一时，在那个年代，炼金术起着至关重要的作用。当时的炼金术思想认为，距人类非常遥远的宇宙是一个巨大的生物，那里存在着一系列行为：在那里，每个粒子都为那个和谐的共同体贡献着自己的力量；在那里，热量和运动都是由一股藏在暗处却又无所不在的强大力量产生出来的。然而，16—17 世纪的许多炼金术士其实已经对粗糙化学（vulgar chemistry，一门只关注物质现象的经验性学科，但它所记录的经验与赫尔墨斯派学问中的神秘符号装置无关）的许多知识有所了解了。

17 世纪中叶起，一些自然哲学家开始试图用传统炼金术中的概念和知识来对人类学识体系中的其他领域做出解释，他们用化学的思路将宇宙学、地质学、生理学和唯心论领域的概念都重新定义了一遍。这些“化学哲学家”后来遭到早期机械论者的猛烈抨击，机械论者拒绝与任何炼金术原理扯上关系，认为只要把物质和运动搞清楚，自然现象便可以得到解释，而任何隐匿性的、不可感知的因素都是没有必要提及的。那是新科学的钟声开始敲响的年代。但与天文学和物理学不同的是直到 18 世纪，现代化学才能够从完全科学的角度解决前 2 个世纪中出现的各种棘手问题。

THE SCEPTICAL CHYMIST: OR CHYMICO-PHYSICAL Doubts & Paradoxes, Touching the SPAGYRIST'S PRINCIPLES Commonly call'd HYPOSTATICAL, As they are wont to be Propos'd and Defended by the Generality of ALCHYMISTS. Whereunto is præmis'd Part of another Discourse relating to the same Subject. BY The Honourable ROBERT BOYLE, Esq; LONDON, Printed by J. Cadwell for J. Crooke, and are to be Sold at the Ship in St. Paul's Church-Yard. MDCLXI.

▲ 科学史学家们一致认为，罗伯特·波意耳的《怀疑派化学家》是第一部将化学带离传统炼金术原理的著作，它以原子论和机械论为基础，摆脱了神秘的秘传理论，为化学开创了一条通往科学的崭新大道。然而，波意耳对赫尔墨斯派传统理论，以及如今被我们认为是伪科学的某些立场持一定的认同态度，如承认宝石中存在一些奇术属性。书中的化学元素也与我们今天所认同的概念相差甚远。

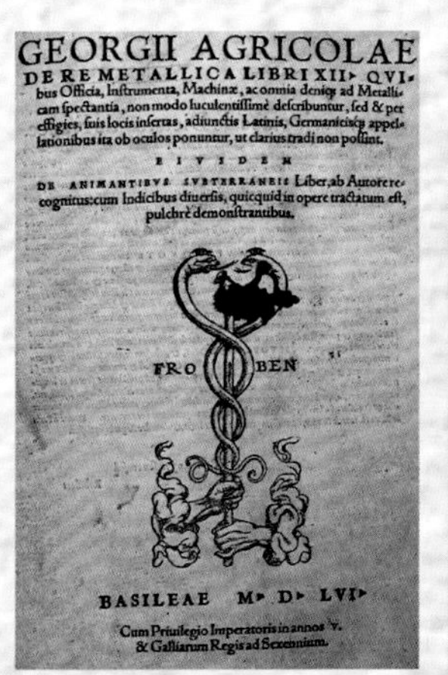

GEORGII AGRICOLAE DE RE METALLICA LIBRI XII. QVIbus Officia, Instrumenta, Machinæ, ac omnia deniq; ad Metallicam spectantia, non modo luculentissimè describuntur, sed & per effigies, suis locis insertas, adiunctis Latinis, Germanicisq; appellationibus ita ob oculos ponuntur, ut clarius tradi non possint. EIVSDEM DE ANIMANTIBVS SVBTERRANEIS Liber, ab Autore recognitus: cum Indicibus diuersis, quicquid in opere tractatum est, pulchrè demonstrantibus.

FRO BEN

BASILEAE M. D. LVI.

Cum Priuilegio Imperatoris in annos V. & Galliarum Regis ad Sexennium.

◀ “现代炼金术的词典学之父”格奥尔格乌斯·阿格里科拉（原名 Georg Pawer 或 Bauer）提议对该学科进行重组。因此，他提议将“alquimia”一词拉丁化，改成“chymia”。他的著作《矿冶全书》（*De re metallica*, 1556）是现代矿物学的开山之作。

◀ 炼金术在中世纪时期的西方非常盛行（值得铭记的人物有阿尔贝托·马格诺，罗杰·培根、雷蒙多·卢利奥和普苏多·格伯等作家），文艺复兴时期是它的黄金年代，在宗教改革时期达到顶峰。在巴洛克时期，炼金术士继续着自己的实践，甚至新近发展起来的化学也不得不依附于炼金术。

▲ 罗伯特·波意耳是原子论者和机械论者，是一位古典自然哲学家，并非炼金术士或化学家。他在物理和化学领域进行了许多意义极其重大的实验，同时他对某些炼金术原理也比较重视。他是艾萨克·牛顿的老师，牛顿曾对炼金术有浓厚的兴趣。

▼ 在17世纪最有影响力的炼金术士中，扬·巴蒂斯特·范·海尔蒙特〔Jean Baptiste van Helmont, 1579—1644，代表作为《医学的源头》（*Ortus Medicinae*, 1648）〕是能体现出当时炼金术与科学之间激烈对话的典型人物。他是“万能溶剂（Alkahest, 一种可以将任何物质还原到原始状态的炼金术液体）之父”，也是第一批对自己的实验进行定量评估的人，此外他还提到了气体（gas），指的是空气中的挥发性物质。

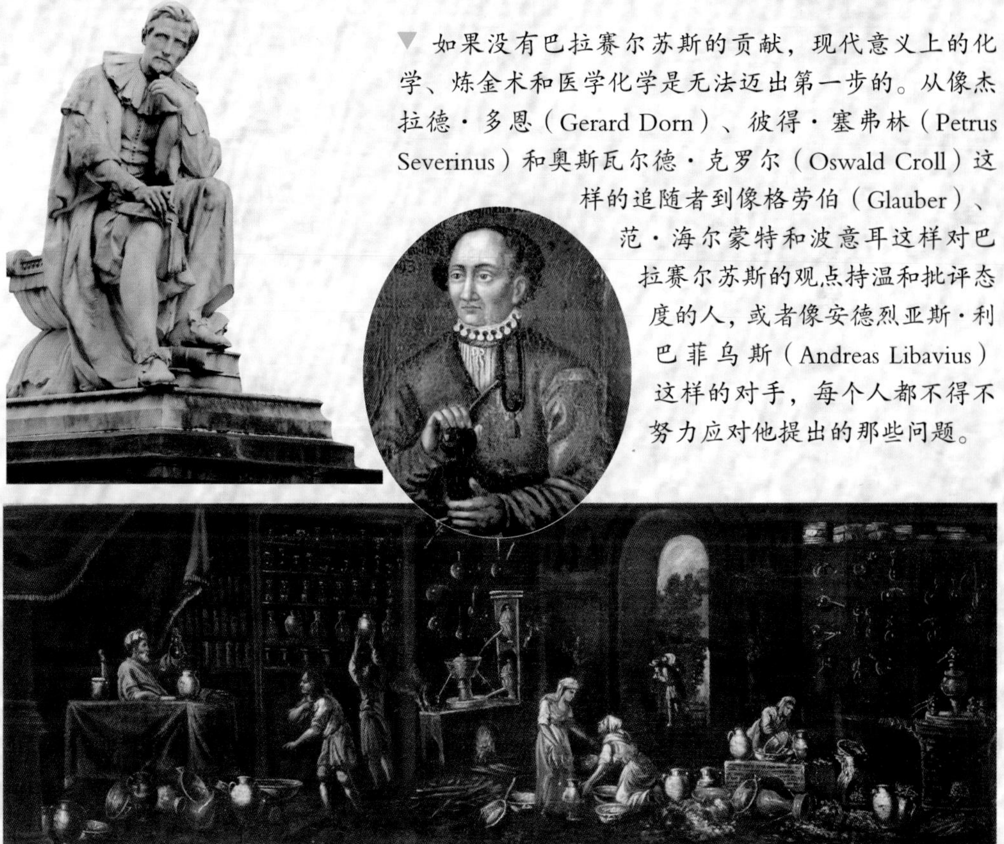

▼ 如果没有巴拉赛尔苏斯的贡献，现代意义上的化学、炼金术和医学化学是无法迈出第一步的。从像杰拉德·多恩（Gerard Dorn）、彼得·塞弗林（Petrus Severinus）和奥斯瓦尔德·克罗尔（Oswald Croll）这样的追随者到像格劳伯（Glauber）、范·海尔蒙特和波意耳这样对巴拉赛尔苏斯的观点持温和批评态度的人，或者像安德烈亚斯·利巴菲乌斯（Andreas Libavius）这样的对手，每个人都不得不努力应对他提出的那些问题。

50　锡 Sn

锡是一种熔点较低的金属，自古以来就被用作黏合剂，以提高铜的硬度，并能与之混合形成青铜。据史料记载，康沃尔（Cornwall）的锡矿区在公元前几个世纪就已投入运营。

尽管锡比锌、铜和铅之类的金属更为稀有，但它分布范围较广，数百个锡矿遍布在 35 个国家（尤其是东南亚国家）。镀锡是覆盖在铁合金表面的一种保护层，在工业领域，大部分锡都被用来制成镀锡，几乎所有用于保存食品的容器、盒子和铁罐的外层都会加上一层这样的保护层，以隔离外部环境。此外，锡在市场上的主要用途还包括充当电焊、建模和娱乐活动的残留物。如今，航空航天领域中已不再用锡来制造零部件了，因为尽管这种金属较为廉价，且具有很强的耐腐蚀性，但它比较容易在太空中脱落。有机锡对人体有害，但在农业和工业（塑料和清漆的生产）领域都有运用。

▲ 锡有 2 种不同的同素异形体，具体以哪种形式呈现则取决于其所处环境的温度：低于 13.2 ℃时，它会变成灰色；高于 13.2 ℃时，它呈白色。锡具有很强的可塑性和延展性。

◀ 液态（熔点约为 230 ℃）金属锡或锡合金常被用来焊接管道或各种电路。为一代又一代的儿童仿造出的小型士兵塑像就是在模具的帮助下，用锡和铅（铅比锡的毒性大得多）做出来的。

锡的属性

原子质量：	118.71 u
原子半径：	141 pm
密度：	7 310 kg/m^3
摩尔体积：	16.29×10^{-6} m^3 / mol
熔点：	231.93 ℃
沸点：	2 602 ℃
晶体结构：	四方晶系

1s	2s	2p	3s	3p	3d	4s	4p	4d	4f	5s	5p	5d	5f	6s	6p	6d	6f	7s
2	2	6	2	6	10	2	6	10		2	2							

◀ 在锡的光谱中，从黄色到红色区域的谱线比较离散，蓝色区域的谱线只有一条。锡原子有 50 个电子，其中 2 个位于最外层的次能级轨道中，这使得它可以与其他原子——这些原子的最外层电子数不是 8——组成多个化学键。

▶ 锡易于焊接，且具有良好的导电性，因此可以轻松地对电路或电气组件进行焊接。用于上述操作中的合金通常由 60% 的锡和 40% 的铅组成。这种合金的熔点约为 190 ℃，以金属丝的形式出售，这种金属丝必须与焊具的热端相接触。

▶ 青铜时代（图为公元前 1400 年的仪式匕首）的武器和胸甲由锡铜合金（即青铜）制成。这种材料的硬度和耐磨性较高，极其轻便且延展性佳。加入少量的砷后，该材料的硬度会提高。

▼ 生产铁罐时会在铁片上涂一层薄薄的锡，这种锡制薄片有很多种用途，最常见的是用于食品工业中，因为它可以更好地保存食物和饮料。现在，锡制薄片在商业领域的应用已大大减少，逐渐被铝和钢制成的薄片所取代。

◀ 市场上大部分锡的来源是锡石矿石（如图所示），这种矿石存在于花岗岩矿层、岩浆岩及冲积矿床中。

51 锑 Sb

51 个质子

71 个中子

51 个电子

锑单质是一种有毒的半金属，外观呈银白色，具有蓝色光泽。锑存在于多种矿物中，但在地壳中的含量并不是特别丰富。锑的外观让人联想到金属，但其理化性质却与金属有很大不同。锑以多种不同的形态被生产出来，既有粉尘，又有晶体和铸块。锑在工业领域中的主要用途为制造二极管和红外传感器，这要得益于它的半导体特性。锑与铅形成的合金具有相当高的硬度和机械强度，可用于生产电动汽车的电池。

◀ 天然状态下的锑可以存在于各种矿物中（图为方解石中的锑），也以化合物的形式存在，其中比较常见的是硫化锑（存在于辉锑矿中）。想要获得锑不只有提取这一种手段，还可从单质的沉积物（存在于芬兰）中获得。

▼ 锑可以用于制造手榴弹、弹药的引信和曳光弹（如图所示）。曳光弹底部有一个小的烟火弹，不仅能够勾画出子弹朝目标飞去的轨迹，还能发射出发光的烟尾。

▶ 最早的火柴头是由硫化锑制成的，但由于其气味令人不悦，很快便被磷取代（1827—1830 年）。磷的同素异形体之一——红磷至今仍被用于制造火柴。

锑的属性

原子质量：	121.76 u
原子半径：	145 pm
密度：	6 697 kg/m^3
摩尔体积：	18.19 × 10^{-6}m^3 / mol
熔点：	630.63 ℃
沸点：	1 587 ℃
晶体结构：	三方晶系

1s	2s	2p	3s	3p	3d	4s	4p	4d	4f	5s	5p	5d	5f	6s	6p	6d	6f	7s
2	2	6	2	6	10	2	6	10		2	3							

52 碲 Te

碲是一种稀有的半金属。天然状态下的碲通常和各种金属结合在一起，或存在于化合物中，其中比较常见的一种为碲金矿。

市场上大部分的碲是通过电解精炼铜的方式生产出来的，通常以粉末形式出售。冶金工业中常将碲制成合金，其中大多数是与铅（提高机械阻力，减轻来自硫酸的腐蚀）或铜以及钢（更适合于机械操控）一同制成的。碲合金主要应用于电子领域，如用于新型相变存储器（PCM）中。

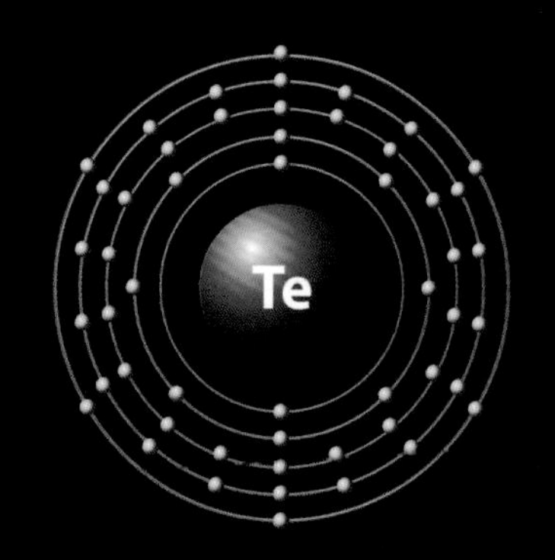

52个质子

76个中子

52个电子

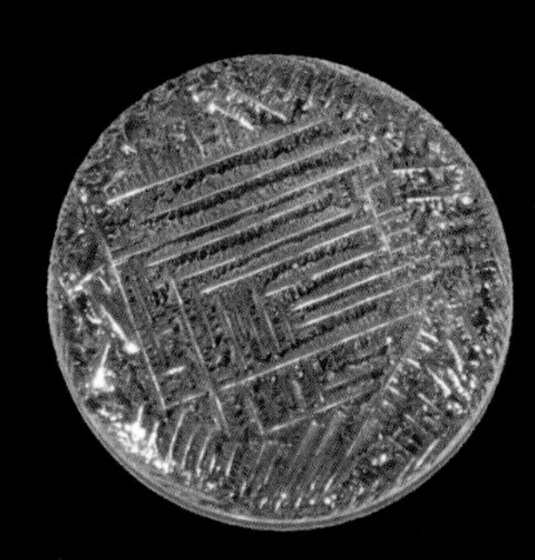

◀ 结晶碲具有银白色的金属外观，看上去与锡近似。

碲的属性	
原子质量：	127.60 u
原子半径：	140 pm
密度：	6 240 kg/m^3
摩尔体积：	20.46 × 10^{-6} m^3 / mol
熔点：	449.51 ℃
沸点：	988 ℃
晶体结构：	六方晶系

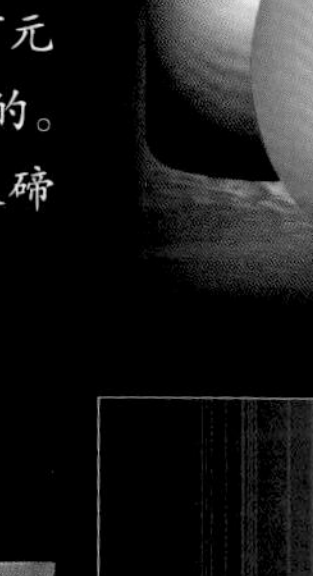

◀ 碲铜合金的生产（与黄铜类似）十分容易，因而由该种合金制成的器具已广泛投入市场。碲铜合金中碲的含量比较低，刚好达到能使铜的延展性提高的程度，以便在机床中使用。

▼ 碲化镉的典型特性是可以将光能转换为电能，这使得它成为所有元素及所有化合物中转化效能最高的。然而，镉在电气、电子组件以及碲化镉嵌板的生产中被明确禁用。

1s	2s	2p	3s	3p	3d	4s	4p	4d	4f	5s	5p	5d	5f	6s	6p	6d	6f	7s
2	2	6	2	6	10	2	6	10		2	4							

寻找元素

从铈到镥

英国诗人约翰·邓恩（John Donne）曾在1624年写到“没有人是一座孤岛”。如果说这种说法足以描述个体在社会中扮演的角色的话，那么对于现代科学家来说就更是如此了。科学的方法实际上是以协作、一遍又一遍的实验以及专家群体的检验为基础的，这些专家会对他们的同行提出的假设是否成立进行评估，同时尝试找到方法驳倒它。

现代的初期阶段，在科学革命进行的同时，以就科学领域的问题进行探讨和比较为目的的科学集会的数量也成倍增加，这绝非偶然现象。很多独立于大学之外的学术机构和协会相继成立，它们受传统权威（在当时是以亚里士多德学说为代表的正统思想）的影响较小，拥有更大的自由和自主性。不同流派的学者在他们理想的“文人共和国”（Republic of Letters）里建立起了紧密的书信联系，彼此间的交流网络一直十分牢固，从未因当时出现民族主义的苗头而中断。

然而，如今的科学对技术和经济资源要求更高，竞争更激烈，从理论到应用的周期变得更长。这意味着唯有专门的研究团队经过不懈的努力才能取得成果，单打独斗的天才式人物（尽管也很好地融入进了当时的科学界）将彻底成为历史。

▼ 影响最大且最广为人知的科学会议是由企业家兼赞助者欧内斯特·索尔维（Ernest Solvay）于1911年创办的，每3年举办一次会议，届时世界上最伟大的物理学家都将汇集于此。1922年，索尔维化学会议正式创办，图为本次会议的参与者的合影。

发现时间	
58. 铈	1803 年
59. 镨	1885 年
60. 钕	1885 年
61. 钷	1945 年
62. 钐	1880 年
63. 铕	1901 年
64. 钆	1880 年
65. 铽	1843 年
66. 镝	1886 年
67. 钬	1879 年
68. 铒	1843 年
69. 铥	1879 年
70. 镱	1879 年
71. 镥	1907 年

▶ 瑞典化学家永斯·雅各布·贝采利乌斯的成就是发现了元素周期表中的 4 种元素：铈、硅、硒和钍。天文学家朱塞普·皮亚齐（Giuseppe Piazzi）发现了一颗新的小行星，取名为“谷神星（Ceres）”。2 年之后，贝采利乌斯和威廉·希辛格决定将他们刚刚发现的新元素命名为铈（Cerio）。同年，英国化学家威廉·海德·武拉斯顿（William Hyde Wollaston，1766–1828）发现了钯元素（Paladio），并以另一颗小行星——智神星（Pallas）的名字为其命名。

◀ 马丁·海因里希·克拉普罗特（Martin Heinrich Klaproth）在贝采利乌斯和希辛格发现铈元素的前后也独立发现了该元素，但没能得到为其命名的机会。后来他又发现了原子序数为 22 和 52 的元素，并分别将它们命名为钛和碲。

◀ 战争英雄亨利·格温·杰弗里·莫塞莱（Henry Gwyn Jeffreys Moseley，1887—1915）用了几年时间阐明了最重要的化学定律之一——莫塞莱定律。该定律指出，元素发出谱线的频率与它们的原子序数成线性关系。

▶ 奥地利发明家、化学家卡尔·奥尔·弗赖尔·冯·维尔斯巴赫（Carl Auer Freiherr von Welsbach，1858—1929）发现了 4 种元素：镨、钕、镱和镥。他的其他成就还包括深入研究了稀土的工业应用，以及发明了白炽灯。

53 碘 I

如果身体中没有碘的存在，人类将不会成为像现在这样聪明且情感丰富的物种。伯特兰·罗素（Bertrand Russell）从碘元素在生物体中的作用出发，试图证明（不管浪漫主义者们怎么看）人类的直觉和情感都是要深深依赖化学的。

碘是一种较为基本的微量矿物元素，遍及世界各地，尤其是在沿海地区，生物体因自身发育和认知功能的需要而对其进行吸收。市场上碘的最主要来源是智利的硝酸钠矿床。另外，通过碘化钾与硫酸铜的反应也可以制备出碘。碘元素同样以化合物的形式广泛存在，如碘化钾、碘化钠以及碘酸盐，其中最著名的要数碘酒（碘的酒精溶液），它具有标志性的微红色，在医学上被用作消毒剂。碘元素的应用范围包括模拟摄影（碘化银）和制造染料。它还经常被添加到食用盐中，作为一种膳食补充剂被出售。碘化物可以用来给饮用水消毒。碘与氟、氯、溴、砹和鿬（Ts）同属于卤族元素。

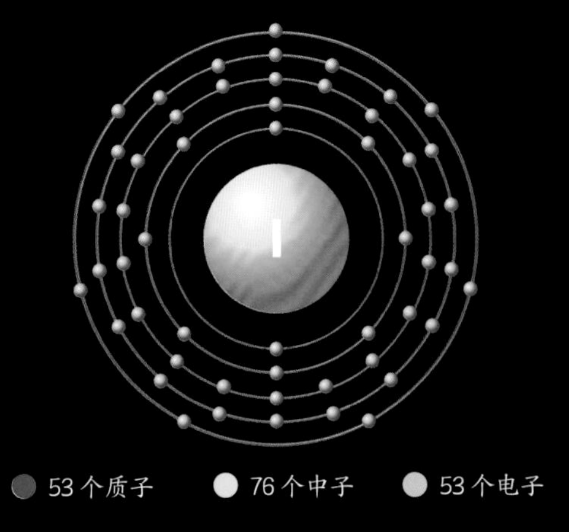

53 个质子　76 个中子　53 个电子

▼ 气态的碘在光谱管中发出紫色的光。室温下的碘单质为固态，但其沸点较低。

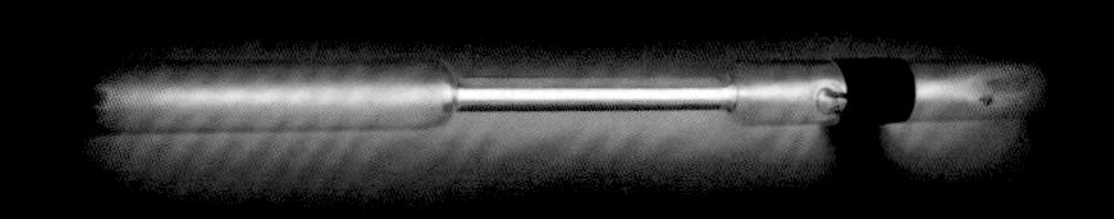

▼ 固体碘是紫黑色的，会反射出蓝色光泽。它很容易升华，升华过程中会放出紫色气体，海水、空气和土壤中都含有碘。值得一提的是碘化物是在海浪的作用下沉积下来的。

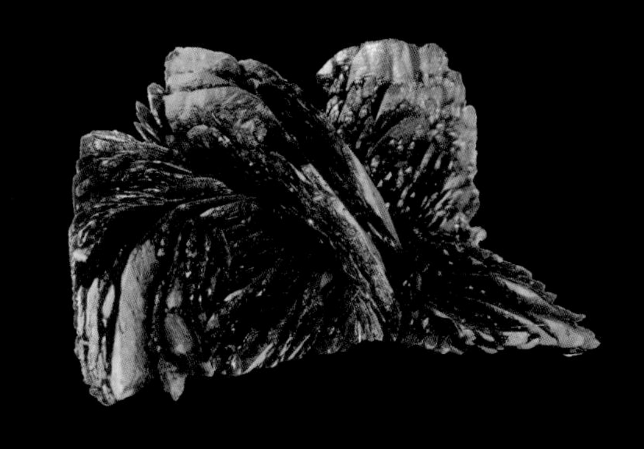

碘的属性	
原子质量：	126.904 u
原子半径：	140 pm
密度：	4 940 kg/m^3
摩尔体积：	25.72×10^{-6} m^3 / mol
熔点：	113.70 ℃
沸点：	184.25 ℃
晶体结构：	斜方晶系

1s	2s	2p	3s	3p	3d	4s	4p	4d	4f	5s	5p	5d	5f	6s	6p	6d	6f	7s
2	2	6	2	6	10	2	6	10		2	5							

◀ 在碘的光谱中，黄色和橙色区域的发射谱线尤为突出，紫色和蓝色的谱线比较稀缺。碘原子最外层有 7 个电子，且总是在寻找第 8 个，所以它是一种非常活泼的元素。与卤族中排在碘之前的几种元素相比，碘与其他原子结合的倾向更弱。

▲ 碘是一种微量矿物质，主要存在于甲壳类和软体动物体内。以下食物中的碘含量较为丰富：海盐、牛奶、鸡蛋、生长在海边的蔬菜和水果、面粉、谷物、肉类、豆类和鱼类。

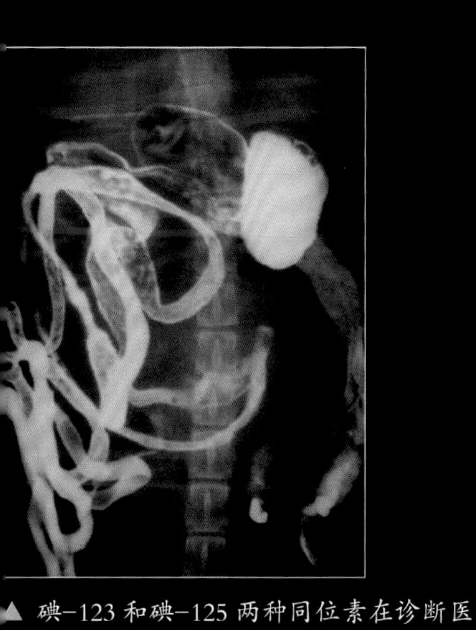

▲ 碘-123 和碘-125 两种同位素在诊断医学中被用作造影剂，在针对内脏进行的 X 光照相中尤为常用。该技术可以在物质通过消化道的过程中对其进行动力学监测，从而有助于对器官的功能性障碍和病变进行分析。

碘缺乏

人体中的碘主要位于甲状腺中。甲状腺可以产生 2 种激素，这 2 种激素调节着各个器官的新陈代谢和发育。碘缺乏会导致“大脖子病”，学名为单纯性甲状腺肿，还会导致耳聋和身材矮小。此外，碘缺乏还有可能对中枢神经系统和周围神经系统造成损害。碘缺乏还会严重影响胎儿的生长，甚至导致流产。

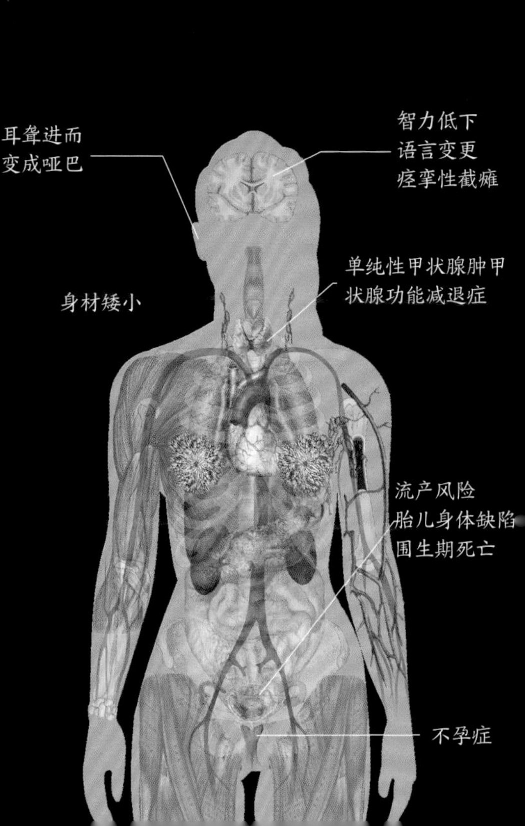

54 氙 Xe

氙气是一种稀有气体，很难与其他元素发生反应。实际上，在通常条件下，氙不会形成任何类型的化合物。

与元素周期表中的其他元素不同，氙的外层电子构型非常稳定，但与其他稀有气体元素相比，它需要较低的电离能才可以在极端条件下与其他元素发生反应。实验室中可以实现上述过程，如二氟化氙就是通过合成获得的，即直接让氟受热、受辐射或放出电荷，而四氟化氙的制备方法是在压力下加热氟和氙的混合物。

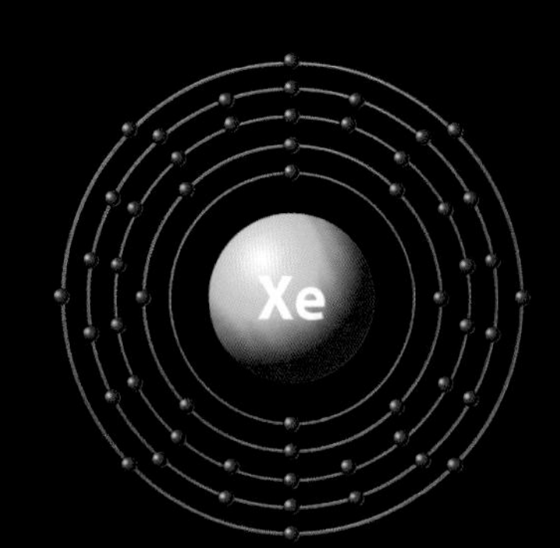

54 个质子

77 个中子

54 个电子

氙的属性	
原子质量：	131.293 u
原子半径：	218 pm
密度：	5.9 kg/m^3
摩尔体积：	35.92 m^3 / mol
熔点：	−111.75 ℃
沸点：	−108.05 ℃
晶体结构：	面心立方

▶ 氙在白炽状态下会发出蓝光。但它在自然状态下是无色、无味的，这一点和所有稀有气体一样。

◀ 许多太空飞行器上都有一个推进引擎，该引擎利用氙的电离（以及铯和铟的电离），通过离子的加速来推动。这些离子的强度很低，能够使飞行器发生移动。

▼ 氙气灯是一种电弧灯，它的内部有一根玻璃（或石英）管，管末端的两个电极通电会激发灯内的气体。这种灯发出的光与太阳光非常相似。许多电影放映机包括IMAX系统，运用的都是这种光。

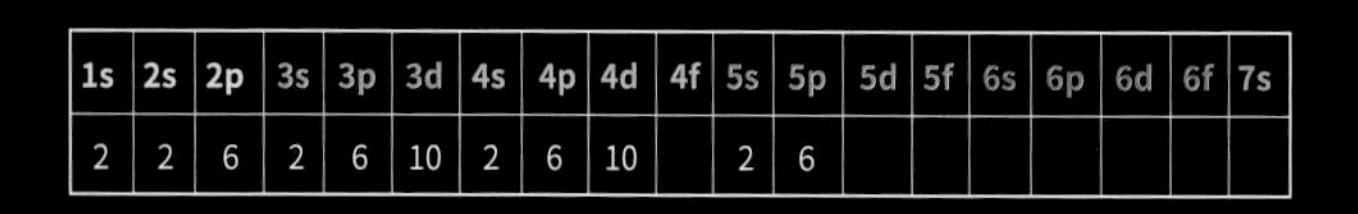

1s	2s	2p	3s	3p	3d	4s	4p	4d	4f	5s	5p	5d	5f	6s	6p	6d	6f	7s
2	2	6	2	6	10	2	6	10		2	6							

55 铯 Cs

铯是一种碱金属元素，熔点较低，是整个元素周期表中电负性最低的元素，这意味着其原子核对自身电子的吸引力在所有元素中是最低的。像其他碱金属一样，铯的化学性质非常活跃，尤其容易与卤族元素发生反应。铯与水接触后会发生剧烈的反应，从而产生氢气；它和氧气反应会燃烧；它与卤族元素（如氟、氯、溴和碘）反应会生成各种化合物。铯在地壳中的含量并不丰富，它是最稀有的碱金属之一。

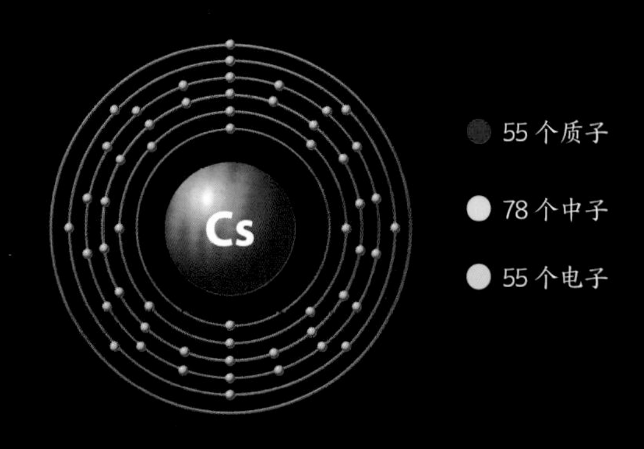

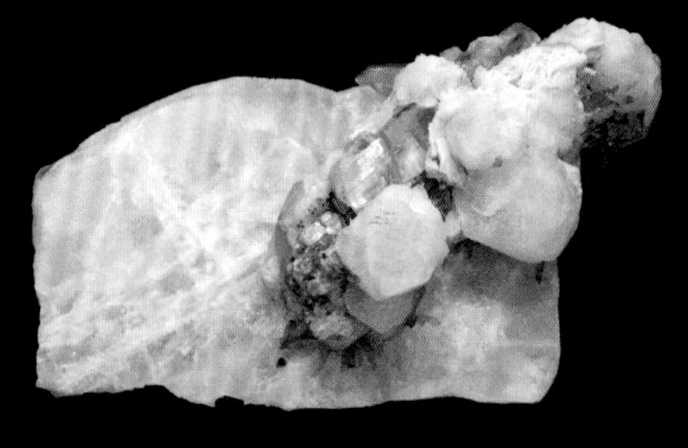

▲ 硅钙石矿物中含有铯，有的还含有铷。这种矿物首次发现于厄尔巴岛，在加拿大的含量也很丰富。其他矿物质，如锂云母中也含有铯。

▼ 铯有着和镓一样低的熔点，因此当温度高于室温时会变为液体。铯呈金黄色，在固态下柔软而易延展。与冷水接触时，铯会发生爆炸般的反应。

▶ 共振频率计算的是某个原子的电子发生量子跃迁所需的时间。该频率非常稳定，能极其精确地测量出相应的时间，铯因此被用来制造原子钟，这类设备多用铯原子进行校准。

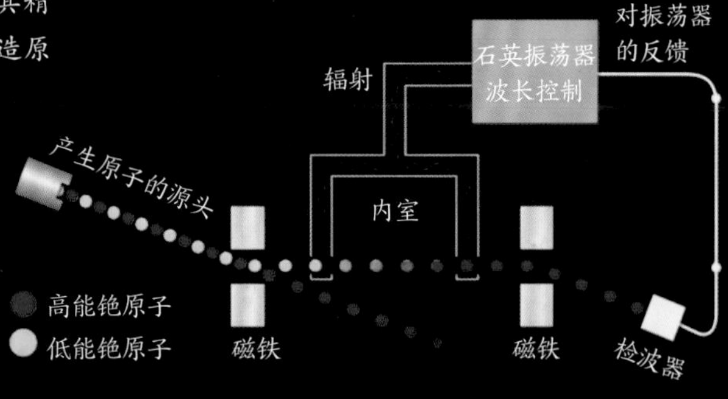

铯的属性	
原子质量：	132.905 u
原子半径：	181.8 pm
密度：	6 689 kg/m^3
摩尔体积：	$20.69 \times 10^{-6} m^3$ / bmol
熔点：	28.44 ℃
沸点：	661 ℃
晶体结构：	面心立方

1s	2s	2p	3s	3p	3d	4s	4p	4d	4f	5s	5p	5d	5f	6s	6p	6d	6f	7s
2	2	6	2	6	10	2	6	10		2	6			1				

分子

溶剂和清洁剂

▲ 肥皂的成分为羧酸的钠盐或钾盐，是由脂肪和碱金属氢氧化物制成的。肥皂是一种表面活性剂，能使一种液体的表面张力下降，从而使固态的表面更加润湿。在该过程中，肥皂的分子还会吸收脂肪，使脂肪变得可溶。

以工业或家庭用途为目的生产出的溶剂和清洁剂是化合物或混合物，能够去除或溶解积聚在材料上的油脂，既可以保持材料清洁，又可以防止其受到污染。

15 世纪末，第一种在市场上大规模销售的清洁剂诞生了，它就是“马赛皂”，由多种植物油的混合物为原料制造而成。然而，第二次世界大战后才在世界市场上流行起来的现代清洁剂的成分则十分复杂，其成分中包含许多其他物质，如漂白剂和螯合剂。

如今的家用清洁剂通常是由天然成分（如醋、小苏打、柠檬汁等）制成的。溶剂通常是能够溶解其他物质而不改变其性质的液体物质，水、丙酮和乙醇都可作为溶剂。

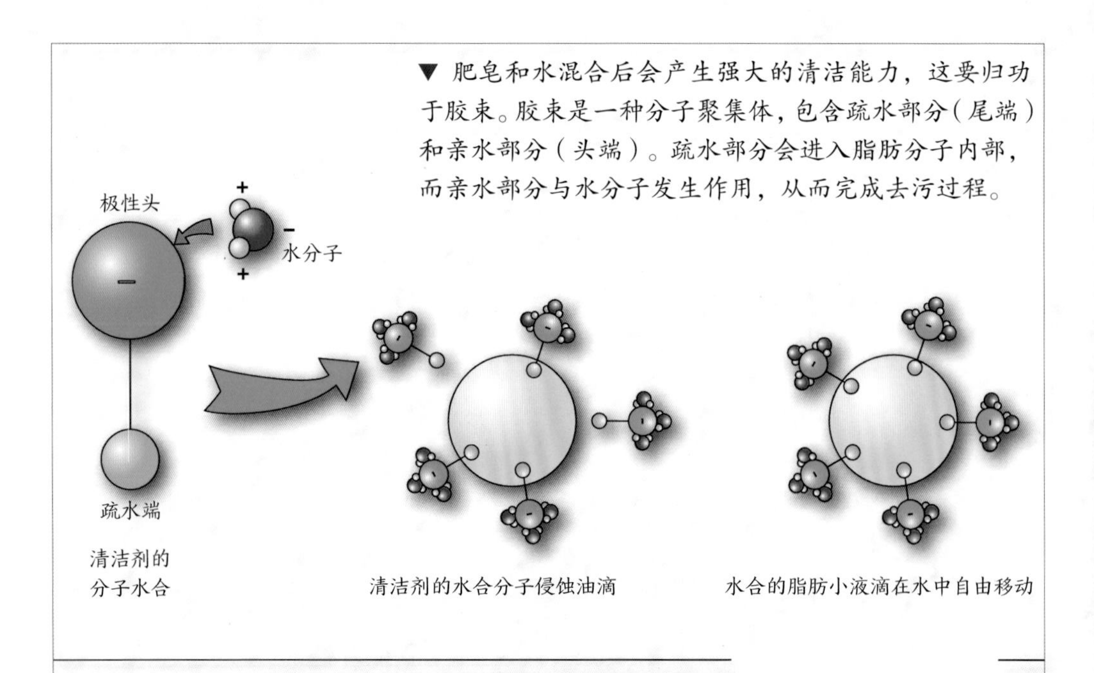

▼ 肥皂和水混合后会产生强大的清洁能力，这要归功于胶束。胶束是一种分子聚集体，包含疏水部分（尾端）和亲水部分（头端）。疏水部分会进入脂肪分子内部，而亲水部分与水分子发生作用，从而完成去污过程。

▶ 市场上有许多类型的清洁剂。这些液态或粉末状的混合物都有特定的用途，也可以与其他混合物一同使用。洗衣物时建议使用漂白剂和表面活性剂；螯合剂用于洗碗、清洁地板和洗衣服；溶剂可用作脱脂剂；酶可以分解蛋白质、脂肪和碳水化合物。

▼ 过去，人们用酒醋（其中含有大量乙酸）来清洁各种表面。如今，我们依然会使用这种方法来清洁冰箱之类的物品。溶液中的乙酸对去除水龙头和锅炉中的水垢尤为有效，因为它是一种强大的除垢剂。

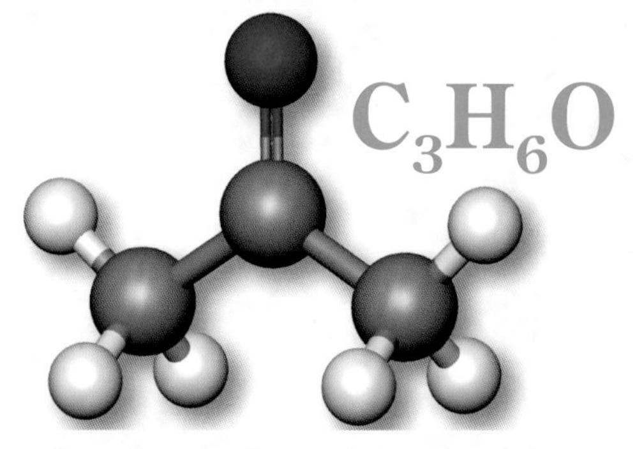

▲ 在丙酮的分子中，1个氧原子（红色）与3个碳原子（灰色）中的1个相连，另外2个碳原子分别与3个氢原子相连。丙酮是一种效果极佳的脱脂剂，可以用来清洁木材、大理石及其他材质的表面，此外还可用作搪瓷、清漆、塑料、树脂和胶水的溶剂。

清洁剂的清洁过程

由疏水端和亲水端组成的清洁剂的分子去除杂质的过程可分为两个阶段：首先，疏水尾端渗透到脂肪中；然后，由于头端的亲水性，脂肪可以通过摩擦或机械清洁的方式从表面去除。

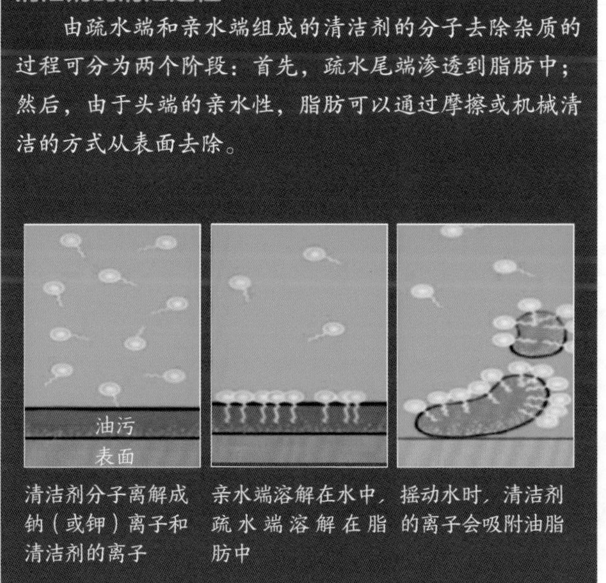

清洁剂分子离解成钠（或钾）离子和清洁剂的离子

亲水端溶解在水中，疏水端溶解在脂肪中

摇动水时，清洁剂的离子会吸附油脂

▼ 脂肪酶是分解脂肪以产生甘油和脂肪酸（即脂肪分解过程）的脂肪分解酶。即使在含水量较低的情况下，脂肪酶依然能够保持较高的催化活性，这使其成为最佳的有机溶剂，不但使用寿命长，而且可以重复使用。下图模拟了酶黏附在表面的状态。

56 钡 Ba

钡是一种碱土金属元素，它熔点很高，且有剧毒。钡通常能形成具有高比重的化合物，如硫酸盐、氯化物、碳酸盐和氯酸盐。钡盐会产生标志性的绿色火焰，因而常用于制造绿色烟花。此外，钡盐还可用于生产内燃机的火花塞和荧光灯。钡的毒性（硫酸钡没有毒，因此进入人体后肠道不会吸收）极大，但幸运的是该元素在自然环境中的含量很低。

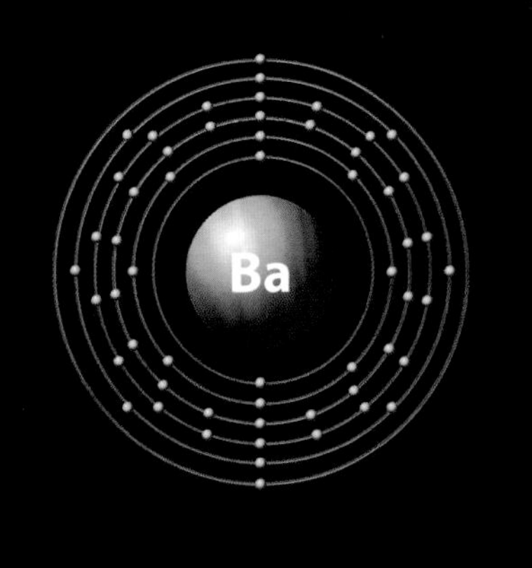

56 个质子

82 个中子

56 个电子

钡的属性	
原子质量：	137.327 u
原子半径：	222 pm
密度：	3 510 kg/m^3
摩尔体积：	38.16×10^{-6} m^3 / mol
熔点：	727.2 ℃
沸点：	1 870 ℃
晶体结构：	体心立方

▶ 钡单质是一种柔软的银色金属，与水或氧气接触后都会发生剧烈反应，因此自然界中不存在纯净态的钡。自然界中的钡元素存在于重晶石等矿物中。

▼ 硫酸钡等钡盐在医学诊断（如消化系统的 X 光照射）中被用作造影剂。

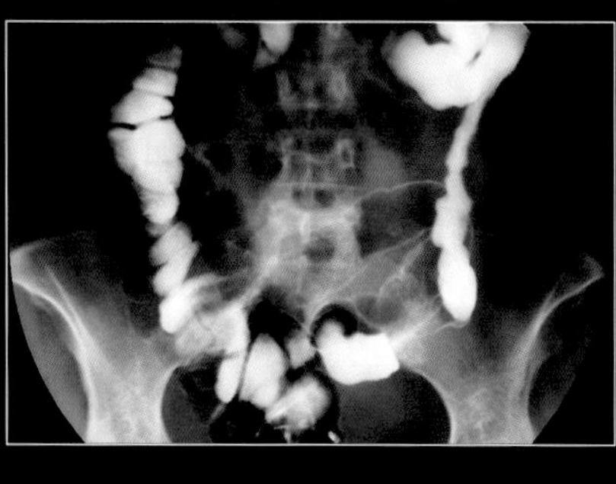

▼ 烟花实际是化学反应的结果。不同的金属燃烧会产生不同颜色的烟花：锂对应红色，钠对应橙色，铜对应蓝色，钡对应绿色。此外，铝、锑、镁、锰、钛和锌等元素会使上述颜色焕发出特殊的亮度。

1s	2s	2p	3s	3p	3d	4s	4p	4d	4f	5s	5p	5d	5f	6s	6p	6d	6f	7s
2	2	6	2	6	10	2	6	10		2	6			2				

57 镧 La

镧是镧系元素中的第一种元素。元素周期表中共有 15 种镧系元素，它们对应的原子序数为 57—71（镥元素）。镧是镧系元素中最易发生反应的元素之一，同时也是一种很棒的催化剂，因而近年来在工业上的应用越来越多。玻璃清洁系统中会用到镧，钢的生产中有时也会用到少量的镧，因为它能够增强合金的延展性和耐磨性。氧化镧被用在光学器件领域，制造吸收红外线的晶体。另外，纯净的镧能够提高摄影镜头和望远镜中的复消色差透镜的折射率。

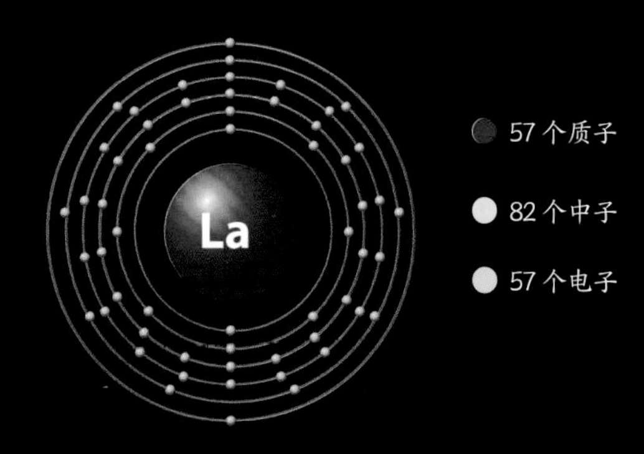

◀ 镧单质是一种银白色金属，质地柔软，具有较强的可塑性和延展性，质轻且具有阻燃性。镧一般会与其他镧系元素一同出现，尤其是铈元素。

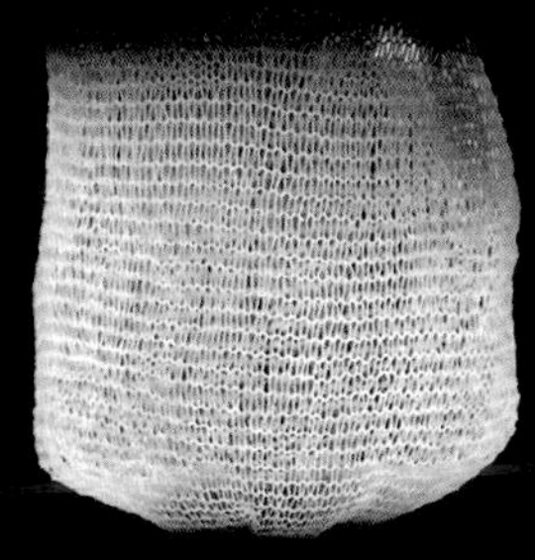

▶ 奥尔（Auer）发明的灯罩能够提高火焰的亮度，是第一种罩在煤气灯外的灯罩。新型灯罩（如野营灯的灯罩）一般由镧、钇或锆制成。

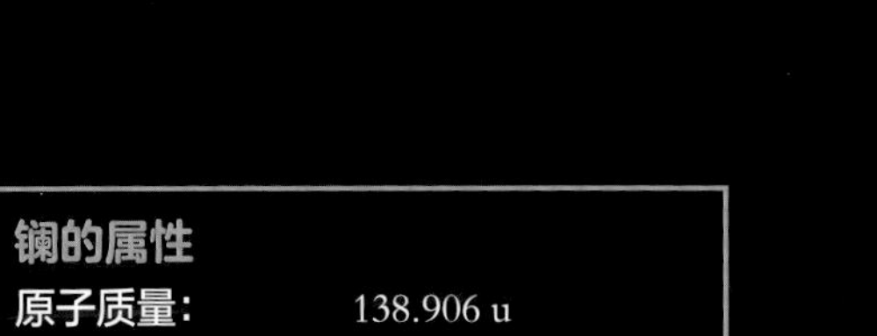

▶ 高强度阴极由六硼化镧和六硼化铈制成。六硼化镧是一种耐火的陶瓷材料，具有较低的功函，放出的电子数在所有材料中位居前列，这一特性使其特别适合制造热阴极。由六硼化镧制成的组件主要用在微波管、X 射线管、电子显微镜、电子束焊接和电子光刻中。

镧的属性

原子质量：	138.906 u
原子半径：	187 pm
密度：	6 146 kg/m^3
摩尔体积：	$22.39 \times 10^{-6} m^3 / mol$
熔点：	920 ℃
沸点：	3 457 ℃
晶体结构：	六方晶系

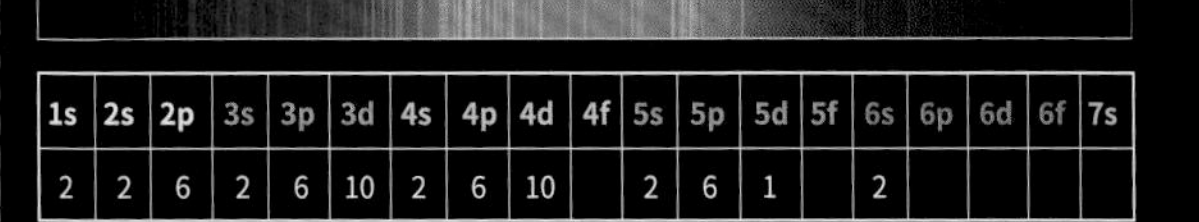

1s	2s	2p	3s	3p	3d	4s	4p	4d	4f	5s	5p	5d	5f	6s	6p	6d	6f	7s
2	2	6	2	6	10	2	6	10		2	6	1		2				

58 铈 Ce

铈元素是镧系元素中的第 2 种元素（按原子序数从小到大排列），它是一种极易发生反应的金属，能够在 70 ℃左右的温度下自燃。金属铈非常柔软，用钢制刀片一切就会断。铈较易提取，一般存在于莫桑石和氟碳铈矿等矿物中。铈是许多铝合金和某类钢的组成部分。铈还被用于与其他镧系元素混合而生产出混合稀土金属。

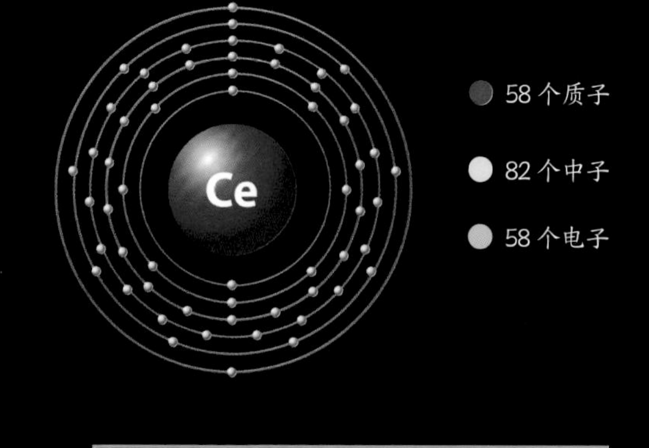

1s	2s	2p	3s	3p	3d	4s	4p	4d	4f	5s	5p	5d	5f	6s	6p	6d	6f	7s
2	2	6	2	6	10	2	6	10	1	2	6	1		2				

铈的属性	
原子质量：	140.116 u
原子半径：	181.8 pm
密度：	6 689 kg/m^3
摩尔体积：	20.69×10^{-6} m^3 / mol
熔点：	795 ℃
沸点：	3 443 ℃
晶体结构：	面心立方

59 镨 Pr

镨与元素镧、铈一样同属镧系元素。镨是一种柔软的金属，颜色与铈相同，呈银色。暴露在空气中的镨单质会发生钝化反应，表面生成一层薄薄的绿色氧化物。与其他性质相似的元素相比，镨的抗腐蚀能力更强，因此它经常被用作高强度镁合金的黏合剂。镨的化合物经常被用作玻璃和搪瓷的着色剂（由于其淡绿色的色调）。

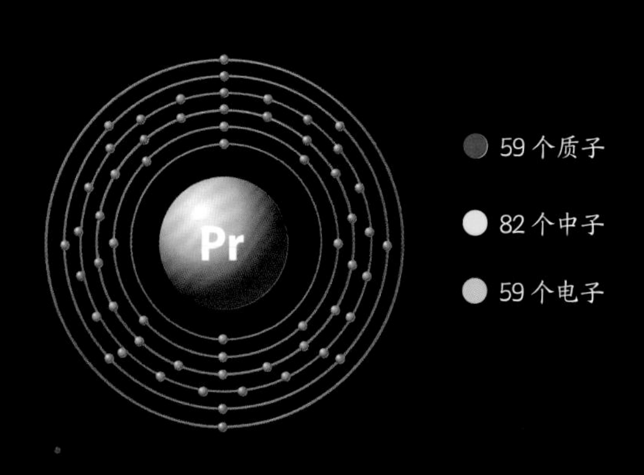

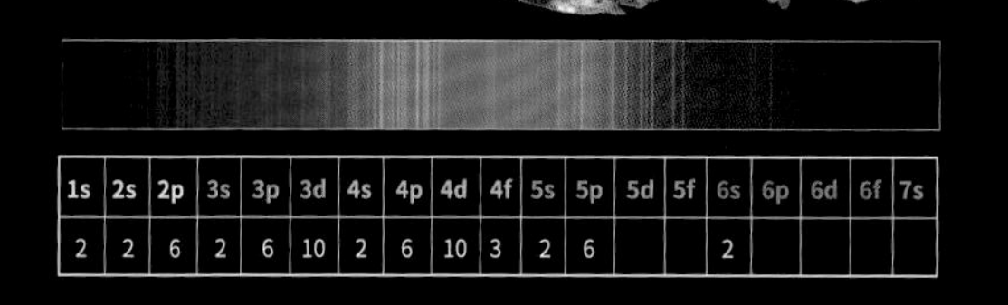

1s	2s	2p	3s	3p	3d	4s	4p	4d	4f	5s	5p	5d	5f	6s	6p	6d	6f	7s
2	2	6	2	6	10	2	6	10	3	2	6			2				

镨的属性	
原子质量：	140.908 u
原子半径：	182 pm
密度：	6 640 kg/m^3
摩尔体积：	20.8×10^{-6} m^3 / mol
熔点：	935 ℃
沸点：	3 520 ℃
晶体结构：	六方晶系

60 钕 Nd

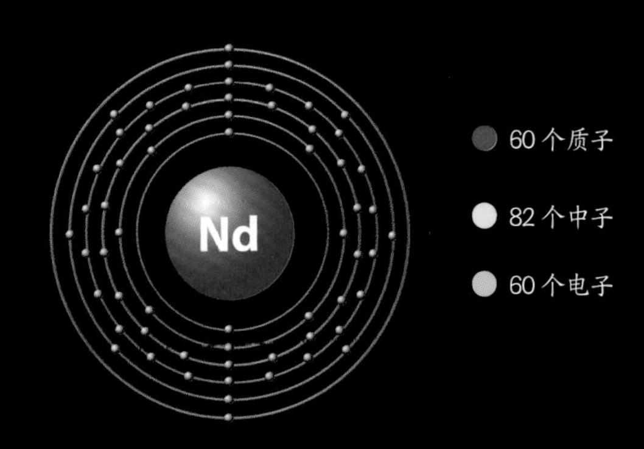

60 个质子

82 个中子

60 个电子

和铈一样，钕也很容易发生反应，与空气接触后会被氧化。没有被氧化的钕单质是有光泽的银色金属。钕存在于火石中，火石是打火机中的混合稀土金属，由铈、镧和镨组成。与镨一样，钕也被用作玻璃的着色剂（紫、红、灰色）。钕磁铁是声音播放系统的理想组件，因为它能够提供极高的音质。

1s	2s	2p	3s	3p	3d	4s	4p	4d	4f	5s	5p	5d	5f	6s	6p	6d	6f	7s
2	2	6	2	6	10	2	6	10	4	2	6			2				

钕的属性

原子质量：	144.24 u
原子半径：	181 pm
密度：	6 800 kg/m^3
摩尔体积：	20.59×10^{-6} m^3 / mol
熔点：	1 024 ℃
沸点：	3 074 ℃
晶体结构：	六方晶系

61 钷 Pm

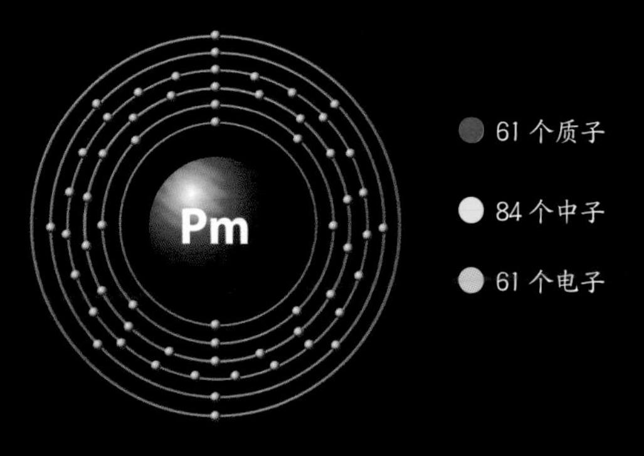

61 个质子

84 个中子

61 个电子

钷是一种合成元素，它的性质极不稳定，因而并不存在于地球上。人们曾花费数十年时间在自然界中寻找钷，长期尝试屡次失败后，该金属于 20 世纪 40 年代中期被生产了出来。钷的元素名称来自普罗米修斯（Prometheus）——从诸神那里偷来火种并将其献给人类的泰坦（Titan），象征着人类克服了知识的极限。自然或神根据不同的信仰设定了一些知识的极限，而钷的发现标志着人类最终超越了这些极限。

1s	2s	2p	3s	3p	3d	4s	4p	4d	4f	5s	5p	5d	5f	6s	6p	6d	6f	7s
2	2	6	2	6	10	2	6	10	5	2	6			2				

钷的属性

原子质量：	144.91 u
原子半径：	183 pm
密度：	7 264 kg/m^3
摩尔体积：	20.23×10^{-6} m^3 / mol
熔点：	1 042 ℃
沸点：	3 000 ℃
晶体结构：	六方晶系

分子

药物

天然药物由草药和其他有机物质或无机物质组成，是与人类历史一样古老的存在。化学历经了数千年的演变和实践，甚至曾被当成魔法用到各种稀奇古怪的地方。经历了这些漫长的发展后，化学终于开启了其在现代药物学领域的应用。

事实上，那些古老的治疗方法并不总是完全无效的。例如，中世纪末期的法国医生会在感染的伤口上涂罗克福奶酪，这种奶酪富含真菌，而青霉素就是这些真菌的一种分泌物。青霉素是亚历山大・弗莱明（Alexander Fleming）于 1928 年偶然发现的一种抗菌活性成分，这一发现改变了人类的命运，终于有一种药物能够有效抵抗感染，使数百万人免于死亡。

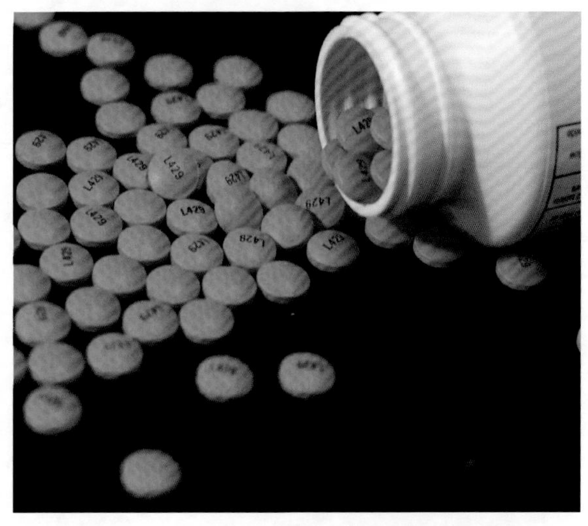

▲ 乙酰水杨酸（$C_9H_8O_4$），即我们熟知的阿司匹林，是一种非甾体抗炎药，具有解热镇痛、促进血液流动的作用。牛津大学的最新研究显示，每天服用阿司匹林可以降低某些常见肿瘤的致死风险，但其副作用之一是可能会引发胃肠道症状。

▶ 培养皿中的各种细菌呈放射状分布，科学家们用新霉素（$C_{23}H_{46}N_6O_{13}$）来处理它们。新霉素是一种广谱抗生素，可用于治疗外耳炎、肺结核以及尿路感染。

◀ 苯氧甲基青霉素是口服的青霉素 V，药性比青霉素 G 温和，尤其适用于治疗口腔感染。青霉素是对所有革兰阳性细菌（在革兰染色下可见的细菌，包括葡萄球菌、链球菌、脑膜炎球菌）均有效的抗生素。

▼ 布洛芬是一种广泛使用的药物，属于非甾体抗炎药，也可用作镇痛药（抗疼痛）和退烧药（抗热）。该药物在某些情况下可能会导致消化系统不适，但通常来说，人体对它的耐受性良好。

▶ L- 抗坏血酸，即我们熟知的维生素 C，是一种具有抗氧化性的天然化合物。某些食物中的维生素 C 含量较为丰富，如绿叶蔬菜、甜椒、奇异果和柑橘。此外，维生素 C 也可以同膳食补充剂一起服用。

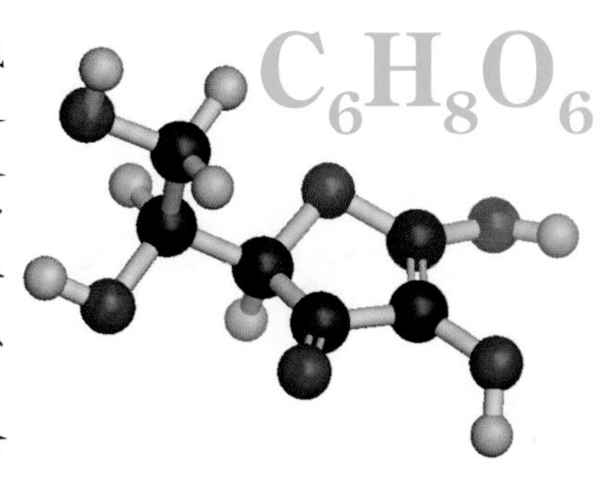

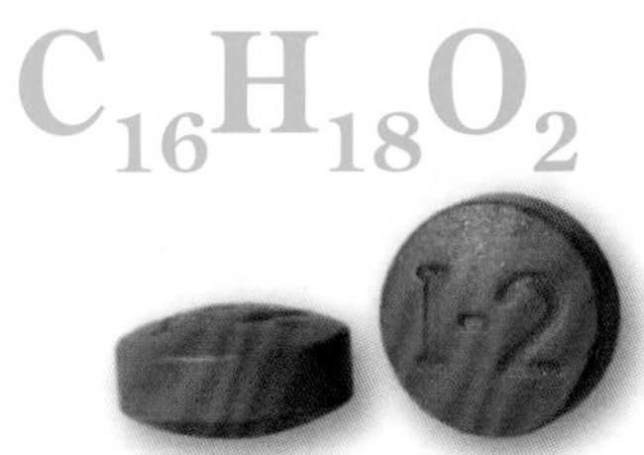

▶ 泼尼松龙是一种功效强大的抗炎药，属于类固醇激素，尤其适用于治疗类风湿关节炎和痛风。它在治疗肿瘤方面也有应用，如治疗白血病和淋巴瘤。

$C_{21}H_{28}O_5$

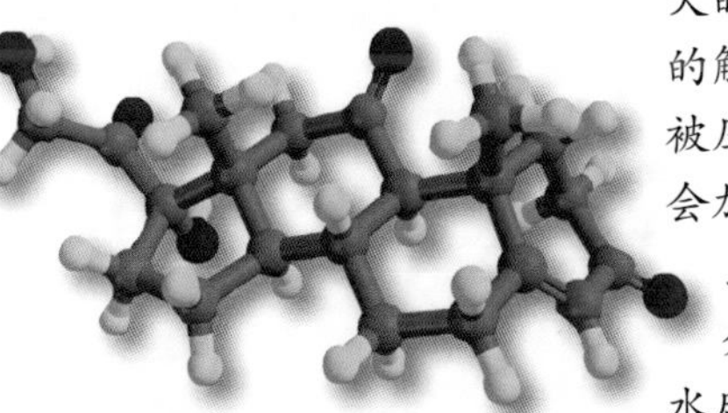

▼ 片剂是市场上最常见的一种药物形式，能给患者带来很大的方便。与其他更具侵入性的解决方案相比，药丸是一种被压成固体的粉末，外面通常会加上一层糖衣，它含有一种或多种剂量适中的活性成分，可以直接口服或溶于水后服用。

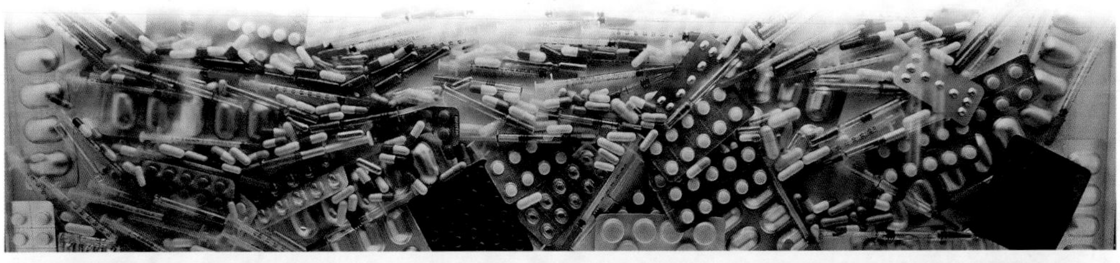

一种药物从研发到投入使用的周期

一种新药从被发现到进入市场至少需要 12 年。开发和实验阶段是十分必要的，因为既需保证药物的疗效，又需确保其不存在严重的副作用。

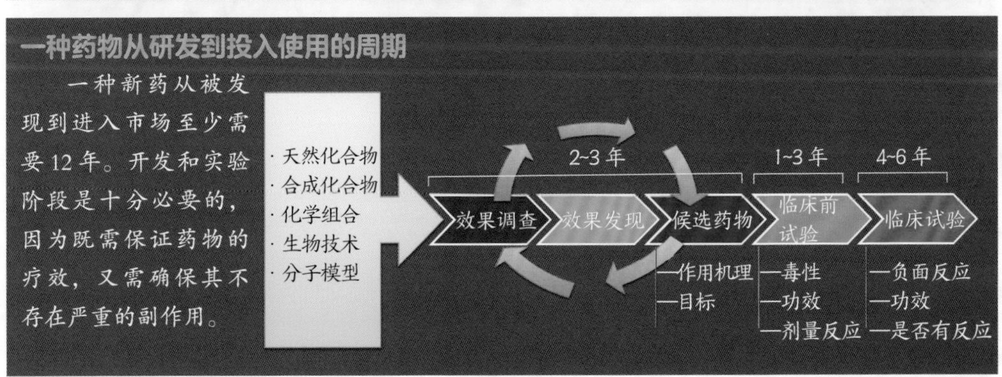

62 钐 Sm

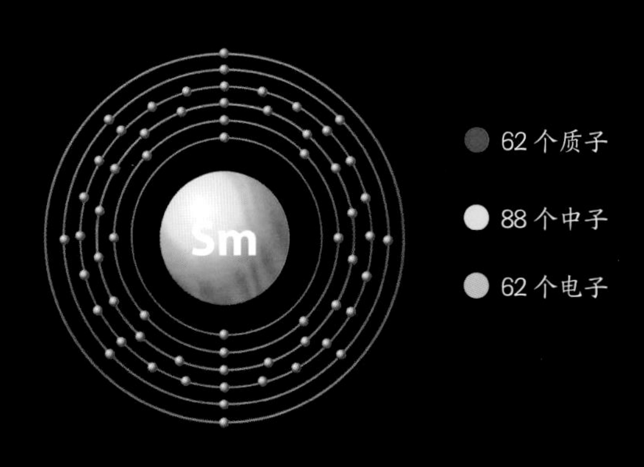

钐的外观也是银色的。与排在其前面的镧系元素相比，钐与空气接触时表现得更稳定。但当温度升到150 ℃以上时，钐便会燃烧。钐本身不以游离态的形式存在，而是存在于独居石和氟碳铈矿等矿物中。某些钴基合金和磁体中也含有钐。氧化钐常被添加到玻璃中，用来吸收红外线。钐的同位素钐-153不久前刚刚开始在核医学中被应用。

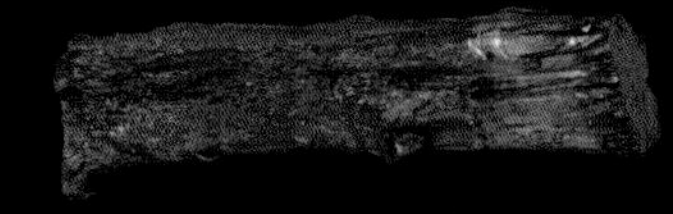

1s	2s	2p	3s	3p	3d	4s	4p	4d	4f	5s	5p	5d	5f	6s	6p	6d	6f	7s
2	2	6	2	6	10	2	6	10	6	2	6			2				

钐的属性	
原子质量：	150.36 u
原子半径：	180 pm
密度：	7 353 kg/m^3
摩尔体积：	19.98×10^{-6} m^3 / mol
熔点：	1 072 ℃
沸点：	1 794 ℃
晶体结构：	三方晶系

63 铕 Eu

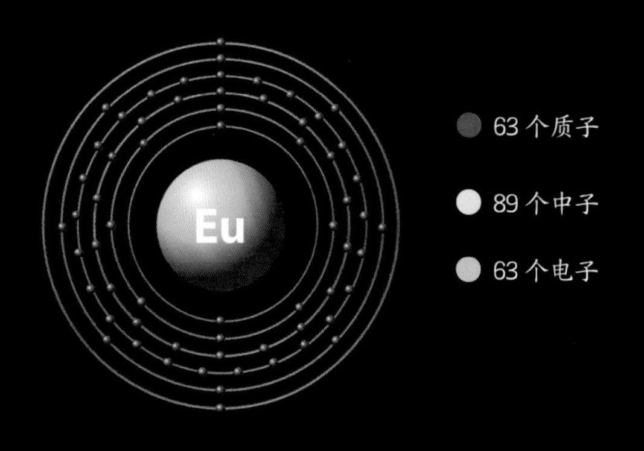

铕是镧系元素中最容易发生反应的元素，与空气接触时很容易被氧化，与水接触时也很容易发生反应。纸币欧元中会用到防伪油墨，铕便是其主要成分之一。此外，铕还被用在激光中。氧化铕制成的红色荧光粉主要用于电视和荧光灯中，这要归功于铕元素固有的荧光。

1s	2s	2p	3s	3p	3d	4s	4p	4d	4f	5s	5p	5d	5f	6s	6p	6d	6f	7s
2	2	6	2	6	10	2	6	10	7	2	6			2				

铕的属性	
原子质量：	151.964 u
原子半径：	180 pm
密度：	5 244 kg/m^3
摩尔体积：	28.97×10^{-6} m^3 / mol
熔点：	826 ℃
沸点：	1 529 ℃
晶体结构：	体心立方

64 钆 Gd

钆与其他镧系元素不同，它与干燥的空气接触后状态依旧保持稳定，与潮湿的空气接触则容易生锈。和大多数镧系元素一样，钆在自然界中也不以游离态存在，只会出现在像硅铍钇矿这样的矿物中。钆是计算机光盘和存储设备的组成成分。在核医学中，钆通常以离子的形式出现于溶液中，用于疾病的诊断。

1s	2s	2p	3s	3p	3d	4s	4p	4d	4f	5s	5p	5d	5f	6s	6p	6d	6f	7s
2	2	6	2	6	10	2	6	10	7	2	6	1		2				

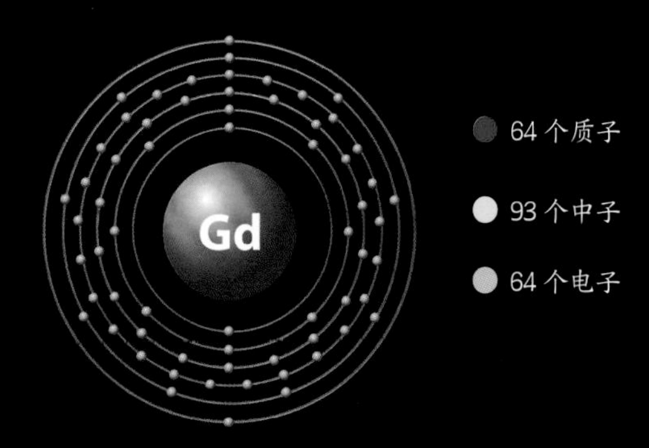

钆的属性

原子质量：	157.25 u
原子半径：	180 pm
密度：	7 901 kg/m^3
摩尔体积：	19.90×10^{-6} m^3 / mol
熔点：	1 312 ℃
沸点：	3 273 ℃
晶体结构：	六方晶系

65 铽 Tb

铽单质的外观与其他镧系元素（尤其是铈）十分相似，它是一种非常柔软且具有较好的延展性和可塑性的金属。铽存在于铈硅石、硅铍钇矿、独居石、磷钇矿和黑稀金矿中。氧化铽是荧光灯管和电视中的绿色磷光体的主要成分。铽这种金属比较稀缺，价格较为昂贵，因而很少出现在市场上和工业领域。它的为数不多的工业用途是作为某些合金的成分，但含量极低。

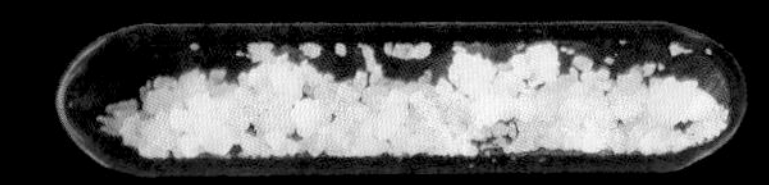

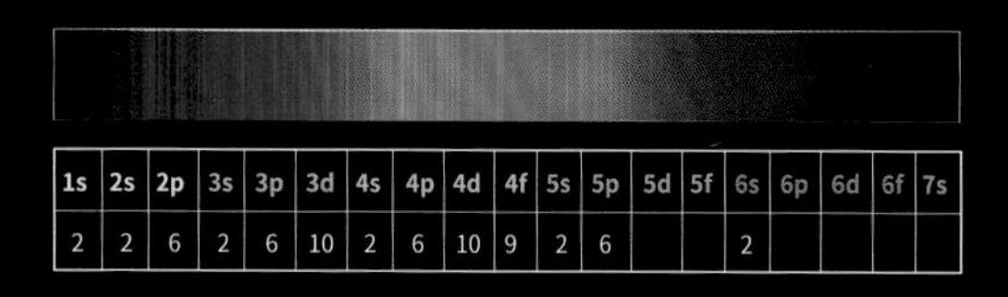

1s	2s	2p	3s	3p	3d	4s	4p	4d	4f	5s	5p	5d	5f	6s	6p	6d	6f	7s
2	2	6	2	6	10	2	6	10	9	2	6			2				

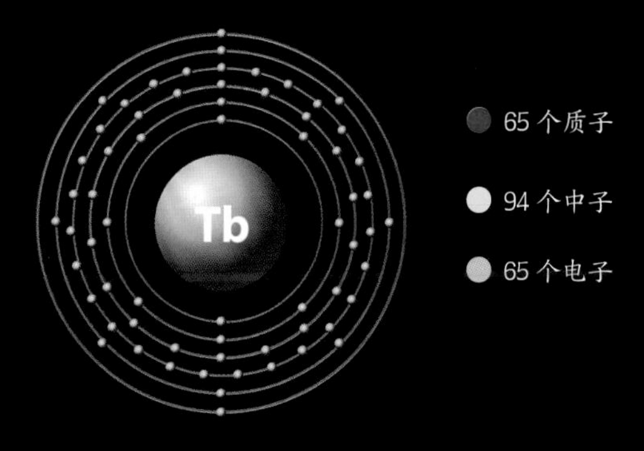

铽的属性

原子质量：	158.925 u
原子半径：	177 pm
密度：	8 219 kg/m^3
摩尔体积：	19.3×10^{-6} m^3 / mol
熔点：	1 356 ℃
沸点：	3 230 ℃
晶体结构：	六方晶系

66 镝 Dy

镝单质的性质与其他镧系元素相同：银色、有光泽、柔软、性质稳定、与水接触时会迅速发生反应、浸入酸中后很容易被溶解。镝与钒一起构成了激光加工中非常重要的材料。核反应堆控制棒的水泥中通常含有氧化镍和氧化镝，因为含有此成分的水泥对中子辐射具有很强的抵抗力。激光唱片中也含有少量镝元素。

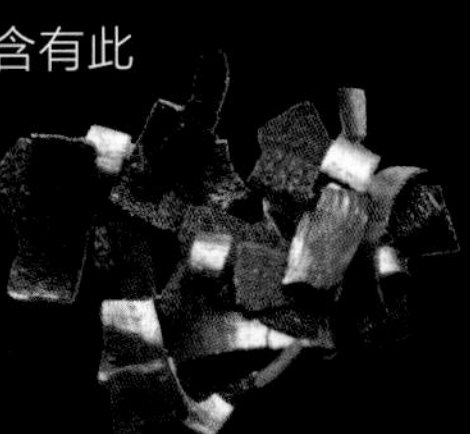

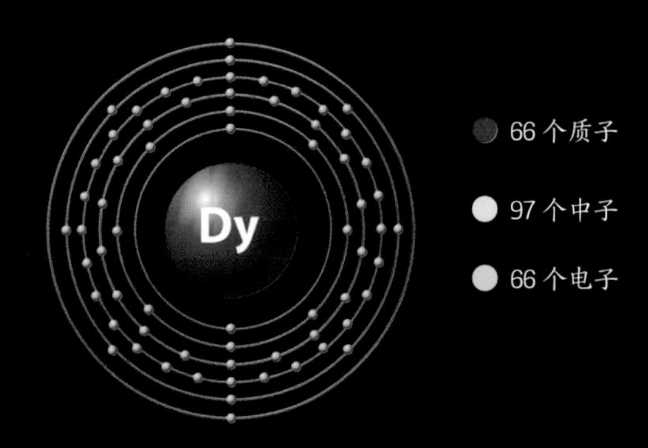

1s	2s	2p	3s	3p	3d	4s	4p	4d	4f	5s	5p	5d	5f	6s	6p	6d	6f	7s
2	2	6	2	6	10	2	6	10	10	2	6			2				

镝的属性	
原子质量：	162.50 u
原子半径：	175 pm
密度：	8 551 kg/m^3
摩尔体积：	19.01 × 10^{-6} m^3 / mol
熔点：	1 407 ℃
沸点：	2 567 ℃
晶体结构：	六方晶系

67 钬 Ho

钬单质是银白色金属，有光泽、柔软、可延展。钬的一个特殊的物理性质使我们易于将它和其他镧系元素区分开来，即钬作用于电流之上的磁力是所有元素中最强的。因此，某些由钬和钇构成的化合物具有很强的磁性。世界上最大的人工磁场 都含有钬元素。钬还可以与镧、钇和铁一起制成微波激光器。

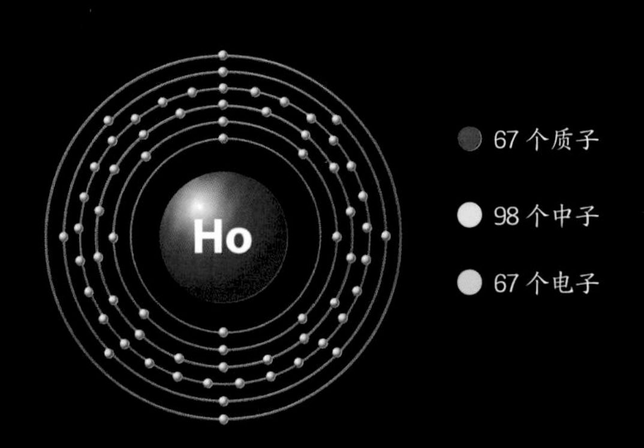

1s	2s	2p	3s	3p	3d	4s	4p	4d	4f	5s	5p	5d	5f	6s	6p	6d	6f	7s
2	2	6	2	6	10	2	6	10	11	2	6			2				

钬的属性	
原子质量：	164.930 u
原子半径：	174.3 pm
密度：	8 797 kg/m^3
摩尔体积：	18.75 × 10^{-6} m^3 / mol
熔点：	1 474 ℃
沸点：	2 700 ℃
晶体结构：	六方晶系

68 铒 Er

铒是镧系元素中抗氧化性最强的元素之一，具有镧系元素的典型外观。铒能够抵抗动态力，因此被用作合金的添加剂。和其他镧系元素一样，铒也可以用来吸收中子。氧化铒呈粉红色，可以用于制造玻璃、珐琅、太阳镜镜片和人造珠宝。

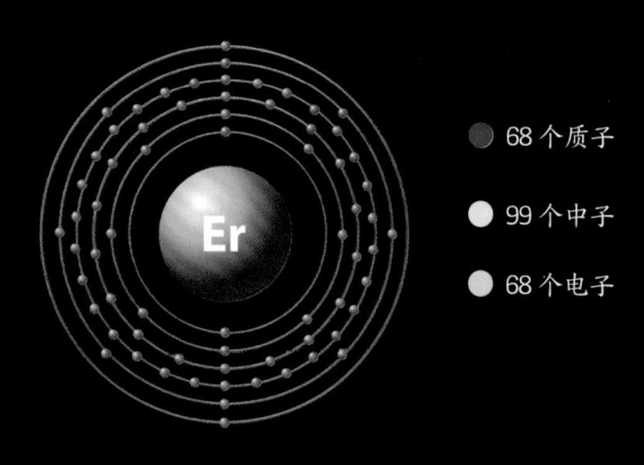

1s	2s	2p	3s	3p	3d	4s	4p	4d	4f	5s	5p	5d	5f	6s	6p	6d	6f	7s
2	2	6	2	6	10	2	6	10	7	12	2	6		2				

铒的属性

原子质量：	167.259 u
原子半径：	176 pm
密度：	9 066 kg/m^3
摩尔体积：	18.44×10^{-6} m^3 / bmol
熔点：	1 529 ℃
沸点：	2 868 ℃
晶体结构：	六方晶系

69 铥 Tm

铥同样具有镧系元素的典型外观和柔软度，而且是镧系元素中最稀有的，主要是从含有独居石（其中通常也含有其他镧系元素）的河砂中提取出来的。由于铥价格昂贵，十分稀缺，且提取难度较大，因此并未广泛应用，尽管近年来出现的一些新技术使铥的产量有所增长。

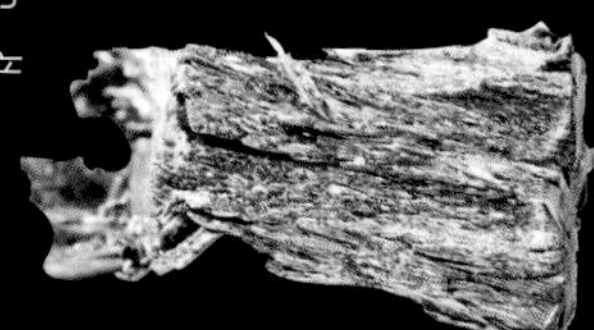

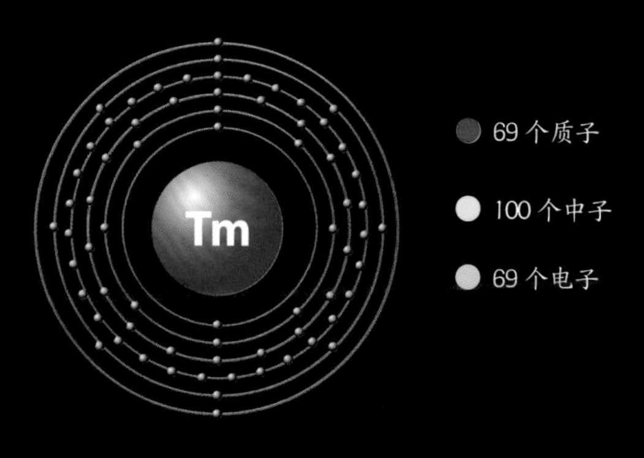

1s	2s	2p	3s	3p	3d	4s	4p	4d	4f	5s	5p	5d	5f	6s	6p	6d	6f	7s
2	2	6	2	6	10	2	6	10	13	2	6			2				

铥的属性

原子质量：	168.934 u
原子半径：	176 pm
密度：	9 321 kg/m^3
摩尔体积：	1.91×10^{-5} m^3 / mol
熔点：	1 545 ℃
沸点：	1 950 ℃
晶体结构：	六方晶系

化学史

化学的黄金时代——启蒙运动

18 世纪的化学延续了 17 世纪的化学的一个鲜明特征，即研究方法上的双重性。双重性中的一种是定性的（研究大体上以物质的特征为基础，如味道、颜色或坚固性），另一种是哲思性的（植根于普遍的思想体系，希望从实验中提取更多的形而上学的意义）。然而我们不应该忘记的是几个世纪的经验实践和纯理论研究带来了丰富的精神遗产，第一批真正的科学成果也即将由此诞生。

▲ 图为著名画家雅克－路易·大卫（Jacques-Louis David）为拉瓦锡夫妇绘制的画像。拉瓦锡为现代化学奠定了基础。他最重要的成就包括：发现了空气在燃烧和呼吸中的作用；成功分离出氢气和氧气；推翻了施塔尔的燃素理论。由于拉瓦锡是君主制的拥护者，最终在雅各宾派恐怖统治的最后阶段被送上了断头台。

正如我们前面曾提到过的，18 世纪是气体化学的黄金时代。从格奥尔格·恩斯特·施塔尔（Georg Ernst Stahl, 1660—1734）关于燃素的假设出发，人们最终得出了一些更现代的假设，拉瓦锡阐明了质量守恒定律，该定律成为现代化学在实践领域中的第一条原则。在之前的几百年间，亚里士多德的四元素（土、水、气和火）说逐渐消失，取而代之的是与之前完全不同的、全新的概念体系，从现代意义上讲，该体系最终还是由拉瓦锡于 1789 年完成的。

GEORGII ERNESTI STAHLII
OPUSCULUM
CHYMICO-PHYSICO-MEDICUM,
SEU
SCHEDIASMATUM
A PLURIBUS ANNIS VARIIS OCCASIONIBUS
IN PUBLICUM EMISSORUM NUNC QUADANTENUS
ETIAM AUCTORUM ET DEFICIENTIBUS PASSIM
FASCICULUS
PRÆFATIONIS LOCO
AUTHORIS EPISTOLA
Ad Tit. DN. MICHAELEM ALBERTI

▲ 身为医生的格奥尔格·恩斯特·施塔尔的著作和理论是 18 世纪化学家们讨论的焦点，尤其是在与气体相关的领域。实际上，在拉瓦锡提出质量守恒定律之前，化学一直是以施塔尔的燃素理论为基础的，该理论认为分子内部有固定的燃素，该燃素在燃烧过程中会通过物质而被释放。

▶ 化学家约瑟夫·路易斯·普鲁斯特于1799年阐明了定比定律。该定律指出，某种特定化合物内部所含的各种元素之间的比例始终保持不变。然而，不久后人们就发现该定律并不适用于所有化合物。

▲ 苏格兰化学家、医生约瑟夫·布莱克（Joseph Black，1728—1799）不仅定义了比热和潜热两个概念，还发现了二氧化碳。他的著名蒸汽实验是在詹姆斯·瓦特（James Watt，1736—1819）的帮助下进行的。

▼ 苏格兰人亨利·卡文迪许是另一位化学和物理学（尤其是静电学方向）领域的奠基者，他率先分离出了氢气，还确定了水的成分。在获得引力常量的精确测量值之后，他借助自己发明的实验仪器成为第一个测量地球平均密度的人。

▼ 下图还原了拉瓦锡的实验室，我们可以在其中看到前文中提到的拉瓦锡夫妇的画像，这幅画现在在维也纳自然史博物馆和巴黎工艺美术博物馆中展出。拉瓦锡的化学是一门严谨的定量科学，由于大量使用高精度仪器，因此称重和计量都做到了最大限度的准确。他使用过的很多精密仪器都能在图中看到，其中大多数被用在了他的气体实验中。气体实验的结果一经产生，施塔尔的带有神秘哲学气息的古老推测，以及模糊不清的燃素理论便一起退出了历史舞台。

70 镱 Yb

镱是一种金属元素，属于镧系，通常情况下与钇有关联。镱有 3 种同素异形体，其中的 β 型是性能良好的电导体，少量添加到不锈钢中可以提高材料强度。镱合金经常被用于牙科手术中。由于在镱的光谱中黄色发射谱线的频率较为稳定，因此该元素可以用来制造精度极高的原子钟。镱的化学性质不是特别活泼，但在与空气接触后会发生明显的反应，因而建议将其储存在密闭容器中。很多含镱的化合物会刺激皮肤和黏膜。另外，人们还怀疑镱可能具有致癌性。

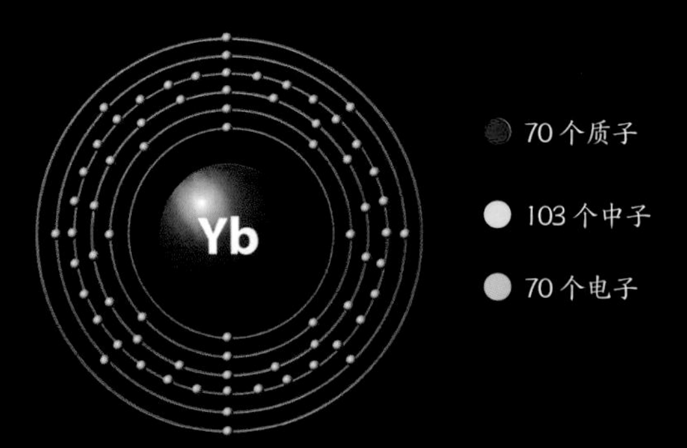

镱的属性	
原子质量：	173.04 u
原子半径：	176 pm
密度：	6 965 kg/m^3
摩尔体积：	2.484×10^{-5} m^3 / mol
熔点：	824 ℃
沸点：	1 194 ℃
晶体结构：	面心立方

▲ 镱单质是一种柔软、有光泽的银灰色金属，具有很好的延展性和可塑性，与空气接触后会氧化。金属镱在自然界中不以游离态存在，只存在于硅铍钇矿和独居石等矿物中。

▶ 在各种固态激光器中，由掺杂着镱的玻璃制成的装置（光纤激光器）具有较高的性能，这些装置还可用于工业、医学和科学领域中，在切削、焊接以及打标等材料处理中尤为有效。

▼ 2016 年，美国国家标准与技术研究院（NIST）的研究人员以镱原子为基础制作了一对原子钟，它们显示出了前所未有的稳定性。

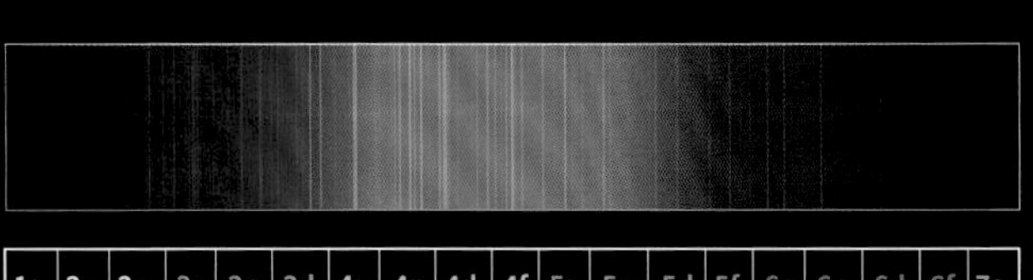

1s	2s	2p	3s	3p	3d	4s	4p	4d	4f	5s	5p	5d	5f	6s	6p	6d	6f	7s
2	2	6	2	6	10	2	6	10	14	2	6			2				

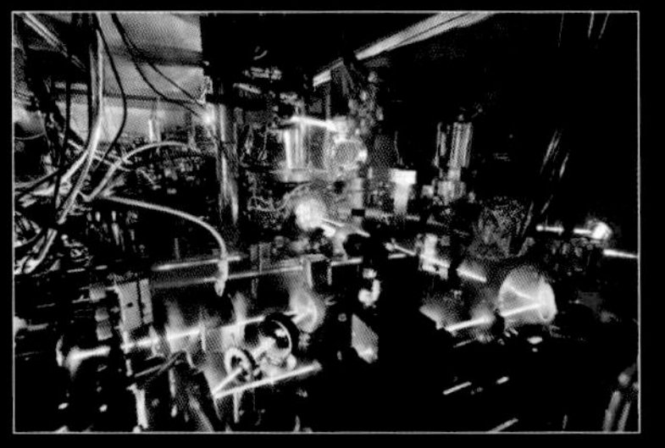

71 镥 Lu

镥是元素周期表中排在最后的镧系元素，镥金属耐腐蚀，与空气接触后也不会发生反应。镥在商业和工业领域的应用相对较少，主要是由于这种元素比较稀缺，成本很高（镥目前的价值超过黄金的6倍）。镥的主要用途是充当催化剂，并可在氢化和聚合过程中发挥作用。镥具有轻微的毒性，因此接触该元素及其化合物时必须做好防护。

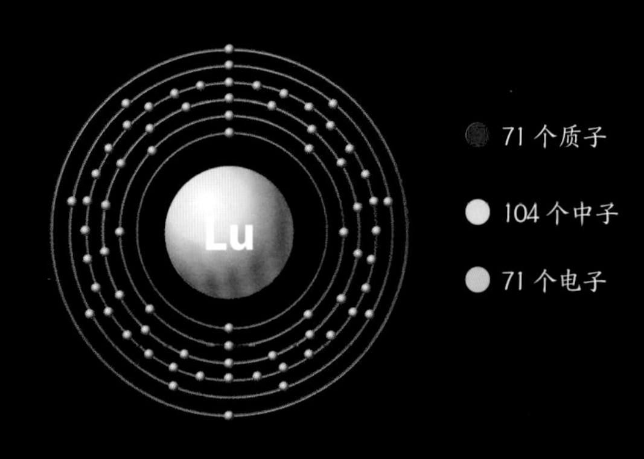

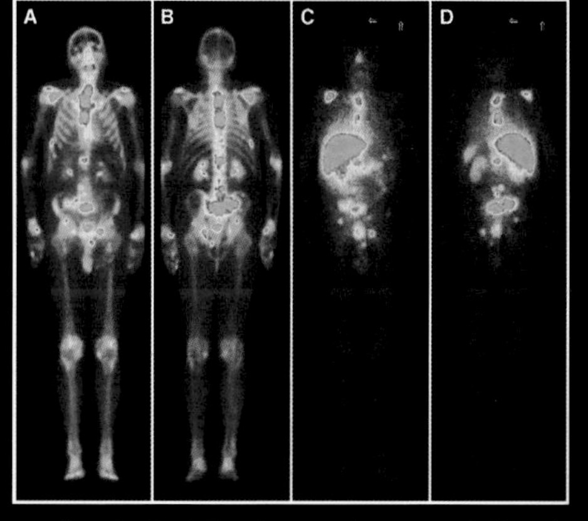

▲ 由于极为稀有且提取困难（因而非常昂贵），镥的实际应用较少。它的最主要的一种用途是在针对肠道肿瘤的药物治疗中发挥作用，其同位素镥-177在肿瘤晚期及无法手术的情况下是最佳的放射性药物。

▲ 镥单质是一种银白色金属，是镧系元素中最重的元素。它非常耐腐蚀，与空气接触后性质保持稳定。在化学周期表的92种自然元素中，镥是最稀有且最难从稀土（镥总是与其密切相关）中分离出来的元素。

镥的属性

原子质量：	174.967 u
原子半径：	175 pm
密度：	9 841 kg/m^3
摩尔体积：	1.778×10^{-5}m^3 / mol
熔点：	1 652 ℃
沸点：	3 402 ℃
晶体结构：	六方晶系

1s	2s	2p	3s	3p	3d	4s	4p	4d	4f	5s	5p	5d	5f	6s	6p	6d	6f	7s
2	2	6	2	6	10	2	6	10	14	2	6	1		2				

72 铪 Hf

铪是一种过渡金属，存在于钠长石、钪钇石和锆石等矿物中。铪通常与锆共存，化学性质也与之相似，两种元素很难彼此分离，也很难被区分开，但人们发现铪的密度更大一些。铪有两个主要特征：一是具有超强的抗腐蚀性，二是拥有较高的中子吸收能力。铪可以用来制造白炽灯和等离子切割电极，还可以与铁、钛、铌和钽一同制成合金。

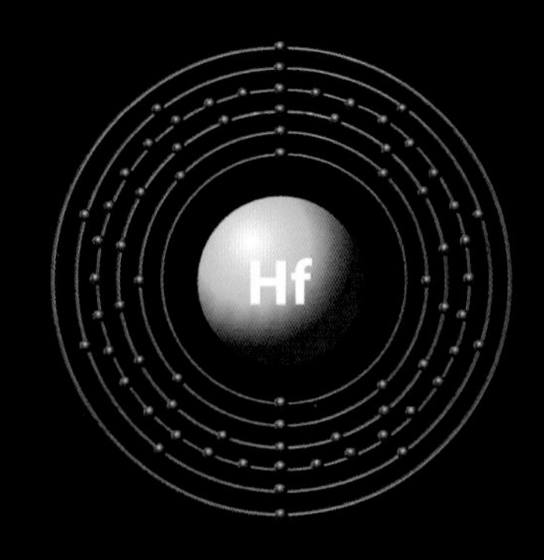

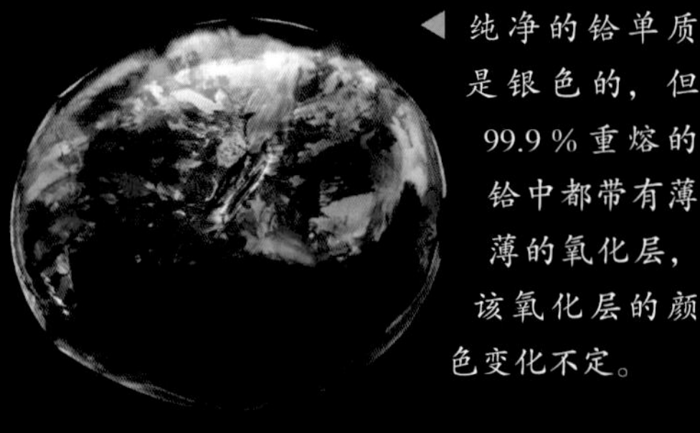

◀ 纯净的铪单质是银色的，但99.9 % 重熔的铪中都带有薄薄的氧化层，该氧化层的颜色变化不定。

铪的属性

原子质量：	178.49 u
原子半径：	172 pm
密度：	13 310 kg/m^3
摩尔体积：	1.344×10^{-5} m^3 / mol
熔点：	2 233 ℃
沸点：	4 603 ℃
晶体结构：	六方晶系

▶ 在核反应堆中，铪能吸收的高能中子比锆多600倍，同时可保证自身不发生裂变，因此这些反应堆内的控制棒含有铪。铪有两个基本特征——机械强度较高和很强的耐腐蚀性，铪的这两个性能比硼和镉更优秀。

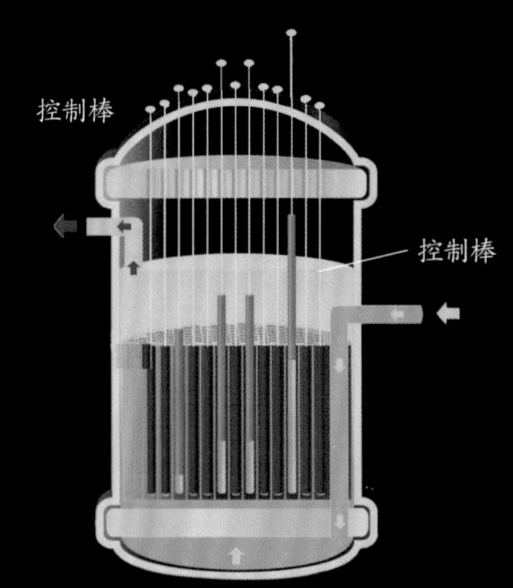

▼ 等离子切割机是一种能够切割钢和其他金属的机器，其电极由含铪的材料制成，这种材料可以使其放出电子的状态达到最佳。电极和要加工的材料之间会形成电弧，电弧由该电极发出；同样也正是这个电极将来自喷嘴的气体转换为等离子体。

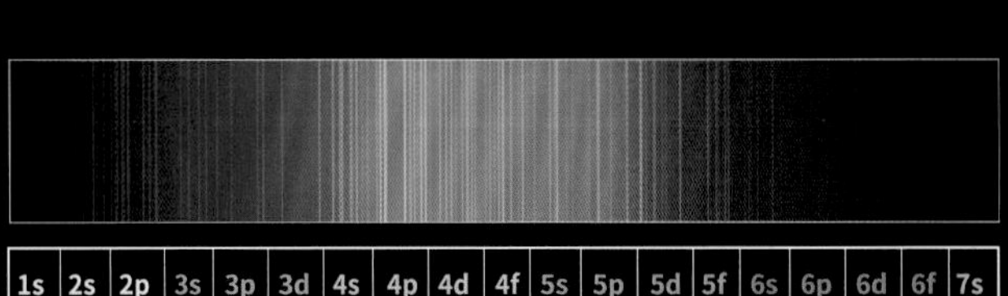

1s	2s	2p	3s	3p	3d	4s	4p	4d	4f	5s	5p	5d	5f	6s	6p	6d	6f	7s
2	2	6	2	6	10	2	6	10	14	2	6	2		2				

73 钽 Ta

钽是一种过渡金属，具有良好的导热性和导电性。钽在地壳中的含量不高，存在于钽铁矿、黑稀金矿和钶钽铁矿中。提取钽是一项费力的工程，但它的良好性能具有很高的商业价值。由于具有良好的电凝固能力，许多便携式电子设备都会用含钽的材料。由于熔点较高且极耐损耗，钽经常被制成合金，其中也包括用于航空领域的超级合金。钽很难发生化学反应，因此很适合制造外科器械。另外，钽还具有很高的折射率，很适合做成照相机镜头。

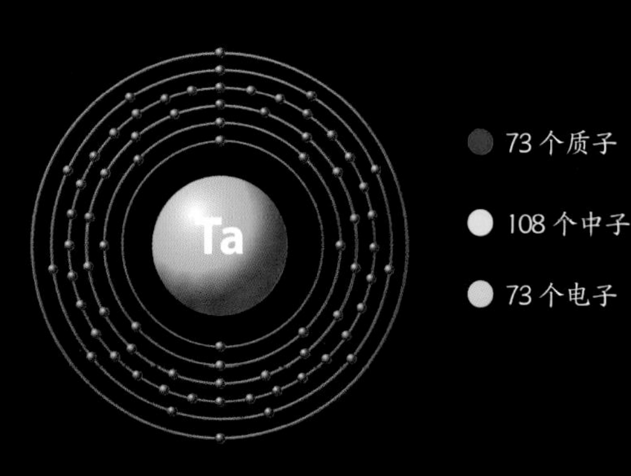

▲ 钽呈蓝灰色，具有金属光泽，质地坚硬，易延展，既耐一般的腐蚀，也耐酸的腐蚀。

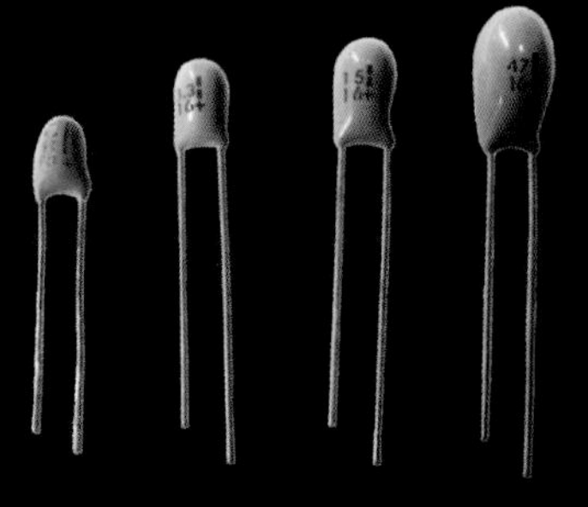

▲ 电子设备（如电话、笔记本电脑和便携式数码摄像机）内部的电容器通常由钽制成，因为它能够确保容量和尺寸之间的比例达到最佳，从而制造出微型组件。

◀ 用在膝盖、臀部和肩膀的假肢通常由含钽材料制成。钽的耐腐蚀性能优秀，还能抑制细菌繁殖，使骨整合达到良好的效果。

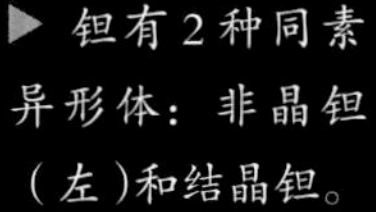

▶ 钽有 2 种同素异形体：非晶钽（左）和结晶钽。

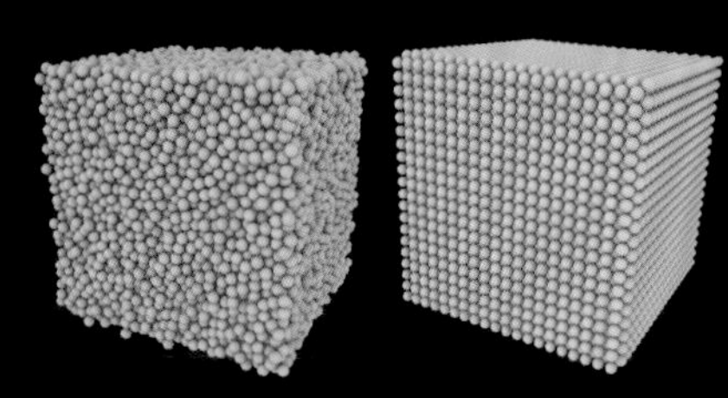

钽的属性

原子质量：	180.948 u
原子半径：	145 pm
密度：	16 650 kg/m^3
摩尔体积：	1.085×10^{-5} m^3 / mol
熔点：	3 017 ℃
沸点：	5 458 ℃
晶体结构：	体心立方

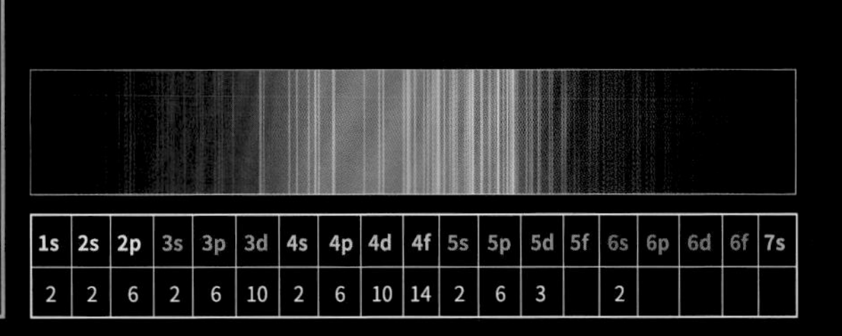

1s	2s	2p	3s	3p	3d	4s	4p	4d	4f	5s	5p	5d	5f	6s	6p	6d	6f	7s
2	2	6	2	6	10	2	6	10	14	2	6	3		2				

分子

碳氢化合物

碳氢化合物是由碳原子和氢原子构成的有机化合物，特别适合用作燃料。它们在自然界中有多种不同的存在方式，但绝大部分来自化石。

▲ 石油是使用最广泛的能源，自19世纪下半叶以来一直被大量开采。石油是一种复杂的乳状液体，由碳氢化合物构成，主要成分是烷烃和环烷烃，以及少量其他物质。图中展示的是一个抽油机，当矿层中的油没有受到压力而无法自发地流出地面时，需要安装这种机器。像图中这种情况，一个抽油机就足够了。

甲烷是结构最简单的碳氢化合物，于18世纪下半叶第一次被分离出来，并从20世纪开始被广泛当作能源使用。

石油是一种烃类混合物，是汽油、煤油、柴油、沥青和塑料合成原料的重要来源，其工业用途可追溯至19世纪中叶。石油的应用推动了当代社会和经济的蓬勃发展，但这种日益稀缺的资源同时也给环境的可持续性带来了严重问题：石油衍生品（石油燃烧的生成物）的生物可降解性较低，一旦泄漏到海洋中将造成极严重的污染。

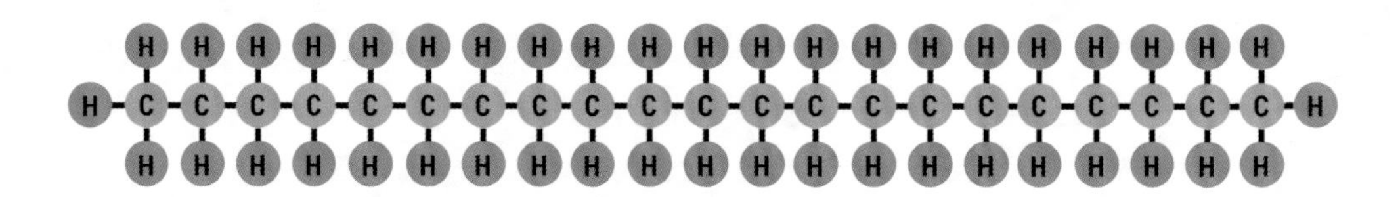

$C_{21}H_{44}$

▲ 石油中含有二十一烷（一种直链或线性链烷烃）。二十一烷是一种晶体类固体，存在于从底土中提取出的混合物溶液中，是烷烃（仅由碳原子和氢原子构成的有机化合物）中的一种。

◀ 石蜡是从石油中获得的蜡质固体，由多种烷烃组成，每种烷烃分子至少拥有20个碳原子。石蜡很少与其他物质发生反应。它在多个工业领域都有应用，包括化妆品和食品行业（用于食品的保存）。烷烃中氢、碳原子数之间的比例可以用下面的方程式表示（n为变量）：

$$C_nH_{2n+2}$$

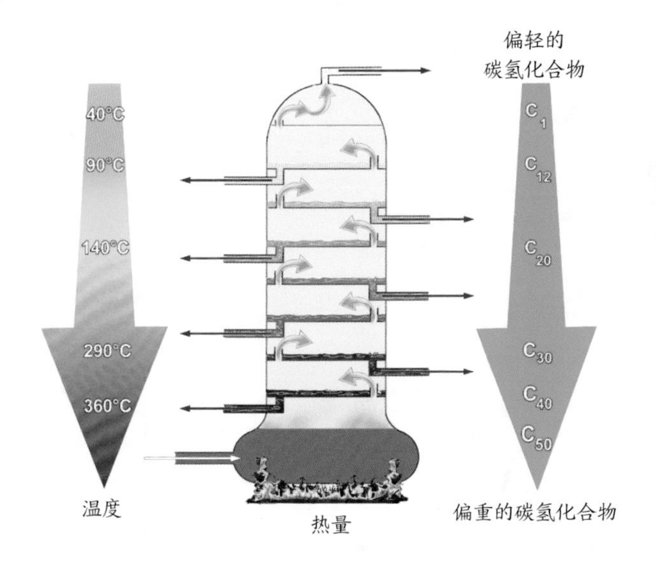

▲ 分子越小，将液体转变为气体所需的能量就越少，分馏过程正是基于此原理。这一关系在图中展示得非常清楚：我们能在底部找到较重的碳氢化合物，与质量更轻的碳氢化合物相比，它们需要的能量要多得多。红色箭头表示的是分馏过程的产物：从两个最高层级中获得的是车用 LPG（液化石油气）和柴油，从最低处获得的是用来铺路的沥青。

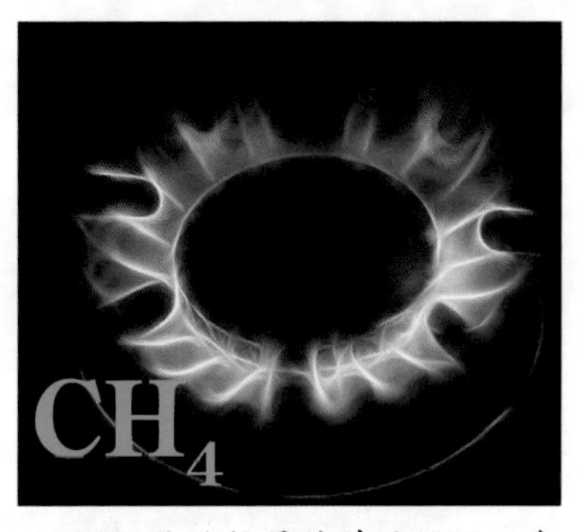

▲ 甲烷是结构最简单的烷烃。在自然界中，甲烷以气体的形式存在，主要位于底土中。甲烷由亚历山德罗·沃尔塔于 18 世纪 70 年代首次检测到，于 20 世纪 60 年代开始被广泛投入使用，这主要是由于城市热网服务的普及。

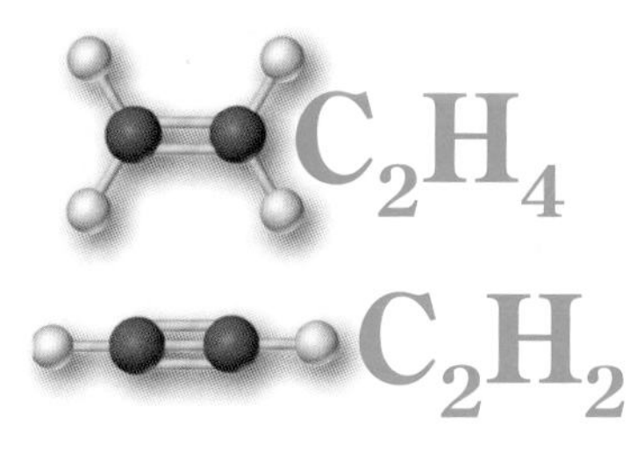

◀ 烯烃（最简单的烯烃化合物是乙烯，如左图上方所示）拥有一个碳碳双键，分子式为 C_nH_{2n}，而炔烃（左图下方为最简单的炔烃化合物乙炔）拥有一个碳碳三键，分子式为 $C_nH_{(2n-2)}$。

饱和烃和不饱和烃

烃分为两大类：饱和烃和不饱和烃。饱和烃只有碳碳单键，并且饱和烃又可分为烷烃（具有开环式、直链式或分枝状的链）、脂环烃、环烷烃（具有闭环式的链）、双环烷烃（具有两个相连的环结构）、烷基环烷烃（连接到开环的环结构）。不饱和烃拥有碳碳多键（双键或三键），具体可分为烯烃（开链，只有一个双键）、多烯（具有更多的双键）、环烯烃（环结构，仅有一个双键）、炔烃（开链和一个三键）和环炔烃（环结构和一个三键）。

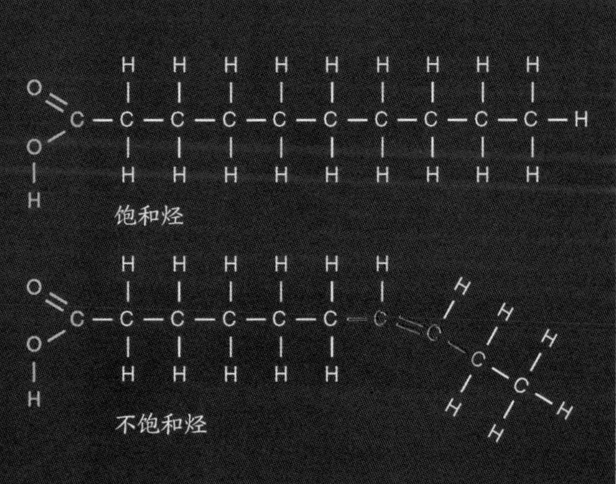

74 钨 W

钨是一种过渡金属元素，存在于黑钨矿和白钨矿等矿物中。钨的最主要特征是具有弹性，各种力施加在它身上，它都能回以相应的反作用力。由于熔点很高，钨经常被用来生产电气设备（电极和热电子阀）以及白炽灯的灯丝。含钨的合金强度高、密度大，常被用在航空航天领域，以及用于生产重型武器、枪支弹药、涡轮叶片和钢制器具。和铅相比，钨能更好地阻隔辐射，污染性更小，也更易于加工，因此它被用来制造保护装置。钨对人体并不是完全无害的，大量摄入会导致癫痫 发作和肾衰竭。

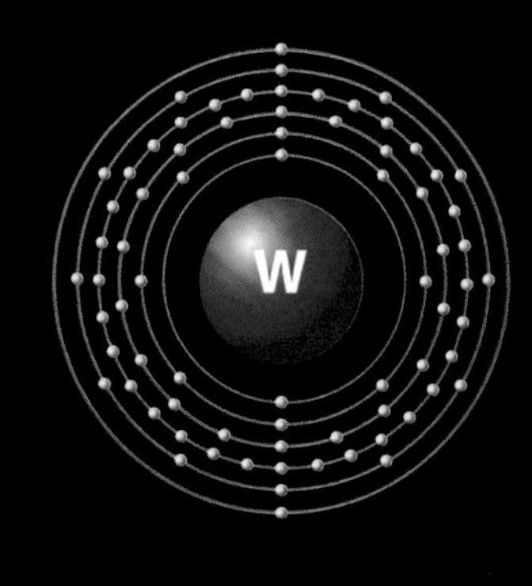

74 个质子

110 个中子

74 个电子

钨的属性

原子质量：	183.84 u
原子半径：	135 pm
密度：	19 250 kg/m^3
摩尔体积：	9.47×10^{-6} m^3 / mol
熔点：	3 422 ℃
沸点：	5 555 ℃
晶体结构：	体心立方

▲ 游离态的钨是一种非常坚硬的金属，呈深浅各异的灰色。它的耐腐蚀性极强，与空气接触后还能在表面形成薄薄的氧化保护层。

▶ TIG 焊（Tungsten Inert Gas Welding，非熔化极惰性气体钨极保护焊）是一种高质量的电弧焊工艺，其非熔化的钨制电极受到惰性气体（氩气或氦气）的保护。TIG 焊主要用于飞机零部件的生产。

▶ 动能穿甲弹是一种类似于炮弹的弹药，依靠动能穿透目标装甲。该装置中不含任何种类的炸药，但能通过发射后的速度（达到近 2000 米 / 秒）获得能量。它的芯部由钨制成，尖部由碳化钨制成。

1s	2s	2p	3s	3p	3d	4s	4p	4d	4f	5s	5p	5d	5f	6s	6p	6d	6f	7s
2	2	6	2	6	10	2	6	10	14	2	6	4		2				

75 铼 Re

铼是自然界中非常稀有的一种过渡金属（也是最后被发现的过渡金属元素），主要从硫化铜矿石和钼矿焙烧后产生的残渣中提取。铼是熔点最高、密度最大的元素之一，在冶金工业中被用作耐高温合金的组成成分。铼也被用作催化剂，以及用于生产电子设备、热电偶和照相机闪光灯。

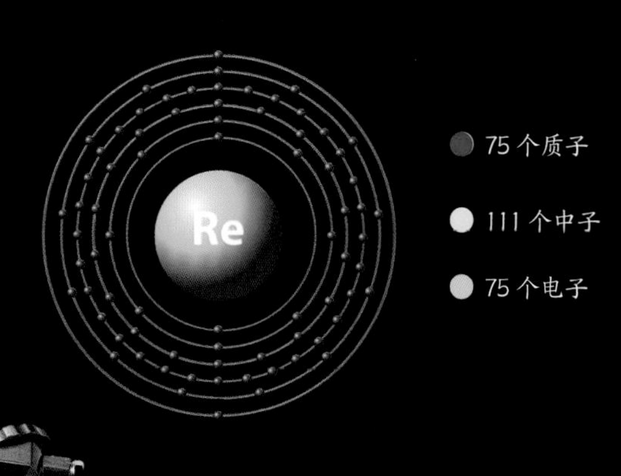

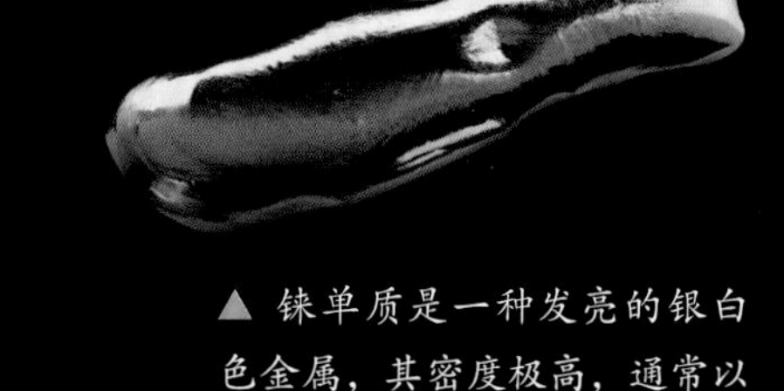

▲ 铼单质是一种发亮的银白色金属，其密度极高，通常以粉末形式出售，然后会在真空中被压实。

▲ 普惠公司研发的 F100 是一种涡轮风扇发动机，用在 F-15 和 F-16 战斗机上。它是由耐高温的铼基超级合金制成的。

▲ 利用热电效应，铼能在多种热电偶中测量极高的温度以及离散误差。它测量的温度可高达 2 200 ℃。

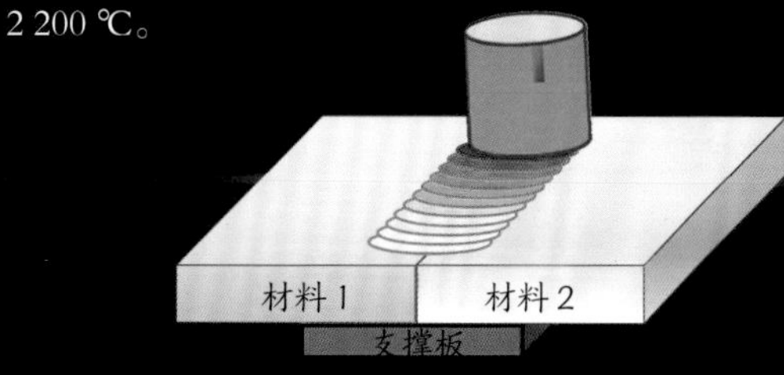

▲ 搅拌摩擦焊（FSW）能在材料未达到熔点的情况下对其进行焊接，并被用来生产铝合金。FSW 的主要部件由铼基合金制成。

铼的属性	
原子质量：	186.207 u
原子半径：	135 pm
密度：	21 020 kg/m^3
摩尔体积：	8.86×10^{-6} m^3 / mol
熔点：	3 186 ℃
沸点：	5 596 ℃
晶体结构：	六方晶系

1s	2s	2p	3s	3p	3d	4s	4p	4d	4f	5s	5p	5d	5f	6s	6p	6d	6f	7s
2	2	6	2	6	10	2	6	10	14	2	6	5		2				

76　锇 Os

锇单质是一种熔点高、密度大的金属。被提取出来的锇多为粉末状，与空气发生反应后生成四氧化锇——一种剧毒化合物，这解释了为什么我们不单独使用纯锇，而是将它与其他金属一起形成高强度、高硬度的合金。锇合金可以延长一些小物件的使用寿命，使这些小物件可大量、重复使用，如钢笔的笔尖或电唱机的针头。锇铂合金是制造心脏起搏器和肺动脉瓣的适宜材料。

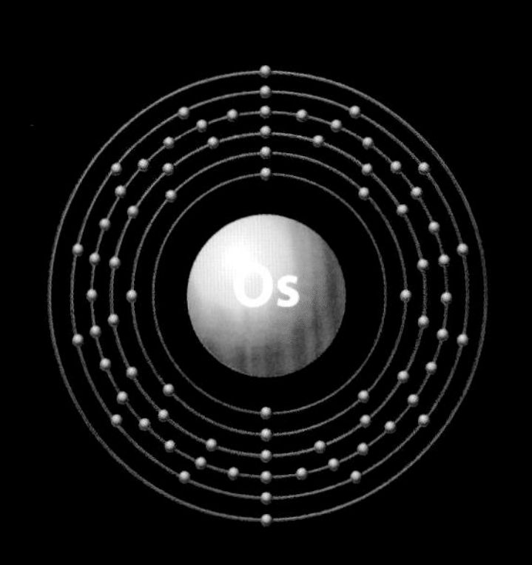

76 个质子

114 个中子

76 个电子

锇的属性

原子质量：	190.23 u
原子半径：	130 pm
密度：	22 661 kg/m³
摩尔体积：	8.42×10^{-6} m³ / mol
熔点：	3 033 ℃
沸点：	5 012 ℃
晶体结构：	六方晶系

▶ 锇单质是一种坚硬易碎的蓝灰色金属，有非常亮的金属光泽，密度极高。锇元素是元素周期表中最重的元素，它存在于天然铱锇矿和富含铂的河砂中。

▲ 钢笔笔尖的使用寿命取决于制作它的金属的强度和硬度。铱锇合金尤其适合制作笔尖，能够使笔尖保持良好的状态，即使与纸张摩擦数千米后书写质量依然如初。

◀ 锇是世界上最贵重的金属之一，通常与铂形成合金。

◀ 四氧化锇虽然有毒，但还是会经常用于提取指纹。由于有二氧化锇的存在（会使四氧化锇呈现黄色），四氧化锇就可以利用自己的结构和颜色如实地再现手指的指纹。

1s	2s	2p	3s	3p	3d	4s	4p	4d	4f	5s	5p	5d	5f	6s	6p	6d	6f	7s
2	2	6	2	6	10	2	6	10	14	2	6	6		2				

77 铱 Ir

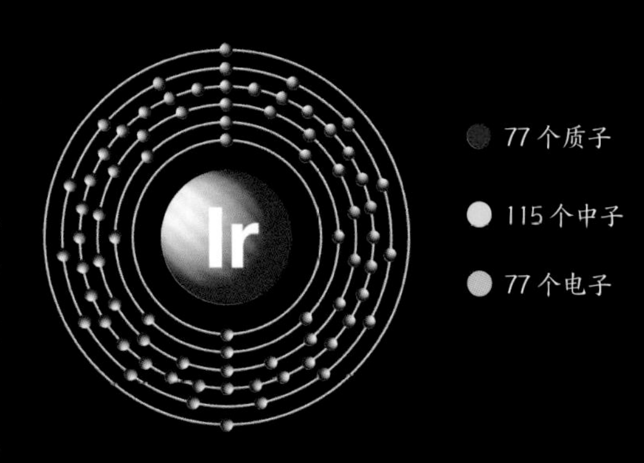

含有铱（iridio, iris 在古罗马是彩虹的意思）元素的盐呈各种不同的色调，这也是该元素最特别的特征之一。铱在地壳中含量稀少，在陨石和小行星中含量丰富。人们检测到铱在某一地质地层（属于白垩纪和第三纪之间的中间阶段）中的含量较为集中，这似乎意味着铱的存在以及该地层中化石痕迹接连而迅速的消失，都是小行星与地球撞击的结果。这样的撞击还导致包括恐龙在内的许多生物灭绝。

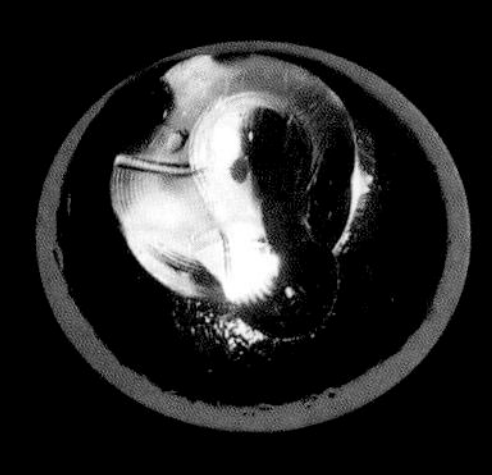

◀ 少量的铱正在经受高温加热，这是对其进行塑形的必要条件。

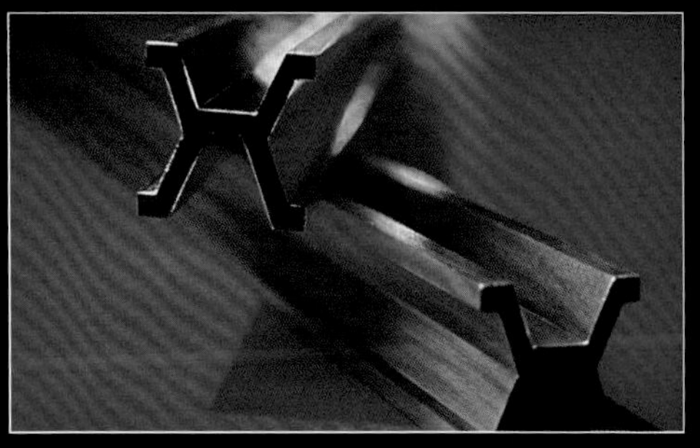

▲ 1889—1960 年，“米”这一度量单位一直是由国际米原器来界定的，该仪器如今被保存在巴黎附近的塞夫尔市。该测量仪器由铂铱合金制成，上面有两条刻度线。

▶ 金属铱也是一种非常脆的银白色金属，同时它的硬度很高，是最耐腐蚀的金属之一，就连酸和王水都无法腐蚀它。纯净态的铱不容易加工。

◀ OLED（Organic Light Emitting Diode）是一种有机发光二极管，可以制造出发光的彩色屏幕。其中的有机材料通常是一种电致发光聚合物，里面掺杂着电致磷光材料，其中的铱配合物负责发射红光。

铱的属性

原子质量：	192.217 u
原子半径：	135 pm
密度：	22 650 kg/m^3
摩尔体积：	8.52 × 10^{-6}m^3 / mol
熔点：	2 466 ℃
沸点：	4 428 ℃
晶体结构：	面心立方

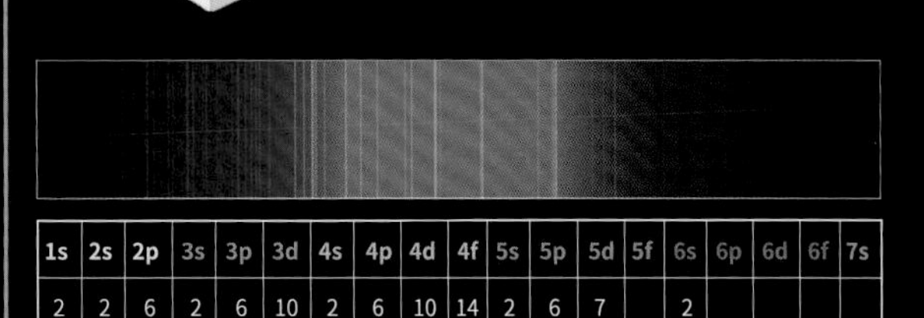

1s	2s	2p	3s	3p	3d	4s	4p	4d	4f	5s	5p	5d	5f	6s	6p	6d	6f	7s
2	2	6	2	6	10	2	6	10	14	2	6	7		2				

分子

聚合物和高分子

▼ 聚合物的基本单元称为重复单元。每条聚合物链中的重复单元可达数百个，以同一种键相互连接成链。纤维素和棉纤维都是天然聚合物，它们的重复单元可以达到数千个。

体积巨大且结构复杂的分子被称为大分子。当大分子与体积较小、结构简单的分子结合时，还可以形成更复杂的基团——单体，单体聚在一起会形成聚合物，其结构就是由上述基本单元不断重复而形成的。

自然界中存在很多种聚合物（如激素、酰胺、纤维素、角蛋白、核酸等），我们也可以人工合成这些聚合物，创造出兼具革新性和实用性的工业及商用材料（如尼龙、特氟龙、聚乙烯、石墨烯等）。半结晶聚合物多为质地坚硬的固体，常用于生产塑料。无定形高聚物则为弹性固体，用来生产橡胶和树脂。介于中间状态的为液晶聚合物，由它制成的材料尤其耐高温，如某类树脂。

蛋白质

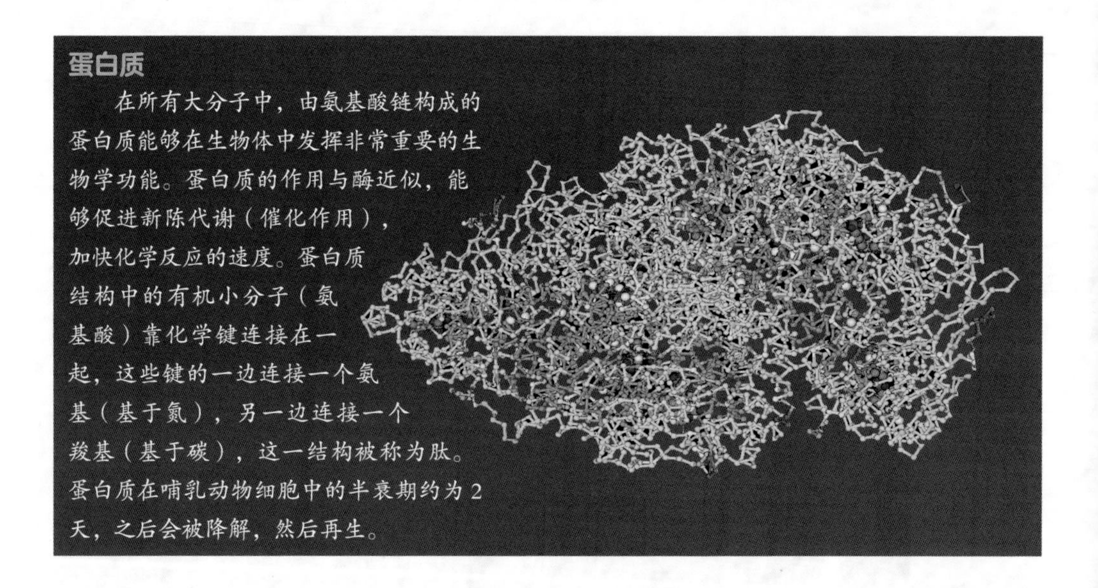

在所有大分子中，由氨基酸链构成的蛋白质能够在生物体中发挥非常重要的生物学功能。蛋白质的作用与酶近似，能够促进新陈代谢（催化作用），加快化学反应的速度。蛋白质结构中的有机小分子（氨基酸）靠化学键连接在一起，这些键的一边连接一个氨基（基于氮），另一边连接一个羧基（基于碳），这一结构被称为肽。蛋白质在哺乳动物细胞中的半衰期约为 2 天，之后会被降解，然后再生。

▲ 石墨烯的六边形蜂巢结构形成了坚固而灵活的碳原子层。这些“蜂巢”是双层的，这使该结构的性能达到了最佳。

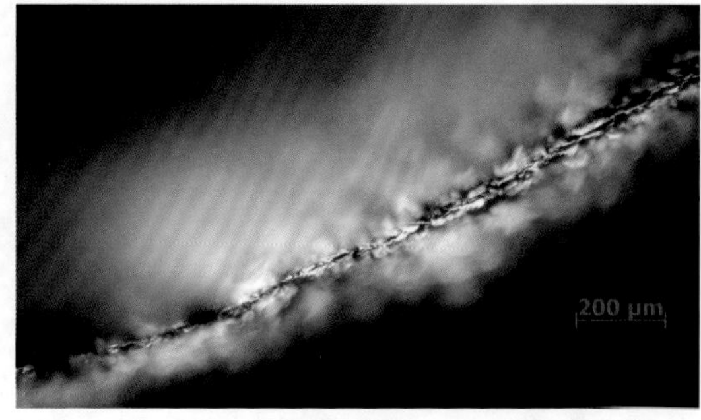

▲ 在放大倍率为100倍的显微镜下观察到的图像再现了聚氨酯膜的结构。聚氨酯是一种聚合物，是合成纤维和清漆的组成部分。

▶ 富勒烯是一种聚合物，其典型的形状有2种：管状和空心球体。由60个碳原子组成的构型（如图所示）是最稳定的。

▼ 纳米复合材料（同样存在于自然界中）是一种固体基质，其化学结构由不同的相构成。这种结构的材料（同样可进行人工合成）所具备的性能是独一无二的，因为每个基本结构的最佳性能都可以传递下去，为已知的构型提供了新的可能性。

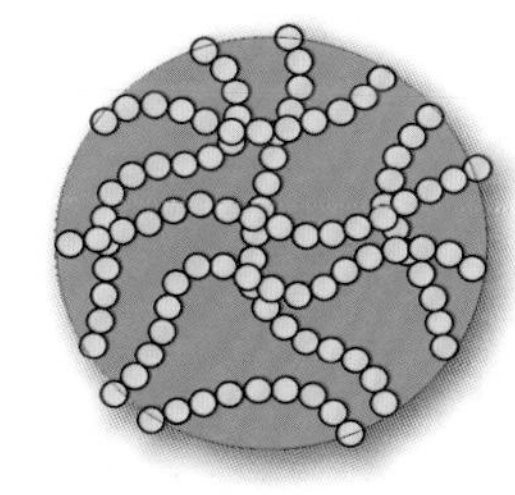

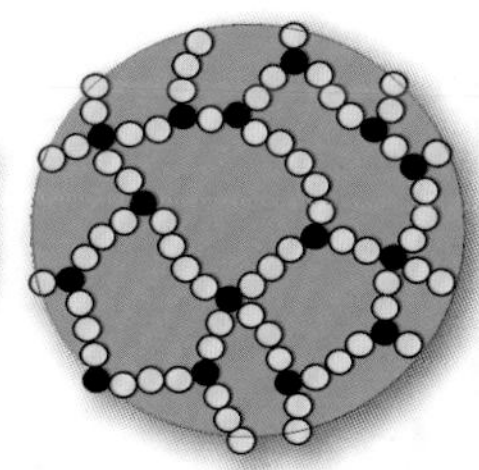

▲ 在聚合物的各种结构中，最常见的2种结构以是否存在交联点（图中黑色部分）作为区分的依据。如果聚合物的分子链中没有分支（左），则称其为线性聚合物，这种聚合物容易受热熔化。相反，如果聚合物的分子链有至少2条不同的路径来连接其分子中的任意2个点，则称其为支化聚合物，这种聚合物容易受热燃烧。

78 铂 Pt

铂单质是一种具有可塑性和延展性的金属，和银很像，很长一段时间内它都被误认为是含有杂质的银，所以过去人们认为它是没什么价值的材料，往往将它随意丢弃。与银相比，铂还具有更强的抗腐蚀性和抗冷凝性。

铂的导电性能非常优秀（铜虽然比铂便宜，但导电性比铂差），因此被应用到最先进的电视显示器中，制造 HDMI（高清晰度多媒体接口）电缆的连接器。铂具有金属光泽，强度高，相对来说比较稀有，因而其最主要的两种商业用途均在珠宝领域。铂在化学工业中用于生产坩埚和催化剂，这主要得益于其耐高温的特性。由于具有较强的延展性和耐磨损性，铂在牙科领域也多有应用。

铂的提取主要通过处理沙子，因为它与其他贵金属（如金）一同混杂在沙子中。得到矿物铂后，借助柠檬酸将其与铁和铜分离，然后用王水溶解。

Pt

78 个质子　117 个中子　78 个电子

◀ 金属铂是一种十分稀有且贵重的过渡金属，呈银白色，有光泽，与银非常相像。与银和黄金一样，铂也特别易于延展。铂的这些特征使它常被用来制造珠宝和其他贵重物品。在自然界中，铂既以游离态存在，同时又存在于铜镍矿中。

铂的属性	
原子质量：	195.078 u
原子半径：	135 pm
密度：	21 450 kg/m^3
摩尔体积：	9.09×10^{-6} m^3 / mol
熔点：	1 768.2 ℃
沸点：	3 825 ℃
晶体结构：	面心立方

◀ 王水是硝酸和盐酸的混合物，可溶解金属铂、金和钯。至少从中世纪开始，王水便是众多炼金术实验的核心。如今王水的用途是检测土壤中是否存在重金属。

1s	2s	2p	3s	3p	3d	4s	4p	4d	4f	5s	5p	5d	5f	6s	6p	6d	6f	7s
2	2	6	2	6	10	2	6	10	14	2	6	9		1				

◀ 与铬和铜一样，铂原子的电子不遵循对元素周期表中大部分元素都适用的规律——向 5*d* 次能级中添入众多电子中的 1 个。实际上，通过实验发现，该次能级中被添入了 2 个电子，同时 6*s* 次能级中的电子少了 1 个。

▲ 与黄金一样，铂金也是无可争议的“贵金属之王”（其地位甚至高于黄金）。在奢侈品生产方面，铂的需求量很高，主要被用来制造结婚戒指或钻戒，这要归功于其强大的耐磨损性。

▼ 沙皇俄国在尼古拉一世统治时期流通的卢布（图为 1829 年的 6 卢布）是由铂制成的，如今它已成为收藏家追捧的对象。过去，铂没有特殊的经济价值，以至于当时的不法之徒常用铂来制造假币以冒充银币。

▲ 根据时间和温度来测量材料样品质量（热重分析法）的大多数仪器是由钢、铂或氧化铝制成的，它们的共同特征是不易发生反应。最新型号的这种仪器上有一个计算机接口系统，用于处理数据（图为 20 世纪 80 年代的测量仪）。

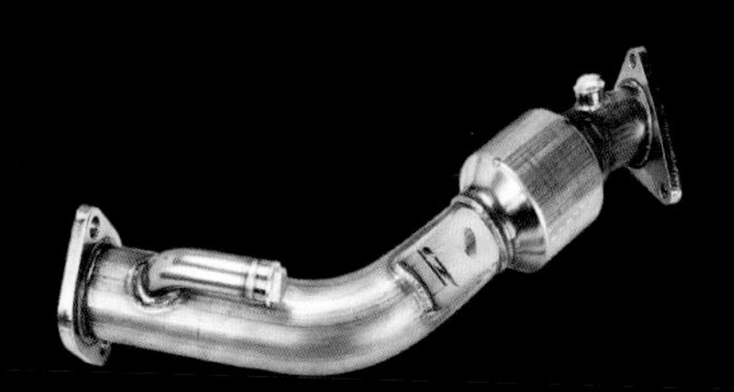

▲ 铂是一种性能极佳的催化剂，尽管价格昂贵，但还是常常被用来制造汽车的催化转换器和消音器。催化转换器可以减少由汽油发动机排放的有害气体。

79 金 Au

黄金这种贵金属自有时间概念以来就一直陪伴着人类。冲突、无法抑制的贪婪和疯狂的搜寻经常因它而起，从莱茵河的黄金到克朗代克淘金热，黄金是一代又一代人追逐的目标，它本身甚至成了一个名副其实的神话。

金在地壳中的分布相当均匀，其原生矿床存在于岩脉或矿层（富含金单质的冲积物）中。纯金太软了，无法加工成珠宝等物品，因此一般与其他金属一起被制成合金，以提升其硬度。较常见的金合金为金与银（白金）、铜（红金）或这两者（形成绿金、金银铜合金、红金或玫瑰金）混合形成的合金。甚至还存在一种蓝金，它是由金和铁组成的合金。

在古代，许多硬币都是用黄金制成的，因为黄金具有较强的耐磨损性，且不易发生化学反应，非常适合制成使用频率较高的物体。通常，金币比银币的价值更高，因为金元素比银元素更稀有。

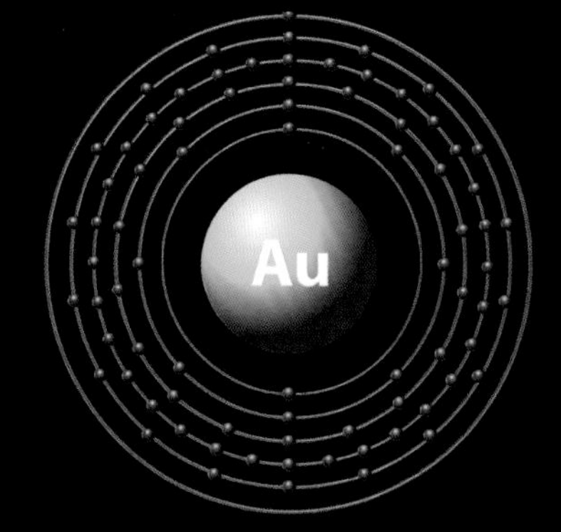

79 个质子　118 个中子　79 个电子

◀ 黄金的颜色是典型的黄色，其延展性和可塑性是所有金属中最好的，它难以与其他元素发生反应，在空气中不会被氧化，也不会因潮湿或受热而受到腐蚀。金在自然界中以游离态存在，也作为合金的组成成分存在。黄金通常以粉末状聚集起来，但也存在较大的碎片，即金块。

▼ 黄金通常以铸锭的形式被存储起来，然后在此基础上再被制成各种物品。压铸的金条被当作商品，作为国家间价值交换和储备的工具，以保证全球市场中的货币正常周转。

金的属性

原子质量：	196.967 u
原子半径：	135 pm
密度：	19 320 kg/m^3
摩尔体积：	1.021×10^{-5} m^3 / bmol
熔点：	1 064.18 ℃
沸点：	2 808 ℃
晶体结构：	面心立方

1s	2s	2p	3s	3p	3d	4s	4p	4d	4f	5s	5p	5d	5f	6s	6p	6d	6f	7s
2	2	6	2	6	10	2	6	10	14	2	6	10		1				

◀ 在金的可见光谱中，黄色的发射谱线比较强烈，蓝色和紫色的谱线则非常细密。和铂原子一样，金原子也向 5*d* 次能级轨道中多加了 1 个（可能是最后一个）电子。

◀ 市场上销售的某些香槟中含有金质鳞片，这仅仅是为了美观。由于黄金无毒且对感官没有特殊影响，因此自中世纪晚期以来，尤其是在文艺复兴时期，黄金就一直被用作食物的装饰品。

▼ 黄金能够阻隔太阳的有害辐射，因而被用于制造宇航员的护目镜，头盔上涂有的一层金质薄膜的作用则是防止紫外线、太强的可见光或红外线进入。

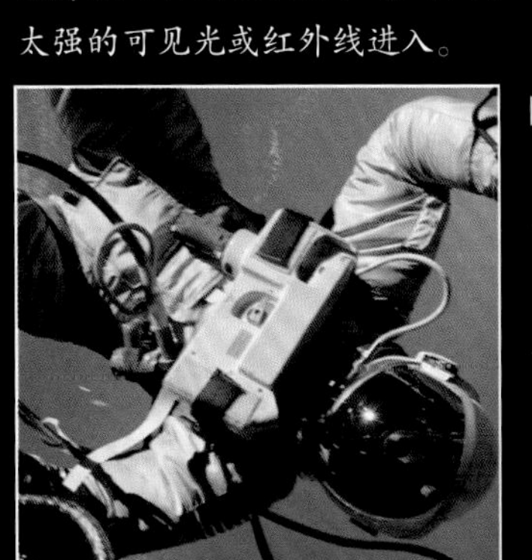

▶ 公元前 16 世纪左右的阿伽门农黄金面具令人叹为观止，甚至让人不禁怀疑其真实性。除它之外，人们还发现了其他类似的金器，它们都源自同一时期、同一地区，是专门给伟大的国王陪葬用的。人类自史前文明时期就开始有锻造黄金的记录，这意味着黄金很可能是人类认识的第一种金属。

▶ 十八面超轻的六角形铍镜将成为詹姆斯·韦布空间望远镜的主镜（直径 6.5 米，将于 2021 年进入轨道）。这些镜片上面涂有黄金，目的是保证最大的反射率。投入使用后，詹姆斯·韦布空间望远镜将成为有史以来最大的太空望远镜。

▶ 许多计算机的印刷电路（主板、处理器、RAM 等）上都涂有黄金，这样既能保证组件具有极强的耐腐蚀和耐磨损性，同时还能使其保持最佳的导热性和导电性。

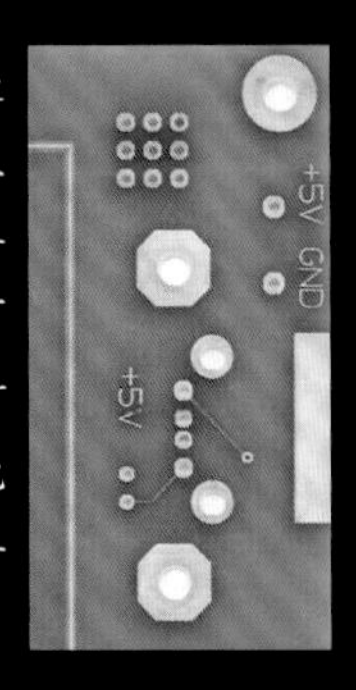

化学史

19 世纪的化学

在亚历山德罗·沃尔塔、汉弗莱·戴维和永斯·雅各布·贝采利乌斯的研究和实验的推动下，化学在 19 世纪经历了一次重大的转变：18 世纪的化学基本是静态的，19 世纪则转变成了一种动态的化学（主要基于电流的物理和化学特性）。此外，约翰·道尔顿提出的原子理论使得建立一个终极模型成为可能，该模型能够对从实验室获得的结果做出有效的解释，并最终确定组成某种物质的粒子间的比例和排列，以及元素多样性的原因。

至此，化学已成为一门完全独立的学科。像其他门类的科学一样（如物理学、数学、天文学），化学也拥有了专门的大学教席和科学研究院。

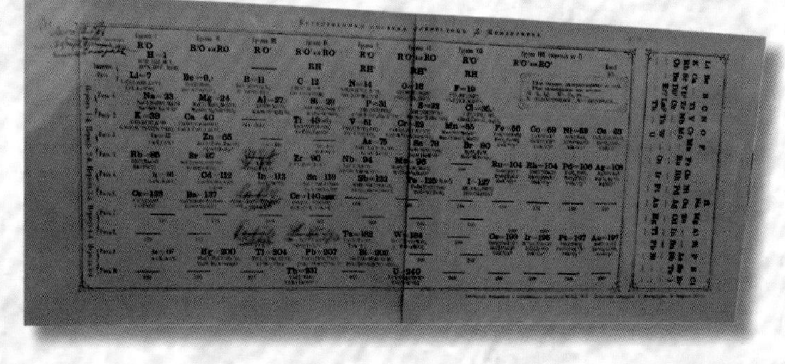

▲ 门捷列夫于 1871 年发布了第 2 版元素周期表（如图所示），表中的元素按原子量递增的顺序排列。这一版元素周期表直到 20 世纪 50 年代仍很常用。表中的红色表示的是 3 个类某元素，以及 1 个原子量等于 100 但当时仍未被发现的元素（之后发现的锝元素）。

◀ 在化学领域，没有第 2 个人能像“元素周期表之父”门捷列夫那样引起如此多的关注和争论。他不仅以重复出现的特征对元素进行排序，而且凭直觉断定该系统可以用来预测那些尚未被人类发现的元素有哪些特性，无论它将在自然界中被发现，还是在实验室中被分离出来。

▶ 1800 年 3 月 20 日，英国皇家学会（The Royal Society）收到了意大利化学家、物理学家亚历山德罗·沃尔塔的来信，他在信中宣布自己发明了“人造电子器官”——电池。该装置由垂直的木制支架、铜和锌制成的圆盘、一块浸入酸性物质的布和 2 根铜线组成。他在信中的描述于同年 9 月发表在伦敦协会的科学简报中。同年 6 月，伏特应拿破仑·波拿巴的邀请返回帕维亚（Pavia）大学担任教职，拿破仑于不久后在巴黎接待了他，并任命他为法兰西学会（Institut de France）的成员。

▶ 法国微生物学家路易斯·巴斯德（Louis Pasteur, 1822—1895）除了其主攻领域之外也研究化学。实际上，他提出了晶体的对映体理论，或称旋光异构体理论。根据该理论，某些分子（即手性子分）无法与其镜像完全重合。

▲ 丹麦化学家、物理学家汉斯·克里斯蒂安·奥斯特（Hans Christian Ørsted, 1777—1851）被认为是“电磁学之父”。奥斯特注意到指南针的磁针在靠近通有电流的电线时会发生偏转。

▶ 迈克尔·法拉第（1791—1867）（图中展示的是他在自己的实验室工作的场景）为电磁学和电化学的研究做出了重要贡献。他发现的与电解作用有关的两个定律——法拉第电磁感应定律和法拉第磁光效应都以他本人的名字命名。

▼ 英国化学家、物理学家威廉·克鲁克斯（William Crookes, 1832—1919）的成就包括发现了铊元素，发明了以他的名字命名的射线管（克鲁克斯管），他对气体在低压下的电导率的研究为后来的阴极管技术奠定了基础。

▲ 约瑟夫·路易·盖-吕萨克（Joseph Louis Gay-Lussac, 1778—1850）主要做的是气动化学方面的研究。他阐明了两个以他的名字命名的重要定律：第一个定律描述的是两种反应性气体的体积与生成的气体的体积之间的关系，第二个定律描述的是气体在恒压、升温时的线性膨胀定律。

80 汞 Hg

汞单质是一种银色的过渡金属，在室温下呈液态。汞与溴是仅有的两种在室温下呈液态的单质（镓在 30 ℃左右会变成液体）。

直到近几年，我们使用的温度计中仍然是汞，但由于具有毒性和易挥发性的特性，汞并不是制造温度计的理想材料。如今，汞已被镓铟锡合金取代，数字温度计也已普及。但是，许多测量仪器中仍会用到汞，如气压计、血压计和库仑计。

汞有剧毒。历史上，很多炼金术士和化学家在吸入汞蒸气后健康状况都受到了影响。目前，人们对汞的使用持谨慎态度，仅在采取适当防护措施的情况下使用。有时，汞会因某些污染（尤其是海洋污染）而累积，这时以上那些防护措施的效果就不够理想了。直到不久前，汞还一直在一种名为红药水的杀菌剂中充当基础成分。汞是良好的导电体，但热导性较差。由汞、金、银和锡形成的合金名为汞齐。

Hg

80 个质子　121 个中子　80 个电子

◀ 朱砂是一种红色矿物，主要由硫和汞组成，是火山次生活动的产物。人类自古以来就掌握着从朱砂中提取汞的工艺，具体过程为先焙烧后冷凝。由于汞具有毒性，目前朱砂已被禁用，但是早些时候它常被用作染料。

汞的属性

原子质量：	200.59 u
原子半径：	150 pm
密度：	13 579 kg/m^3（液态）
摩尔体积：	1.409×10^{-5} m^3 / mol
熔点：	−38.83 ℃
沸点：	356.73 ℃
晶体结构：	三方晶系

◀ 汞是唯一在室温下呈液态的金属，并且会在平坦的表面上形成很多小球，这是它的典型特征之一。汞的非同寻常的状态总是令炼金术士和自然哲学家们着迷，他们把它看成是构成物质的基本元素之一。汞单质的外观呈银色且闪闪发光，它非常易挥发，但在固态时则柔软而易延展。

1s	2s	2p	3s	3p	3d	4s	4p	4d	4f	5s	5p	5d	5f	6s	6p	6d	6f	7s
2	2	6	2	6	10	2	6	10	14	2	6	10		2				

◀ 汞的光谱整体来看比较规则，其中较为突出的是 3 条黄色的发射谱线以及蓝、红两条非常宽的谱线。汞原子的外部电子构型（所有轨道都被填满）决定了它不易与其他元素发生反应，它的这一特性和惰性元素（如稀有气体）相似。

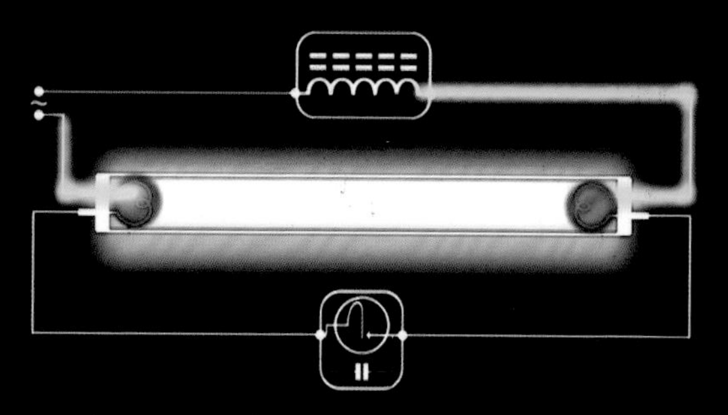

▲ 荧光灯是依靠汞蒸气和其他稀有气体工作的。混合气体被导入密闭的玻璃管中，该玻璃管的两端各有一个电极。

▲ 第一代紫外线美黑灯将汞蒸气设备与两个红外发射器交替使用。如今，鉴于其对皮肤和眼睛的危害，已被禁用。

◀ 埃万杰利斯塔·托里折利（Evangelista Torricelli, 1608—1647）是伽利略·伽利雷（Galileo Galilei）的一位门徒，他于 1644 年发明了气压计，利用汞的特性来测量大气压强。气压计中一根又长又细的玻璃管内装满了汞，该管的一端通向一个容器，里面同样装着汞，从而形成了一个连通的容器系统。气压的作用力迫使汞柱停在玻璃管的某个点上，测量结果就以这样的方式被显示出来了。

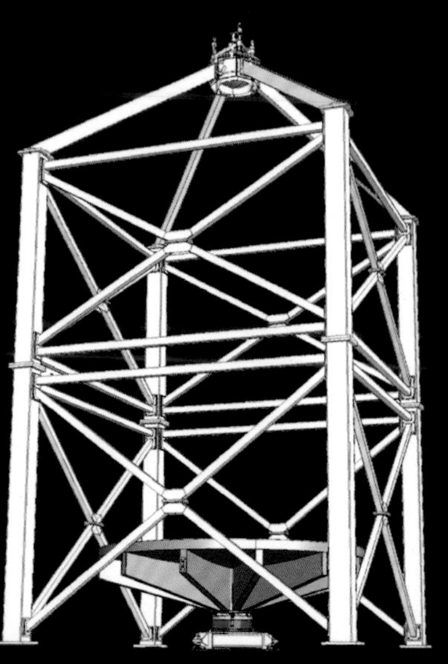

▶ 液体镜面望远镜（LMT）的主镜由能反光的液体（最常用的材料是汞）制成，该主镜沿着一根垂直的轴以恒定速度旋转。

81 铊 Tl

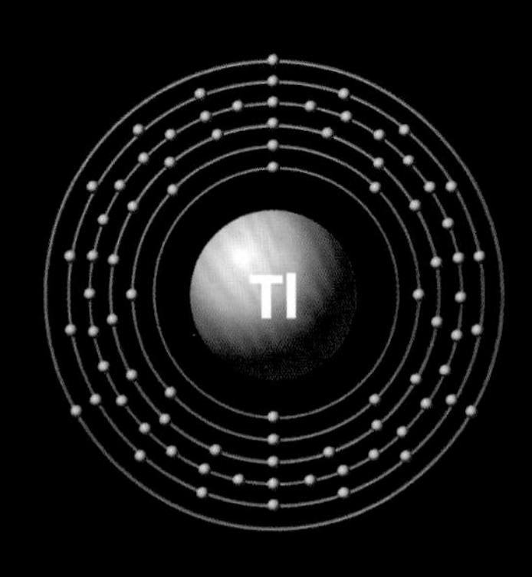

81 个质子

123 个中子

81 个电子

铊的毒性比砷和镉更具致命性，因而更加臭名昭著。铊本身没有气味和味道，其硫化物是杀虫剂和灭鼠剂的主要成分。铊的特殊化学构型使其能够置换出生物机体内的钠和钾，从而造成破坏性的影响。

铊主要从铜铊银岩、硫砷铊铅矿、红铊矿和黄铁矿中提取，其用途是制造光电池、红外光学器件、拥有高折射率（此处用到的是铊的氧化物）和低熔点的晶体、能发出绿光的金属卤化物灯、半导体，以及用于矿物分离的高密度液体。

铊的属性

原子质量：	204.383 u
原子半径：	190 pm
密度：	11 850 kg/m^3
摩尔体积：	1.722×10^{-5} m^3 / mol
熔点：	304 ℃
沸点：	1 473 ℃
晶体结构：	六方晶系

◀ 铊单质的外观与锡相似，呈银白色，它具有延展性，与空气接触会被氧化。图中的密封管中装的就是铊。

▶ 铊与空气接触会迅速发生氧化反应，表面会覆上一层颜色更暗的保护层。铊在地壳中的分布较为分散，但含量丰富，通常是从铜、铅和锌的硫化物矿物中提取出来的。铊具有极强的毒性（有时是致命的），操作时需谨慎并避免与皮肤接触。

▲ 铊—201 是一种具有放射性的铊的同位素，应用于在核医学诊断中，通常充当闪烁扫描术中的示踪剂。可测量的余量来自放射性衰变以及随后发射出的伽马射线（图中描绘的是发射过程）。

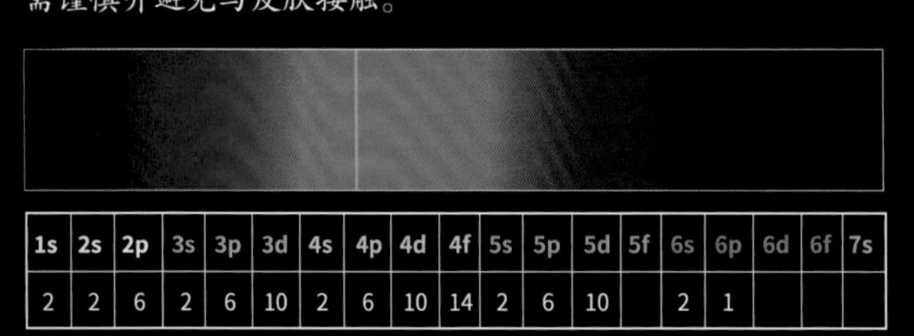

1s	2s	2p	3s	3p	3d	4s	4p	4d	4f	5s	5p	5d	5f	6s	6p	6d	6f	7s
2	2	6	2	6	10	2	6	10	14	2	6	10		2	1			

83 铋 Bi

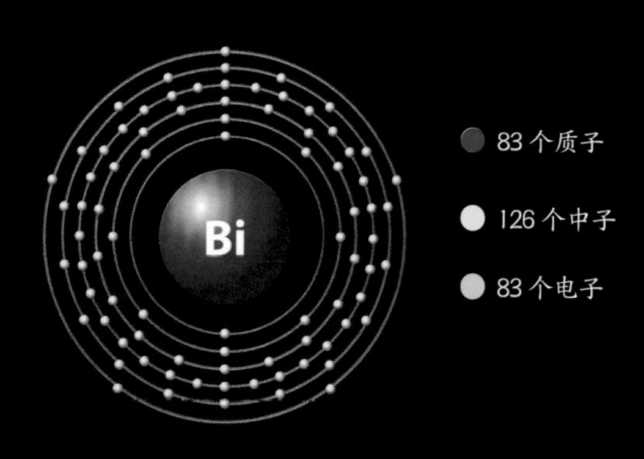

铋是一种放射性金属，是元素周期表中电阻率最高的元素，也是所有元素中抗磁性最强的，这意味着它既不导热，也不导电。

人们从古代就开始使用铋，但一直将它误认为其他金属，直到 18 世纪中叶才将其确认为一种新元素。铋的熔点很低，因此会被制成合金用于生产保险丝和消防设备。向铁中加入少量的铋可以使铁更具延展性。

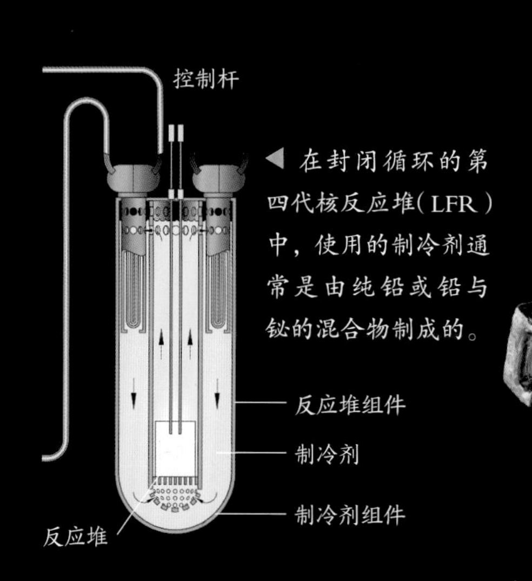

◀ 在封闭循环的第四代核反应堆(LFR)中，使用的制冷剂通常是由纯铅或铅与铋的混合物制成的。

◀ 人造铋晶体的表面如彩虹般绚丽多彩，如白色、紫色、粉红色、深绿色、黄色、蓝色等颜色尽收眼底，而如此特别的色彩组合正是由于氧化铋的存在。该晶体深受收藏家们的喜爱。

▶ 铋单质是一种银白色金属，表面会反射出粉红色的金属光泽。铋很重，但很脆。铋、镓、锑有一个共同的特性：液态时的体积比固态时的小(水也是这样)。

铋的属性

原子质量：	208.980 u
原子半径：	160 pm
密度：	9 780 kg/m^3
摩尔体积：	2.131×10^{-5} m^3 / mol
熔点：	271.2 ℃
沸点：	1 564 ℃
晶体结构：	三方晶系

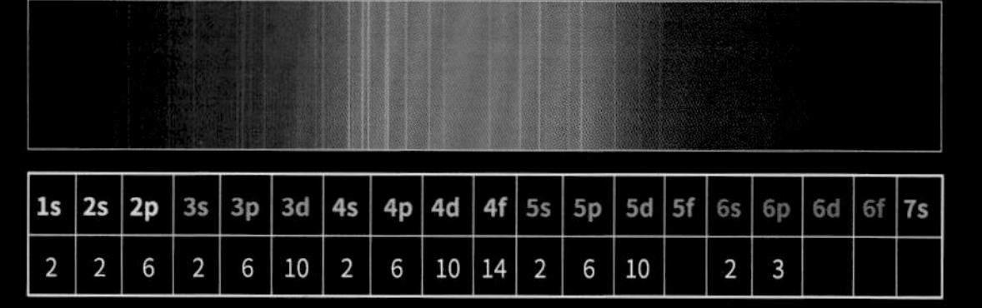

1s	2s	2p	3s	3p	3d	4s	4p	4d	4f	5s	5p	5d	5f	6s	6p	6d	6f	7s
2	2	6	2	6	10	2	6	10	14	2	6	10		2	3			

寻找化学元素

从铪到金

发现时间	
72. 铪	1923 年
73. 钽	1802 年
74. 钨	1783 年
75. 铼	1925 年
76. 锇	1804 年
77. 铱	1804 年
78. 铂	1748 年
79. 金	古代

黄金既是最贵重的金属，也是最有价值的金属之一。它有时能让人类的贪婪展露无遗，甚至到了超出理性极限的地步。

几千年来，炼金术士们一直幻想着将铅变成金光闪闪、具有催眠般魔力、象征着权力和财富的黄金。成群的掘金者和探险者冒着生命危险，只期望能再多找到一小块金子，或从河里再多捞上来一把泥沙。

黄金是许多儿童神话故事和寓言的主角（所有化学元素中只有黄金拥有这种地位），其中最著名的无疑是虚构的神话故事《黄金之城》（*El Dorado*）。这是一个诞生于中世纪的神话，在地理大发现时代颇为流行。在故事中，眼见着印加文明和阿兹特克文明的物产如此丰富，新大陆的第一批征服者便开始猜想这座传说中的黄金之城也许就在新大陆。于是他们开始在现在的秘鲁、玻利维亚和圭亚那一带寻找它的踪迹。虽然他们未能找到黄金之城，但是来自美洲的贵金属供应并没有令欧洲失望，成吨的黄金、白银和铂金从新大陆涌入欧洲。为此欧洲人不惜发动战争，毁灭美洲文明。

受通货膨胀的影响，贵金属的价格大幅下跌。令人奇怪的是即使在这种情况下，作为贵金属之一的铂金却几乎没有市场。因此在早些时候，发现铂金对化学家的吸引力甚至大过对商人的吸引力。然而，命运似乎早就安排好了要让铂金成为当今最有价值的贵金属。

◀ 西班牙天文学家安东尼奥·德·乌约亚（Antonio de Ulloa y la Torre-Giralt，1716—1795）和豪尔赫·胡安·圣桑西利亚（Jorge Juan y Santacilia，1713—1773）曾被英国人俘虏。两位科学家所在的大地测量远征船队在某次返回秘鲁的途中被英国人拦截，英国人同时探听到他们的一个秘密：他们在那片遥远的土地上发现了一种类似于银的元素。该金属深受当地居民的赞赏，但征服者却认为它没什么价值。直到那时，他们还一直认为这是一种不纯的金属。在被捕后的第 3 年，乌约亚通过英国皇家学会将发现铂之事公之于众。

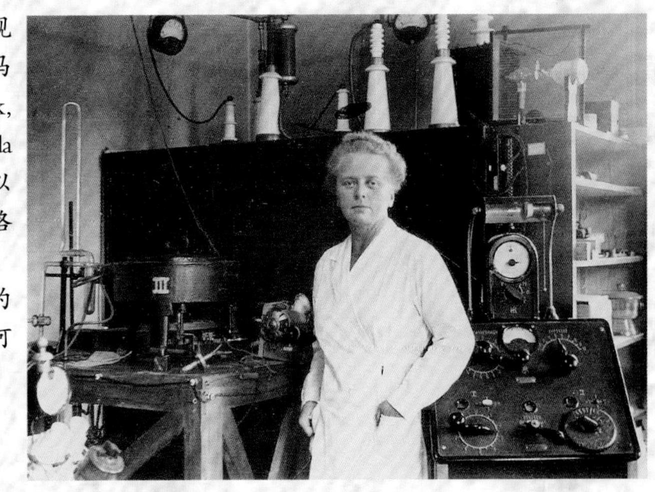

▶ 铼元素是被一个研究团队发现的，团队成员包括化学家沃尔特·冯·诺达科（Walter von Noddack, 1893—1960）、艾达·诺达科（Ida Noddack, 1896–1978，右图），以及光谱学家奥托·卡尔·贝尔格（Otto Carl Berg, 1873—1939）。为了突出德国人发现了该元素的事实，最终决定以德国最大的河流莱茵河的名字来为它命名。

▼ 西班牙化学家、矿物学家法斯托·迪尔赫亚（Fausto Delhuyar, 1755—1833）通过氧化还原法第一次成功分离出了钨。卡尔·威尔海姆·舍勒在那前1年已经发现了钨酸，并猜测也许可以从中发现一种新元素。

◀ 永斯·雅各布·贝采利乌斯的老师安德斯·古斯塔夫·埃克伯格（Anders Gustaf Ekeberg, 1767—1813）在一块岩石中发现了钽元素。威廉·海德·沃拉斯顿（William Hyde Wollaston）对此提出了异议，他坚信那应该是钶（即现在的铌元素）。

▶ 这张照片中的人物是奥托·卡尔·贝尔格，他与诺达科夫妇一同发现了铼元素。该元素可以从铌铁矿、硅铍钇矿、辉钼矿和铂的一种矿物中分离出来。

82 铅 Pb

冶金学是伴随着对铅的研究而诞生的，时间可追溯至公元前 7 世纪。那时的人们已经能够从方铅矿（成分是硫化铅，在火上很容易融化）中提取出铅了。

炼金术士将铅变成金的梦想虽然未能实现，但是铅元素对人类的活动却是非常有用的，因为它具有很强的可塑性、延展性和耐腐蚀性。这种自古以来就广为人知的金属被用来制成管道和教堂的彩色玻璃花窗，现代又用来制造汽车和摩托车的电池，尽管它是一种毒性很大的元素（会导致铅中毒）。

现在，铅主要是从含铅的矿物中提取出来的，除了前文提到过的方铅矿，还有白铅矿和硫酸铅矿。铅的熔点非常低，可以像锡一样用于模型制造，但是由于铅的毒性，它在该领域的应用已经急剧减少。由于密度很大，铅还可以用来生产天平和秤的砝码。

Pb

● 82 个质子 ● 125 个中子 ● 82 个电子

◀ 铅单质是一种具有可塑性和延展性的金属，柔软而致密，与空气接触后原本的蓝白色会变成深灰色。铅很少以游离态出现在自然界中，多存在于与锌和铜共同构成的合金中。

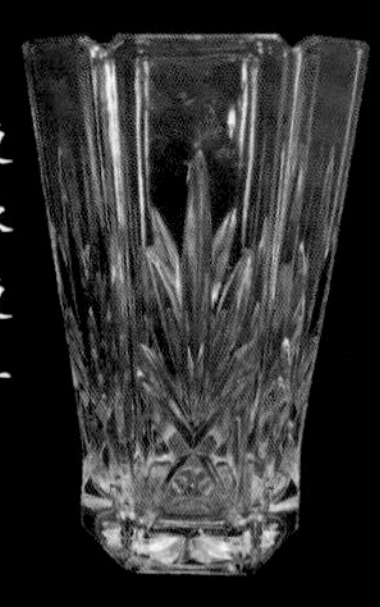

▶ 向玻璃中添加折射率更高的氧化铅便可得到铅水晶。铅水晶比普通玻璃更明亮，透明度更高，是一种极具价值的晶体。

▼ 最早一批装在汽车引擎上的可充电电池是铅酸蓄电池，由一个铅质的栅极构成，里面装满了硫酸溶液。由于价格适中，现在这种电池依然占据相当大的市场份额。

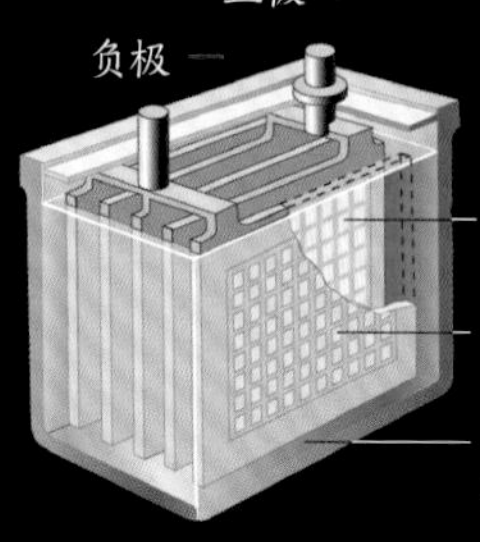

铅的属性	
原子质量：	207.2 u
原子半径：	180 pm
密度：	11 340 kg/m^3
摩尔体积：	$1.826 \times 10^{-5} m^3 / mol$
熔点：	327.46 ℃
沸点：	1 749 ℃
晶体结构：	面心立方

1s	2s	2p	3s	3p	3d	4s	4p	4d	4f	5s	5p	5d	5f	6s	6p	6d	6f	7s
2	2	6	2	6	10	2	6	10	14	2	6	10		2	2			

◀ 铅的光谱中发射谱线少且细，主要集中在从蓝色到绿色之间的区域以及黄色区域内。铅原子的能级中包含4个电子，其中2个位于最外层的次能级中。电子构型决定了铅原子可以形成很多种化合物。

▶ 罗马水道的水管是由铅制成的。铅元素具有很强的毒性，这就意味着罗马水道使附近居民的健康处于巨大风险之中。实际上，附近居民出现痛风和铅中毒的情况时有发生。

◀ 铅的密度很高，原子序数很大，因此能够阻隔大部分X射线和γ射线，使人体免受辐射的伤害。实验室、军事领域和核电厂的屏幕通常会用到铅元素，这样可以将有害辐射的影响降至最低。

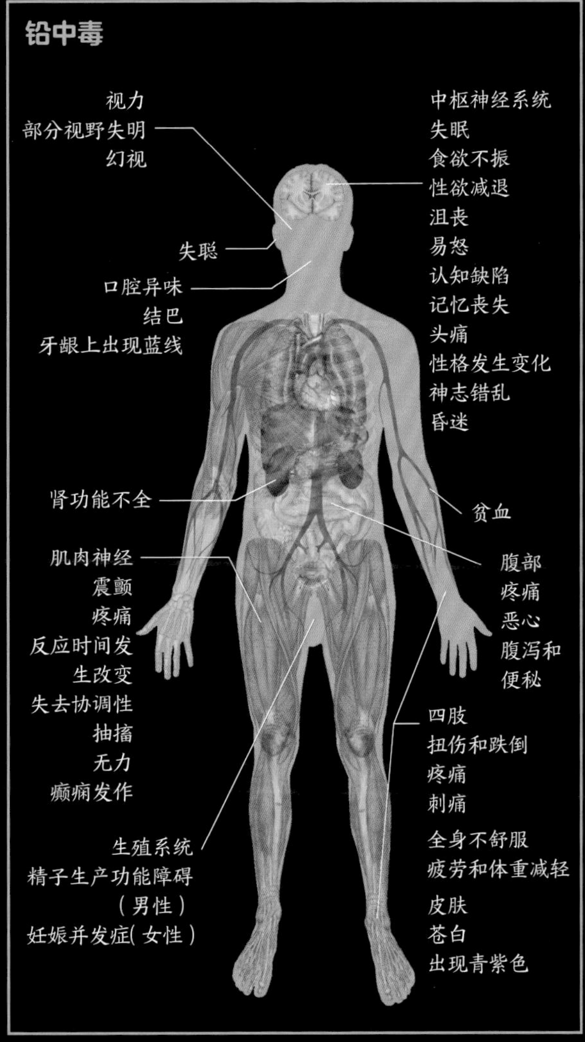

▶ 中世纪以来，许多教堂都使用彩色玻璃窗作为装饰。各种颜色的玻璃片通过铅质框架连接到一起，形成了标志性的花窗。

▶ 铅元素可以扩散到环境中并被人体吸收，从而导致铅中毒，引发人体多种严重的功能障碍。

化学史

20 世纪——化学变成了物理

随着几个原子模型的相继诞生，我们如今熟知的原子概念随之形成，人们开始从物理的角度对化学键进行更深入的分析，元素之间的转化以及元素和同位素之间的转化变得越来越灵活多样。这些现象都意味着传统的化学研究方法将面临一场革命。20 世纪上半叶，化学与当代科学的其他分支间的互动变得越来越频繁。一系列思想和观念看似已经超越了化学的范畴，其实却是源自化学。诞生于 20 世纪的生物学就是以化学的原则为基础的，同样由化学催生的学科还有遗传学和天体化学（恒星光谱天文学在那个时代得到了极大发展）。此外，化学还为材料科学这门新生的应用科学打开了全新的视野。

▲ 莱纳斯·鲍林（Linus Pauling, 1901—1994）是 20 世纪最重要的化学家和物理学家之一，主要致力对化学键的研究和分析，并最终发现了化学亲和力。他提出的电负性这一标度至今仍被广泛使用。鲍林提出了“镰刀形红细胞贫血症是分子病”的假说。20 世纪 50 年代初期，他还提出了“α 螺旋和 β 折叠是蛋白质二级结构的基本构建单元”的理论，为现代生物化学做出了贡献。

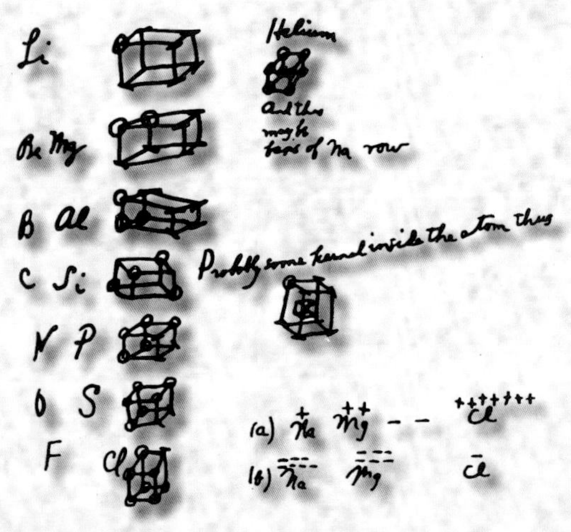

◀ 美国人吉尔伯特·牛顿·路易斯（Gilbert Newton Lewis, 1875—1946）在热力学领域完成了非常重要的研究，他也是第一个合成出重水的人。此外，路易斯还是如今为我们熟知的两个基本化学原理的提出者：一个是八隅规则，这条经验性原理揭示了原子键合的规律；另一个是路易斯结构式（以他的名字命名），能够通过二维图像展示出分子的立体结构。图为路易斯于 20 世纪初完成的手稿，他习惯用三维空间来表示原子，而这甚至要早于电子云模型的提出（薛定谔, 1926）。

◀ 在第五届索尔维物理学会议（1927）上，科学家就电子和光子进行了辩论。至此，化学和物理学已经交织在了一起，虽然几年前也专门针对化学举行过一次类似的会议，索尔维大会至今仍在定期举行。在图的中央是两位为大众所熟悉的人物：阿尔伯特·爱因斯坦和坐在他右侧的著名物理学家亨德里克·安东·洛伦兹（Hendrik Antoon Lorentz）。此外，我们还能在图中找到原子模型的两位提出者——埃尔温·薛定谔（最后排的居中者）和尼尔斯·玻尔（第 2 排右起第 1 位）。

▼ 塑料革命彻底改变了生产常用器具和物品的方式，这得益于在材料化学领域进行的一项彻底的创新——聚丙烯（PP）的合成。聚丙烯是一种非常适于生产的塑料，以“莫普纶”为名获得了专利。1963 年的诺贝尔化学奖获得者、意大利人居里奥·纳塔（1903—1979）是第一个合成出聚丙烯的人。

▲ 图中的邮票印制于 1979 年的德意志联邦共和国，目的是纪念 1944 年的诺贝尔奖得主奥托·哈恩（Otto Hahn，1879—1968）诞辰 100 周年。哈恩、里斯·梅特纳（Lise Meitner）和弗里茨·斯特拉斯曼（Fritz Strassmann）一起通过用中子轰击铀原子的方式实现了历史上首次铀裂变。

▲ 20 世纪 50 年代初，居里奥·纳塔于米兰合成出了历史上第一块聚丙烯。同样位于米兰的达·芬奇科技博物馆将纳塔的实验室复制了出来（如图所示）。

▶ 来自巴黎的化学家乔治·于尔班（Georges Urbain，1872—1938）发现了原子序数为 71 的元素，他将其命名为镥，以此来纪念自己的家乡。于尔班还是第一个分离出纯钆的人。此外，他曾声称自己分离出了元素周期表中位于镥后一位的元素，并称其为铪，但他的这一发现最终没有得到承认。

84 钋 Po

钋是存在于铀矿中的一种稀有的放射性半金属，是氡衰变后的天然产物。钋元素有剧毒，其已知的同位素共有 33 种，且都非常不稳定。钋在军工行业中被用作中子源（neutron source）。过去钋曾被用来消除静电荷，如今则用于清洁照片的底片。钋的名称（polonio）取自发现者居里夫人的祖国波兰（Poland）。

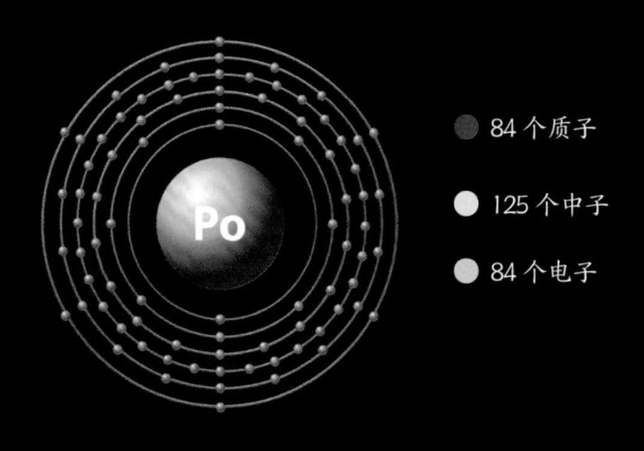

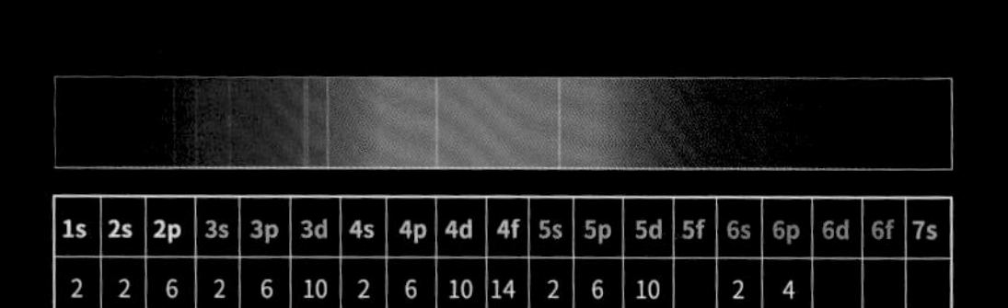

1s	2s	2p	3s	3p	3d	4s	4p	4d	4f	5s	5p	5d	5f	6s	6p	6d	6f	7s
2	2	6	2	6	10	2	6	10	14	2	6	10		2	4			

钋的属性

原子质量：	208.98 u
原子半径：	190 pm
密度：	9 919.6 kg/m^3
摩尔体积：	2.297×10^{-5} m^3 / mol
熔点：	254 ℃
沸点：	962 ℃
晶体结构：	单斜晶系

85 砹 At

砹与钫一样，是最不稳定的自然元素之一。砹是铀衰变后生成的卤素，半衰期为 8.5 小时。砹比钋还要稀有，它可能是存在于地球上的所有元素中（即元素周期表中）第二稀有的，仅次于钫。由于砹在工业和商业领域都没有什么实际应用，因而它的稀有性带来的影响其实只限于人们对其特性的分析和研究速度会减缓。砹的化合物（也非常不稳定）是实验室中的观察对象，这种观察只是出于理论研究的目的。

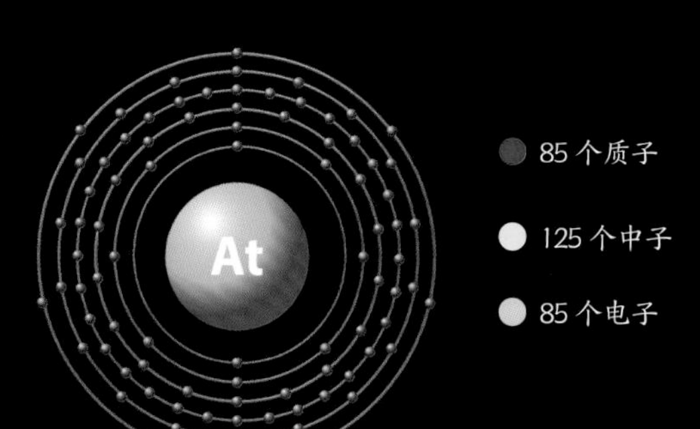

暂无可见光谱

1s	2s	2p	3s	3p	3d	4s	4p	4d	4f	5s	5p	5d	5f	6s	6p	6d	6f	7s
2	2	6	2	6	10	2	6	10	14	2	6	10		2	5			

砹的属性

原子质量：	209.99 u
原子半径：	145 pm
密度：	7 000 kg/m^3
摩尔体积：	未知
熔点：	302 ℃
沸点：	337 ℃
晶体结构：	未知

86 氡 Rn

氡是镭发生 α 衰变时生成的，是它所属族中的最后一种稀有气体元素。氡单质非常重，且可致癌。氡由土壤和岩石散发出来，并且可以在房屋内积聚，因而可能给人们的健康带来危害。氡是无味、无色的，其在空气中的浓度可用专门的数字仪表（如右图所示）进行测量。让封闭的房间通风可以有效消除空气中的氡。氡还可用于放射治疗。

86 个质子

136 个中子

86 个电子

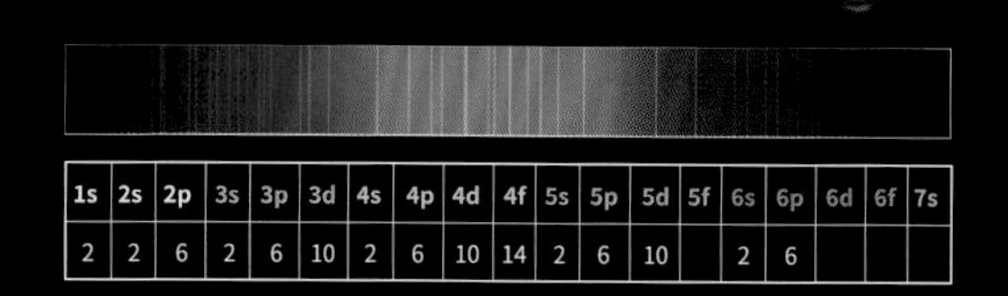

1s	2s	2p	3s	3p	3d	4s	4p	4d	4f	5s	5p	5d	5f	6s	6p	6d	6f	7s
2	2	6	2	6	10	2	6	10	14	2	6	10		2	6			

氡的属性	
原子质量：	222.02 u
原子半径：	240 pm
密度：	9.73 kg/m^3
摩尔体积：	22.81 × 10^{-6} m^3 / bmol
熔点：	−71.15 ℃
沸点：	−61.85 ℃
晶体结构：	面心立方

87 钫 Fr

钫是一种碱金属元素，在自然界中非常稀有，存在于铀矿和钍矿床中。钫是锕发生 α 衰变后的产物。门捷列夫曾预测出它的存在，并把它称为类铯（ekacesio）。由于极为稀有，所以钫在工业和商业中没什么用途。对钫的研究和对钋的研究一样十分有限，因而它的某些化学和物理特性仍不为我们所知。然而，它却以一个特征而闻名，那就是非同一般的活性，它是所有自然元素中最不稳定的。

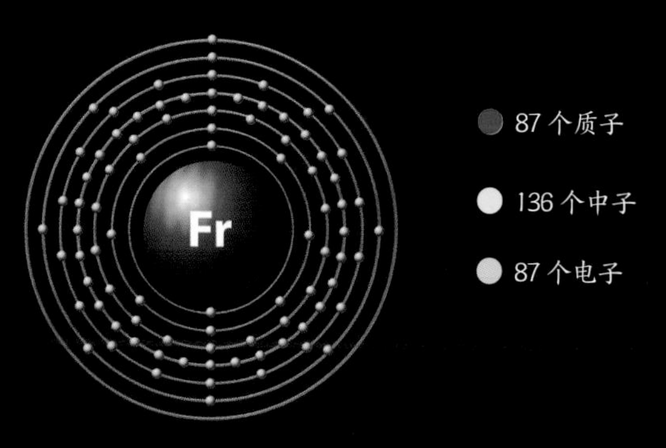

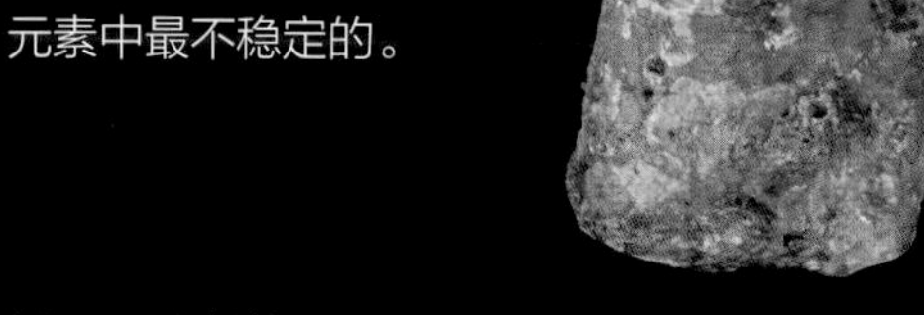

暂无可见光谱

1s	2s	2p	3s	3p	3d	4s	4p	4d	4f	5s	5p	5d	5f	6s	6p	6d	6f	7s
2	2	6	2	6	10	2	6	10	14	2	6	10		2	6			1

钫的属性	
原子质量：	223.02 u
原子半径：	282 pm
密度：	1 870 kg/m^3
摩尔体积：	未知
熔点：	27 ℃
沸点：	677 ℃
晶体结构：	体心立方

分子

脂类

生物学意义上的有机化合物有 4 种：碳水化合物、核酸、蛋白质和脂类。脂类主要由碳原子和氢原子通过化学键构成，但也有例外，如磷脂（基于磷酸盐）。脂类被人体吸收后对于人体组织本身是至关重要的，它们是细胞的重要能量来源之一。然而，脂类累积过多会导致动脉硬化，进而引起严重的健康问题，尤其是心血管疾病。

大多数随食物一同摄入的脂类都是甘油三酸酯，是由甘油和 3 个分子长链脂肪酸形成的分子。其他的脂类，如磷脂、脂肪酸，以及胆固醇在食物中的含量非常低。脂类不溶于血液，它在人体中的循环是依靠吸收它的蛋白质进行的，脂类与蛋白质形成脂蛋白。其中，高密度脂蛋白（HDL，好胆固醇）将多余的脂类带到肝脏，之后这些脂蛋白会被清除掉。低密度脂蛋白（LDL，坏胆固醇）可能会大量(达到令人震惊的数量）沉积在动脉壁上。

▲ 乳化剂是一种食品添加剂，在脂类的消化中起着非常重要的作用。在欧洲，它们由从 E400 到 E499 之间的首字母缩写和数字来表示（其中包含稳定剂和增稠剂）。它们包括山梨糖醇（E420）、甘油（E422）、明胶（E441）、大豆油（E479b）和失水山梨醇单棕榈酸酯（E495）。

▶ 该薄膜可保护嗜热古细菌免受高温（60 ~ 100℃）的侵害。薄膜结构为环状，构成它的化学键由 2 个甘油（$C_3H_8O_3$）和 2 个植烷（$C_{20}H_{42}$）组成，这种结构被称为“古脂”。古细菌是地球上最古老的细菌生物体之一。

▶ 脂类含量较高的食物有腌猪肉、猪油、红肉、肥猪肉、蛋黄、乳制品、植物油和橄榄。

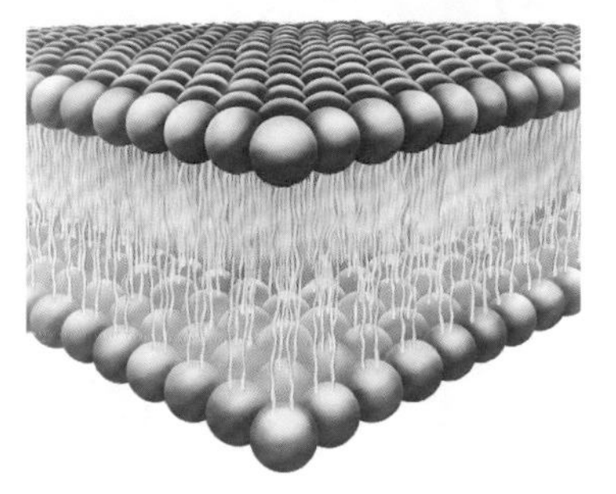

◀ 脂质体的结构是一个磷脂囊泡，由两层磷脂（含有磷酸盐的脂类）组成。脂质体亲水的头位于外部，朝向周围多水的环境；疏水的尾朝向内部，两层的尾部在内部相交。

▼ 图为磷脂结构的详细图示。它由头部和尾部构成，其中尾部有两条细丝，一条由饱和脂肪酸组成，另一条由不饱和脂肪酸组成。

▲ 萜烯是树脂和植物精油的基础成分。因为它们的存在，不同的植物才能发出不同的香气，其中最著名且最常见的是薄荷醇、樟脑、柠烯和香叶醇。萜烯有的时候也由动物产生，从昆虫到哺乳动物都有可能。

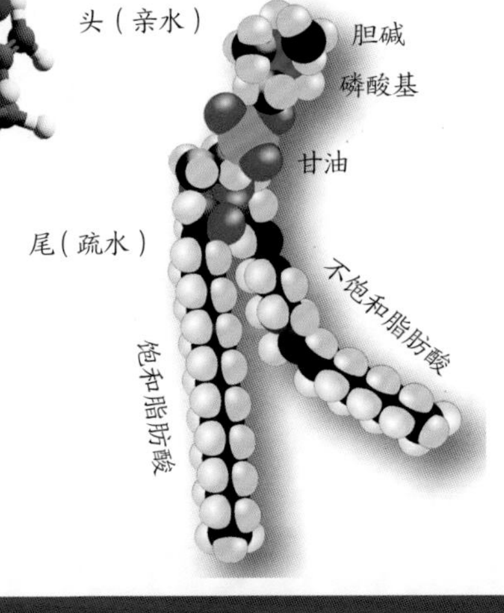

▲ 甘油三酸酯、磷脂和胆固醇是食物中最重要的脂类，其中甘油三酸酯属于甘油酯（glyceride）家族，由3个脂肪酸组成。3个脂肪酸通过缩合反应与甘油主链相连。缩合反应除去了3个水分子，每个键一个。

胆固醇的循环

胆固醇不溶于水，自然状态下无法在血液中循环，于是肝脏生成了极低密度脂蛋白（VLDL）。除了胆固醇外，VLDL中还含有高浓度的甘油三酸酯。低密度脂蛋白（LDL）浸没在血液中，吸收和释放脂类的能力相对较好。低密度蛋白中的甘油三酸酯含量低，但胆固醇含量丰富。高密度脂蛋白（HDL）将存在于周围组织中的胆固醇收集起来，将其中一部分传输至肝脏（它们将在那里被消除或回收），将另一部分释放到VLDL和LDL中。

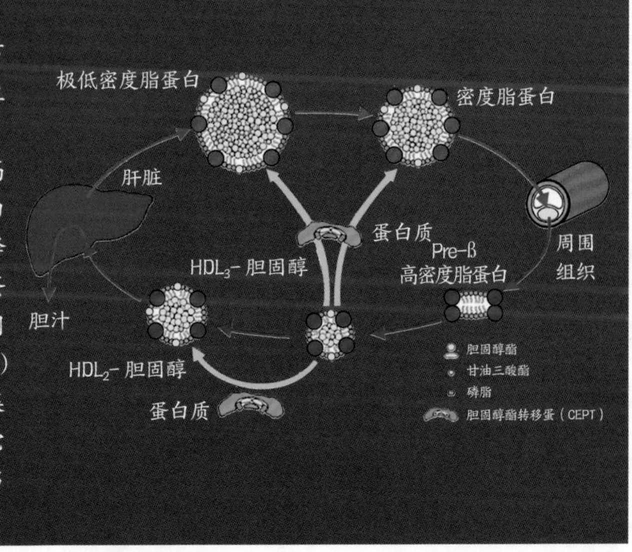

88 镭 Ra

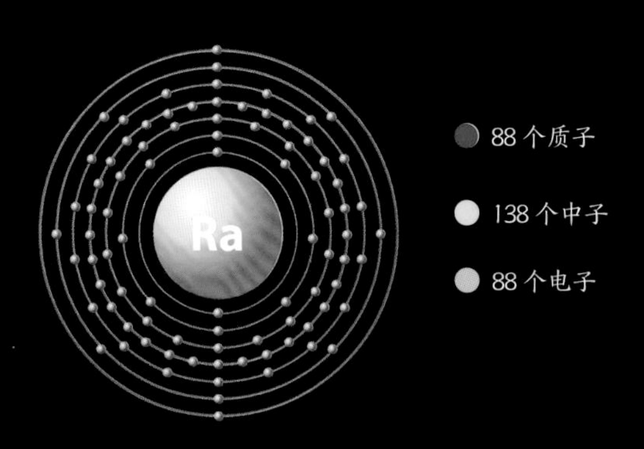

镭不是放射性最强的元素，但有关原子核衰变的发现和研究都是从它开始的。镭是一种碱土金属元素，少量存在于铀矿物中。一方面由于具有辐射性，另一方面因为与钙的化学性质相似（使镭极易渗透到骨骼中），所以镭对人类来说非常危险。20 世纪 50 年代之前，镭一直被用在荧光漆中，并造成了可怕的后果，但当时人们并不清楚造成那些后果的原因。

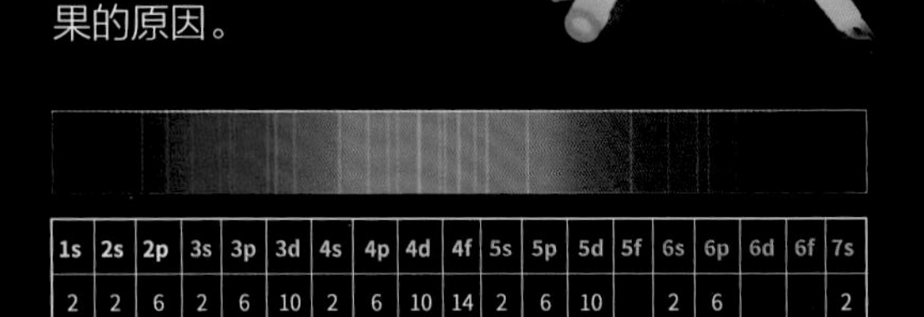

1s	2s	2p	3s	3p	3d	4s	4p	4d	4f	5s	5p	5d	5f	6s	6p	6d	6f	7s
2	2	6	2	6	10	2	6	10	14	2	6	10		2	6			2

镭的属性	
原子质量：	226.03 u
原子半径：	215 pm
密度：	5 000 kg/m^3
摩尔体积：	4.109×10^{-5} m^3/mol
熔点：	700 ℃
沸点：	1 737 ℃
晶体结构：	体心立方

89 锕 Ac

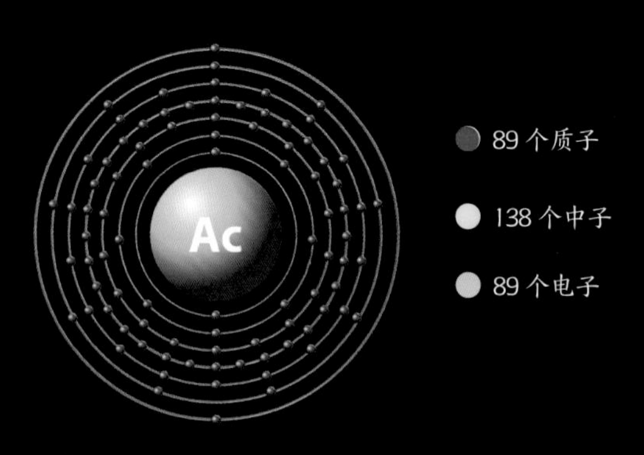

锕在真空中会发出微弱的蓝光。它是一种放射性金属，在光源下呈银白色。锕天然存在于铀矿物中，也是核反应堆的一种产物。由于放射性过高（相当于镭的 50 倍），锕在工业和商业领域没有任何应用。锕是锕系元素中的第 1 种元素。元素周期表中的锕系元素共有 15 种（一直到铹），彼此间的化学性质非常近似，而电子构型则与镧系元素类似。

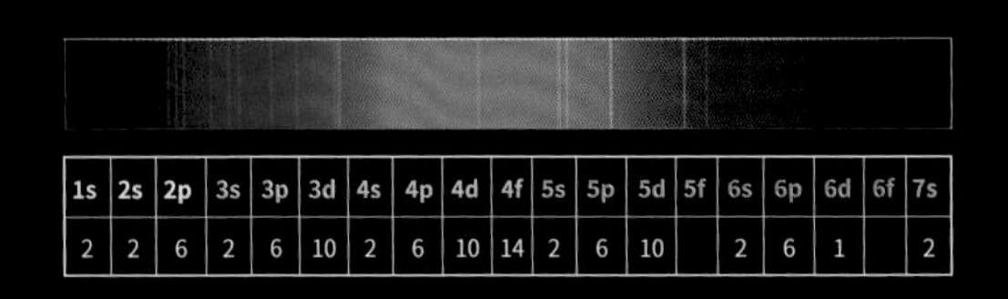

1s	2s	2p	3s	3p	3d	4s	4p	4d	4f	5s	5p	5d	5f	6s	6p	6d	6f	7s
2	2	6	2	6	10	2	6	10	14	2	6	10		2	6	1		2

锕的属性	
原子质量：	227.03 u
原子半径：	195 pm
密度：	10 070 kg/m^3
摩尔体积：	2.255×10^{-5} m^3/mol
熔点：	1 050 ℃
沸点：	3 198 ℃
晶体结构：	面心立方

90 钍 Th

钍是仅有的两种（另一种是铀）自地球形成以来就一直存在的放射性元素。钍是地球上含量最丰富的放射性元素，因为它衰变的倾向不像其他放射性元素那么强。钍是镁基合金中非常重要的一种成分，能使合金具有极强的耐高温性。出于同样的原因，钍还被用来生产耐热陶瓷。

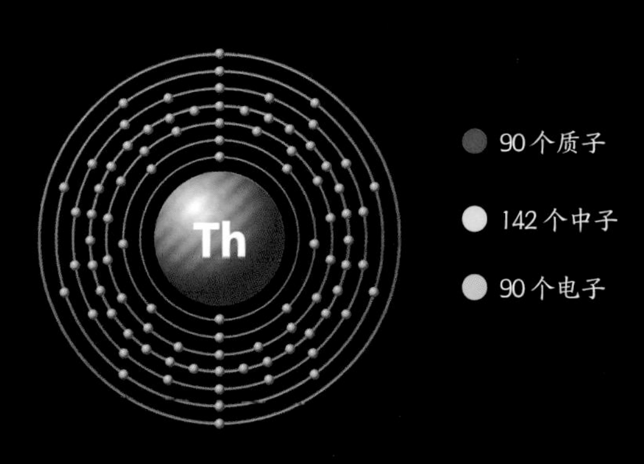

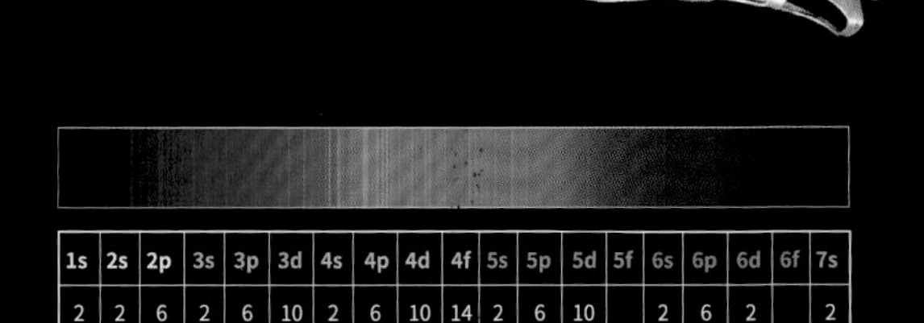

1s	2s	2p	3s	3p	3d	4s	4p	4d	4f	5s	5p	5d	5f	6s	6p	6d	6f	7s
2	2	6	2	6	10	2	6	10	14	2	6	10		2	6	2		2

钍的属性

原子质量：	232.038 u
原子半径：	179 pm
密度：	11 724 kg/m^3
摩尔体积：	$1.98 \times 10^{-5}\ m^3/mol$
熔点：	1 842 ℃
沸点：	4 788 ℃
晶体结构：	面心立方

91 镤 Pa

镤单质是一种致密的银色金属，非常容易与空气、水蒸气和无机酸发生反应。在室温下，镤单质会被氧化并失去特有的光泽。镤有剧毒，在地壳中的含量十分稀少，主要存在于沥青铀矿中。由于有剧毒，镤元素在工业和商业中没有任何应用，仅有的用途是被当作实验室纯理论分析的对象。

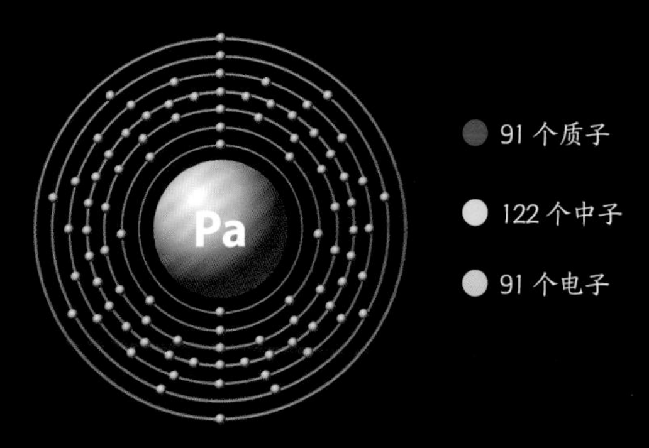

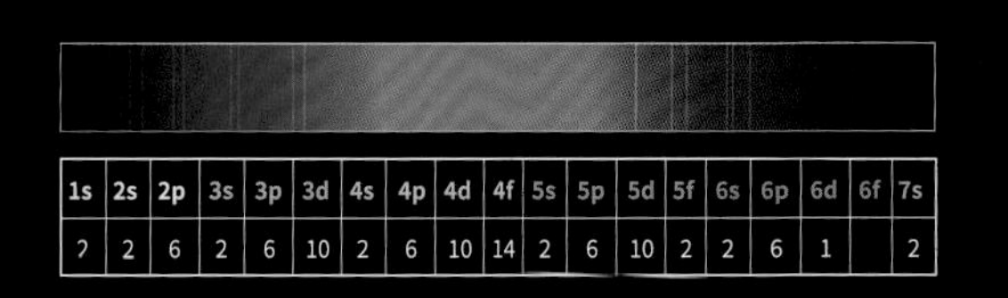

1s	2s	2p	3s	3p	3d	4s	4p	4d	4f	5s	5p	5d	5f	6s	6p	6d	6f	7s
2	2	6	2	6	10	2	6	10	14	2	6	10	2	2	6	1		2

镤的属性

原子质量：	231.036 u
原子半径：	163 pm
密度：	15 370 kg/m^3
摩尔体积：	$1.518 \times 10^{-5}\ m^3/mol$
熔点：	1 568 ℃
沸点：	4 027 ℃
晶体结构：	斜方晶系

92 铀 U

铀是唯一可发生裂变的元素，这意味着它可以在核裂变中充当燃料。铀金属在自然界中并不稀有，它最常见的同位素具有轻微的放射性。铀-235 的放射性要强得多，但它在地壳中的含量非常稀少。

铀在岩石、土壤、空气和水中的浓度都很低。它在某些矿物中的含量较高，如沥青铀矿、钒钾铀矿、铜铀云母以及独居石矿砂。对上述矿石进行人工提取和粉碎可以产生一部分铀。然而，铀主要还是通过电解和还原过程被人工提取出来的。铀的同位素中有两种具有民用和军事用途，且都能产生有害辐射。一种是浓缩铀（含有高浓度的铀-235），另一种是贫铀（铀浓缩加工成核燃料过程中的副产品，其中含有大量的铀-238，放射性较低）。除了与核裂变有关的应用之外，铀-238 还可用于对火成岩和其他物质进行年代测定。和钯、铈、镎、钚一样，铀（Uranio）的名称也来源于一个天体的发现——天王星（Urano）。

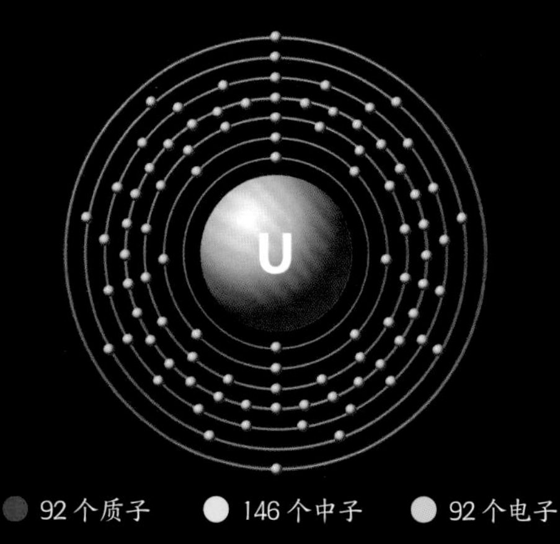

◀ 单质铀是一种银白色金属，与空气接触后表面会覆上一层氧化物，这使它的颜色变得更暗，也更加不透明。铀坚硬且致密，具有较好的延展性和可塑性，暴露在高温中会燃烧。

▶ 浓缩铀是由铀的多种同位素（其中铀-235 的浓度最高，它也是唯一存在于自然界中的铀同位素）共同组成的混合物，可作为核裂变的燃料（由热中子引起裂变）。浓缩铀既可以用于生产武器，也可以应用于民用核电站。

铀的属性	
原子质量：	238.029 u
原子半径：	156 pm
密度：	19 050 kg/m^3
摩尔体积：	1.249 × 10^{-5} m^3 /mol
熔点：	1 132 ℃
沸点：	4 131 ℃
晶体结构：	斜方晶系

▶ 铀玻璃器皿在 19 世纪非常流行，它们能发出标志性的紫外线磷光。在当时的那些容器中，这种放射性金属的浓度高达 25%，而目前只占 2%。

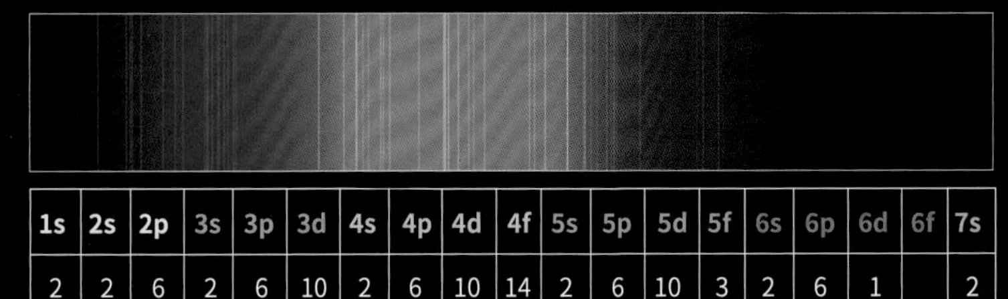

1s	2s	2p	3s	3p	3d	4s	4p	4d	4f	5s	5p	5d	5f	6s	6p	6d	6f	7s
2	2	6	2	6	10	2	6	10	14	2	6	10	3	2	6	1		2

◀ 铀的光谱射线的最典型特征是紫色的发射带非常宽。越向右，其发射谱线越细，到与紫色处于对称位置的红色区域时，谱线几乎完全消失。铀原子共有 92 个电子，比在元素周期表中排在它前一位的镤多 1 个，它位于 5*f* 轨道。

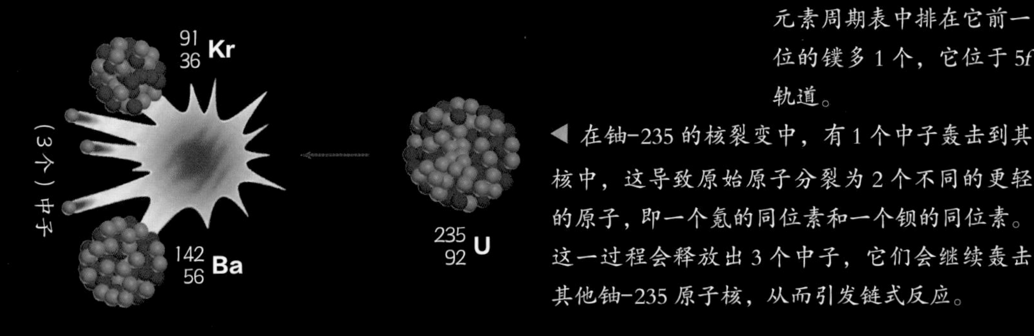

◀ 在铀-235 的核裂变中，有 1 个中子轰击到其核中，这导致原始原子分裂为 2 个不同的更轻的原子，即一个氪的同位素和一个钡的同位素。这一过程会释放出 3 个中子，它们会继续轰击其他铀-235 原子核，从而引发链式反应。

▼ 原子弹（也称为核裂变炸弹）利用的就是上图中的机制。通过引爆一定数量的炸药，使大量的钋（强劲的中子发射器）与临界质量的铀-235 接触。

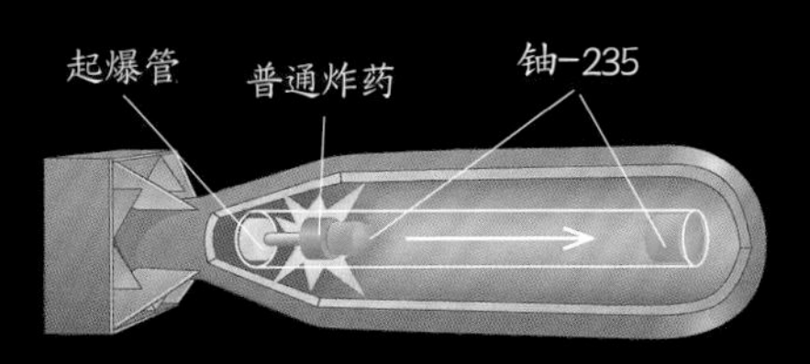

▲ 图中所示为 1955 年的某次军事试验中原子弹爆炸产生的典型蘑菇云，以及这种爆炸带来的毁灭性影响。图中的军人们观察爆炸时所站的位置足够远，这样能够避免遭受辐射带来的严重伤害。

浓缩铀的生产

EPR（欧洲先进压水堆）型核电站运行一年期间的 CO_2 排放量及资源使用情况。

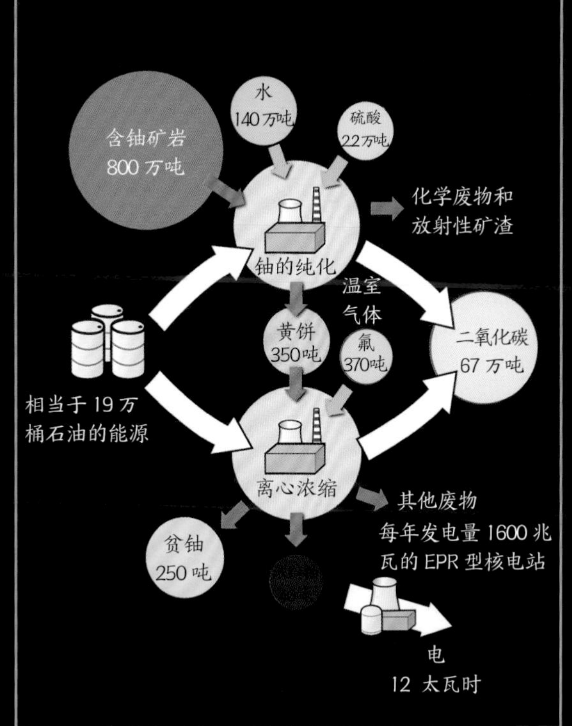

分子

碳水化合物

▲ 蔗糖是最常见的一种糖，存在于水果和蜂蜜等食物中，一般需从甜菜和甘蔗中提取。根据精制程度的差异，蔗糖可以被分为不同的类型，这其中既有呈粉末状的精制白糖，又有方糖和红糖。

碳水化合物又称糖类，是由氢原子、氧原子和碳原子构成的有机化合物。组成碳水化合物的基本单元是重复出现的，根据这些单元重复出现的次数可以将碳水化合物分成3类：单糖类（只含有1个单元，如葡萄糖或果糖）、低聚糖类（具有多个单元，最多9个，如蔗糖和乳糖）和多糖类（含有9个以上单元，如淀粉和几丁质）。前两类碳水化合物被称为简单碳水化合物或糖，而最后一类被称为复杂碳水化合物。

与蛋白质和脂类相比，碳水化合物更易消化，消化时需要的水也更少。碳水化合物是动物的主要能量来源。尽管与蛋白质和脂类不同，碳水化合物对于维持身体机能来说并不是必需的，但缺乏碳水化合物会引发严重的疾病，如酮症。

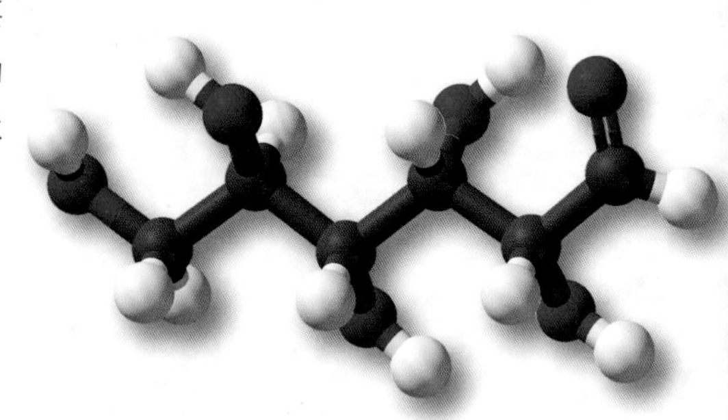

$C_6H_{12}O_6$

▲ 葡萄糖分子由碳原子、氧原子和氢原子构成。葡萄糖是自然界中最普遍的有机化合物，也是动植物最主要的能量来源之一。它还会参与到光合作用和呼吸作用中。

葡萄糖代谢

被肠道吸收的碳水化合物会被转化为葡萄糖、果糖和半乳糖。血液中的葡萄糖浓度（血糖）应当保持在一定的水平，这要受胰岛素或胰高血糖素控制。胰岛素不仅能刺激肝脏内葡萄糖的产生，还可以促进肌肉蛋白质的合成、碳水化合物的储存以及糖原（储存在肝脏中的葡萄糖聚合物）的释放。

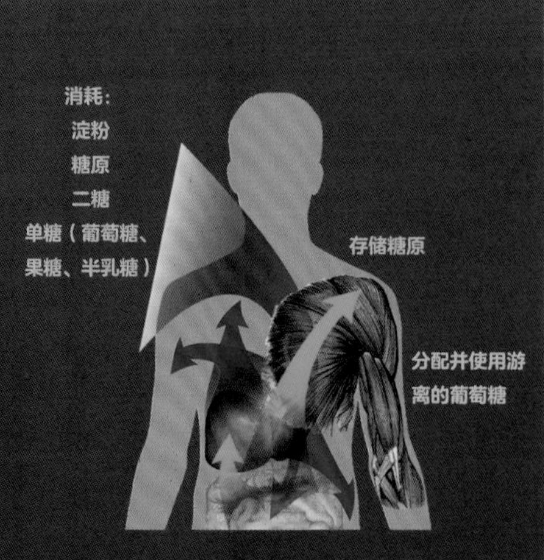

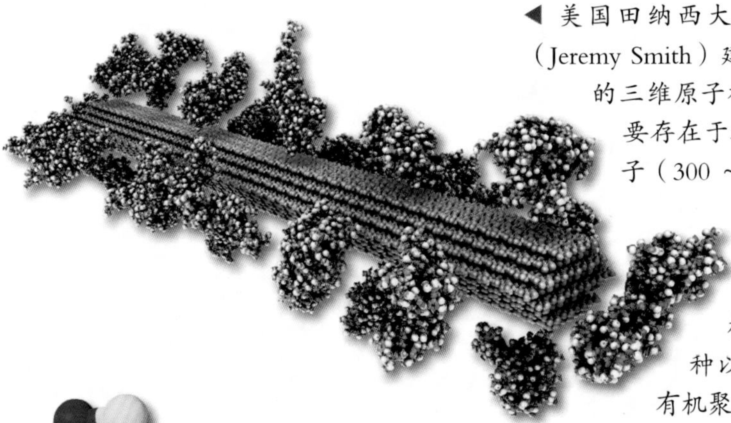

◀ 美国田纳西大学的杰里米·史密斯（Jeremy Smith）建立了纤维素（蓝色）的三维原子模型。纤维素是一种主要存在于植物中并富含葡萄糖分子（300 ~ 3000 个单位）的天然多糖。围绕在纤维素周围的是木质素分子，木质素是存在于植物细胞次生壁中的一种以酚类化合物为基础的有机聚合物。纤维素可以用来制造纸张及各种纸制品，在制药领域可用于生产纱布和包衣片剂。

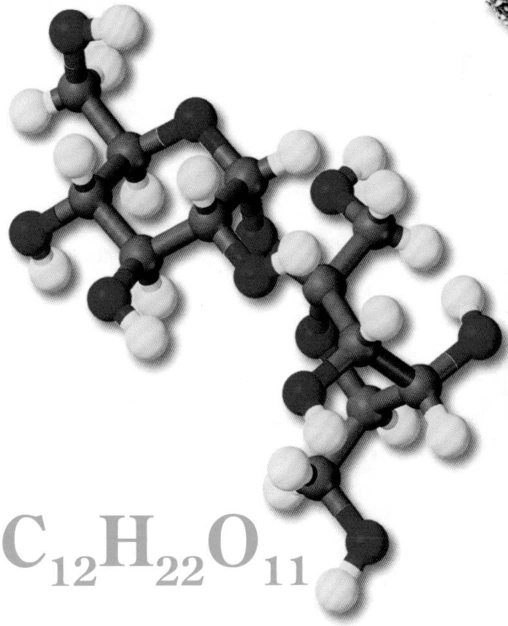

▲ 棉花通过产生纤维（毛状体）来保护自己的种子。这些纤维几乎全都由纤维素组成。织物中的植物纤维就是通过棉花的纤维素获得的。

$C_{12}H_{22}O_{11}$

▲ 蔗糖分子比葡萄糖分子复杂，但前者仍是由糖的 3 种典型元素（碳、氢和氧元素）组成。蔗糖是某些植物新陈代谢的中间产物，在世界各地的市场上都很常见。许多食品和饮料中都有蔗糖。糖块形式的蔗糖可用作着色剂，这种颜色可通过在高温下加热糖块获得。

◀ 粉质品（面包、比萨饼、饼干、玉米粥、粗面粉或面食）中富含多糖（复合碳水化合物）。多糖是含有许多重复单元的天然聚合物，是能量的来源，也是对人体非常重要的营养素。

寻找化学元素

从汞到锕

铊与许多元素一样是通过火焰光谱法发现的。1861 年，英国化学家、物理学家威廉·克鲁克斯（William Crookes, 1832—1919）和法国人克洛德·奥古斯特·拉米（Claude Auguste Lamy, 1820—1878）各自独立地注意到在生产硫酸的残留物生成的火焰的发射光谱中能够观察到一条很宽的绿色谱线。这是一条之前从未被观察到的谱线，克鲁克斯意识到这一定是一种新元素。他将新元素命名为“绿芽”（希腊语 thallos）。次年，他通过沉淀和融解两个步骤成功分离出了少量的铊，并在 1862 年伦敦世博会上展出，他也因此而一举成名。同年，拉米也分离出了少量的铊，但使用的是电解的方法。

11 年后，克鲁克斯发明的辐射计使他再次登上荣耀之巅。该辐射计以他本人的名字命名（克鲁克斯辐射计）。辐射计是一个小玻璃瓶，里面有一根针，针尖上悬着一些金属叶片，它们集中在一根轴上，轴的旋转速度与所受的电磁辐射的强度成正比。

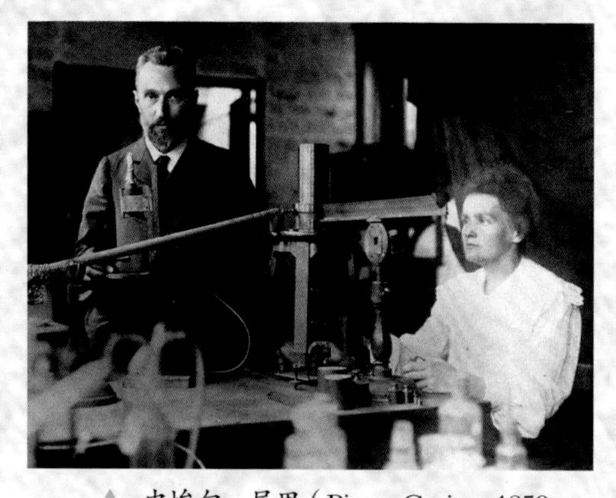

▲ 皮埃尔·居里（Pierre Curie，1859—1906）和玛丽·斯克鲁多夫斯卡（Marie Sklodowska，1867—1934）夫妇是放射现象的发现者，也是该现象带来的生理效应的首批观察者。此外，他们还发现了钋和镭元素。1903 年，两人因对放射现象的研究而获得诺贝尔物理学奖。7 年后，丈夫已经离世的居里夫人因发现镭和钋元素而荣获诺贝尔化学奖。

▶ 锝的发现者、化学家、科学史学家埃米利奥·塞格雷（Emilio Segrè）与他人共同发现了砹元素，当时正值他因种族法律而被意大利法西斯驱逐出境，在伯克利大学寻求庇护的时期。当时的砹元素是通过用 α 粒子轰击铋而人工合成出来的。

发现时间

80. 汞	古代
81. 铊	1861 年
82. 铅	古代
83. 铋	1753 年
84. 钋	1898 年
85. 砹	1940 年
86. 氡	1900 年
87. 钫	1939 年
88. 镭	1898 年
89. 锕	1899 年

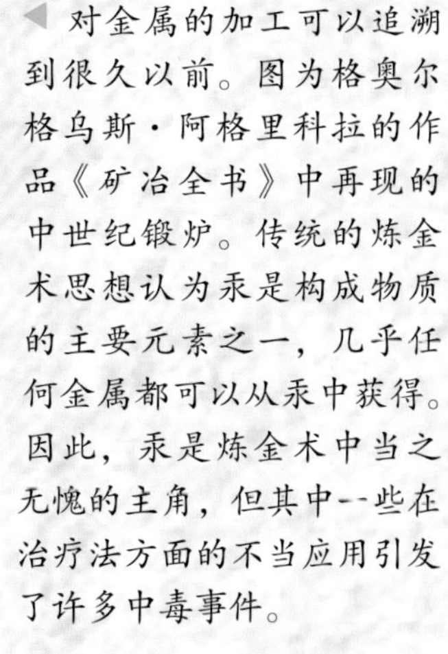

◀ 对金属的加工可以追溯到很久以前。图为格奥尔格乌斯·阿格里科拉的作品《矿冶全书》中再现的中世纪锻炉。传统的炼金术思想认为汞是构成物质的主要元素之一，几乎任何金属都可以从汞中获得。因此，汞是炼金术中当之无愧的主角，但其中一些在治疗法方面的不当应用引发了许多中毒事件。

▲ 铅很容易通过熔化方铅矿（一种硫化铅矿物）的方式获得，这解释了为什么铅的生产会成为冶金术的源头。炼金术士们对灰吹法这一古老技法了如指掌，灰吹法是指通过向液态银铅合金中注入空气而使铅和银分离（与铅不同，银不会被氧化）。他们还坚信，借助贤者之石，铅便可以转化成黄金。

▼ 索尼娅·斯洛博德金（Sonia Slobodkine, 1896—1945）是“居里实验室的女士们”中的一位（左），与玛丽·居里合作进行了一些研究，有的是关于锕元素，有的则和钍-90的半衰期有关。她还参与确定了钋元素的原子序数。和居里夫人一样，她也未能逃过因过度暴露在辐射下而早亡的悲惨命运。

▲ 欧内斯特·卢瑟福是有史以来最伟大的科学家之一，被认为是“核物理之父”。卢瑟福率先证明放射现象实际上是原子衰变的过程，并首先提出放射性半衰期的概念，他设置的标准值对所有元素和同位素均适用。他也因此成功地推断出地球的年龄。他发现了原子核的存在，并提出了一个与中子相关的理论。此外，他还是历史上首先成功地将一种元素转化为另一种元素（将氮-14转化为氧-17）的人。

93 镎 Np

迄今为止，元素周期表中共有 25 种超铀元素，镎排在第一位。镎同时也是锕系元素中排在第五位的元素。到目前为止，镎几乎没有任何实际应用。

镎有 3 种同素异形体。镎元素最稳定的同位素是镎-237，可用来生产高能快中子探测器。

2002 年，洛斯阿拉莫斯国家实验室（Los Alamos National Laboratory）的研究人员首次确定了镎的临界质量，而他们的研究目的是制造核武器，因为镎和铀一样容易发生裂变。

Np

93 个质子

144 个中子

93 个电子

镎的属性	
原子质量：	237.05 u
原子半径：	155 pm
密度：	20 450 kg/m^3
摩尔体积：	1.159 × 10^{-5} m^3 /mol
熔点：	637 ℃
沸点：	4 000 ℃
晶体结构：	斜方晶系

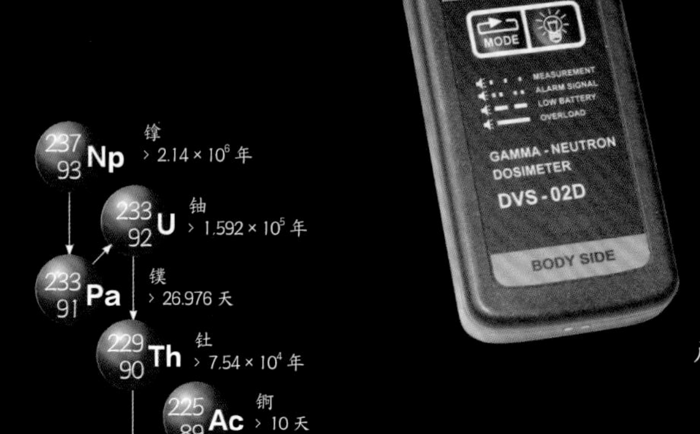

◀ 剂量计可以测量出暴露在电离辐射中的个体所受的辐射剂量。镎-237 可用于生产高能快中子剂量计。

237 93 Np 镎 > 2.14 × 10^6 年

233 92 U 铀 > 1.592 × 10^5 年

233 91 Pa 镤 > 26.976 天

229 90 Th 钍 > 7.54 × 10^4 年

225 89 Ac 锕 > 10 天

225 88 Ra 镭 > 14.9 天

221 87 Fr 钫 > 4.9 分

217 85 At 砹 > 0.0323 秒

213 84 Po 钋 > 4.2 × 10^{-6} 秒

213 83 Bi　209 83 Bi 铋 > 45.59 分 > 1.9 × 10^{19} 年

209 82 Pb 铅 > 3.523 分

209 81 Tl　205 81 Tl 铊 > 2.161 分 > 稳定

▲ 图中所示为镎系衰变链，以镎-237 为起点，终点是铊-205——一种存在于自然界中的稳定同位素。

▶ 镎是一种没有稳定同位素的放射性元素，在自然界中极为罕见。镎单质是一种银色金属，呈固态。它的同位素中相对稳定的一种是铀自然衰变的产物，但其最主要的来源是核电站。

1s	2s	2p	3s	3p	3d	4s	4p	4d	4f	5s	5p	5d	5f	6s	6p	6d	6f	7s
2	2	6	2	6	10	2	6	10	14	2	6	10	4	2	6	1		2

94 钚 Pu

钚是一种放射性金属元素，很容易发生反应，现在常被用来制造核弹。钚的最具致命性的同位素钚 -239 极易发生裂变，由它制造的原子弹具有极大的杀伤力。钚-239 的极端危险性不仅限于原子弹爆炸带来的毁灭性后果，人一旦吸入几毫克也足以致命。钚也有比较和平的用途，可用来制造安装在太空探测器上的放射性同位素热电机。

Pu

94 个质子

150 个中子

94 个电子

◀ 在自然界中几乎找不到钚单质的身影，它是一种灰色金属，与空气接触后表面会覆上一层淡黄色的氧化物。钚单质通常作为核反应堆的副产品被合成出来，而在自然界中，钚只存在于铀矿石中。

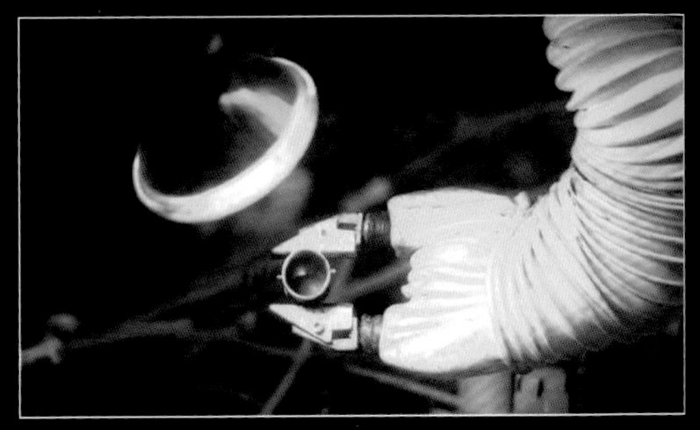

▲ 田纳西州能源部（DOE）于 2016 年合成了少量的钚 -238（在此之前近 30 年没有生产过），目的是为未来的太空飞行提供能源。

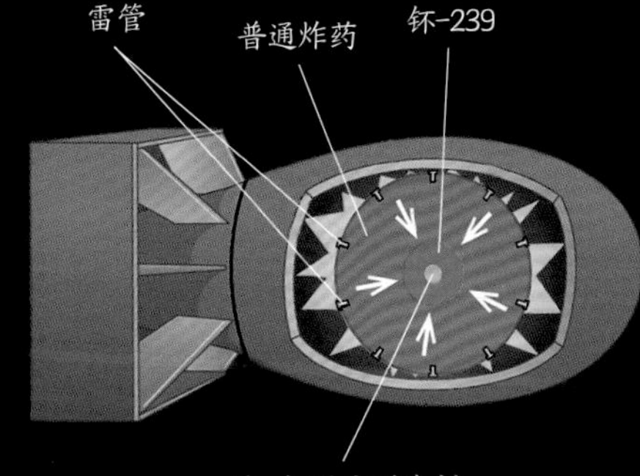

▲ 钚 -239 极易发生裂变，因而特别适合制造核武器。1945 年 8 月 9 日在日本长崎上空爆炸的原子弹是第一个应用于战争中的钚制核武器。

钚的属性	
原子质量：	244.06 u
原子半径：	159 pm
密度：	19 816 kg/m^3
摩尔体积：	1.229×10^{-5} m^3 /mol
熔点：	639.4 ℃
沸点：	3 228 ℃
晶体结构：	单斜晶系

1s	2s	2p	3s	3p	3d	4s	4p	4d	4f	5s	5p	5d	5f	6s	6p	6d	6f	7s
2	2	6	2	6	10	2	6	10	14	2	6	10	6	2	6			2

分子

氨基酸和蛋白质

氨基酸的主要特征是结构中存在羧基（由氢、碳、氧元素组成的 C 端）和氨基（由氢、碳、氮元素组成的 N 端）。在所有氨基酸中，对生化功能最重要的是 L–α 氨基酸，它有 2 个基团，并且通过一个碳原子（α 碳）相连。

氨基酸是有机分子，各个氨基酸通过肽键相连形成蛋白质，也就是有机大分子——在生物体内起着核心作用。实际上，蛋白质的作用是对代谢反应进行催化（加速或减速），并促成细胞之间的通信。此外，蛋白质还承担着运输分子的功能，并能够通过复制来合成 DNA。

▲ 肌红蛋白凭借其独特的球形二级结构（典型的球形蛋白）构型来实现细胞之间的氧气运输。1 个肌红蛋白每次运输 1 个氧分子，将其引至线粒体中。肌肉中的肌红蛋白含量丰富，这也是肌肉呈现其特有的深红色（含有血红蛋白）的原因。

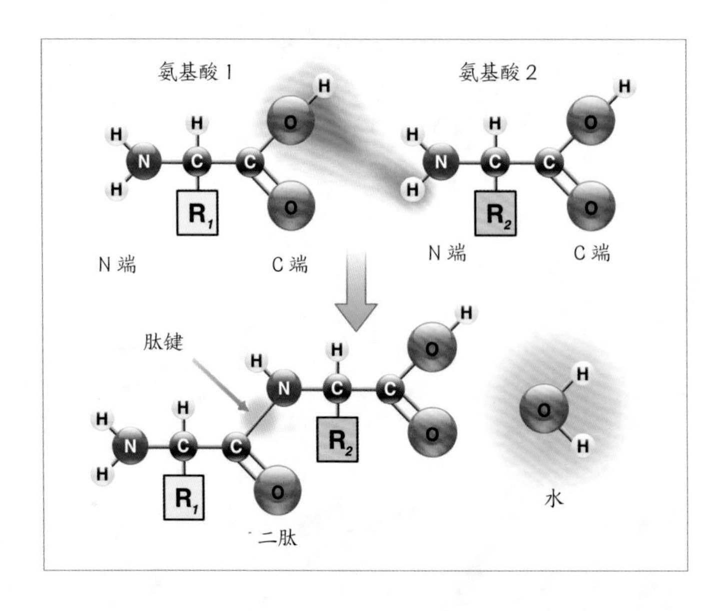

◀ 多个氨基酸可以通过缩合反应结合在一起，并通过释放水的方式形成多肽。图中展示的是连接 2 个氨基酸的最简单的键（二肽）。二肽是由一个氨基酸的羧基与另一个氨基酸的氨基结合而形成的，前者失去一个羟基，后者失去一个氢原子。

▼ 组成蛋白质结构的氨基酸链或肽链可以用不同的方式描述：一级结构包含所有原子以及它们的键；二级结构描述的是空间中的几何排列，可以是 α 螺旋、β 折叠或三螺旋；三级结构从 3 个维度复制了蛋白质的结构；四级结构反映了与其他蛋白质的相互作用。

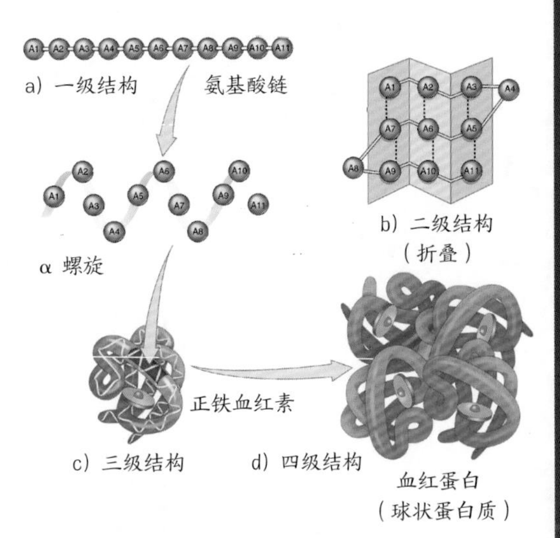

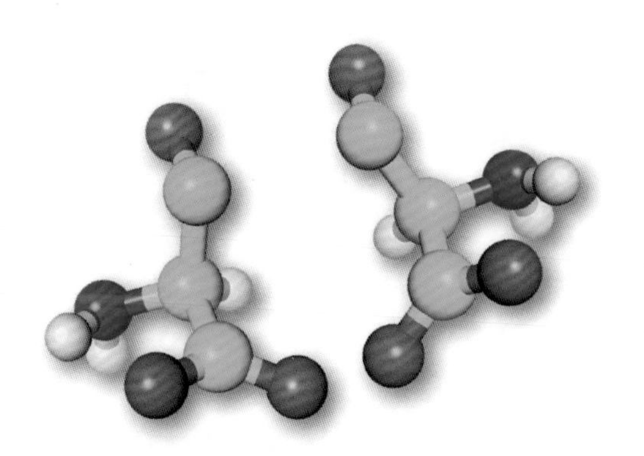

▲ 图为丝氨酸的三维结构。丝氨酸是一种氨基酸，其手性分子（如图所示，不与自身的镜像重叠）有助于代谢能的产生。丝氨酸产自人体，也可以通过食物获得。

KIR（杀伤细胞免疫球蛋白样受体）

免疫系统能够产生自然杀伤（NK）细胞，它能够通过细胞因子识别出其他被病毒或肿瘤感染的细胞，并将其破坏。在这些淋巴细胞所拥有的受体中，KIR 能识别出人类白细胞抗原（HLA）的等位基因 HLA-A、HLA-B 和 HLA- C，从而产生刺激或抑制的信号。激活和释放 NK 细胞或利用其细胞因子的免疫疗法不仅可有效对抗癌症，还为抗肿瘤免疫开启了一扇门。

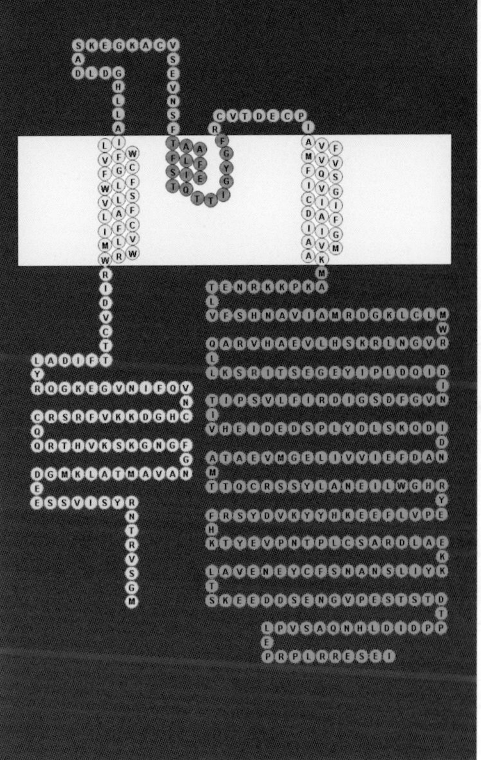

▶ 人体可以通过摄入肉、鱼、蛋清、乳制品、豆类、花生、芝麻、南瓜和鼠尾草来摄取所需的蛋白质。

95 镅 Am

镅是一种锕系元素，通过中子轰击钚而产生。镅单质是一种发亮的银白色金属，而镅元素则是一种合成元素。镅能使周围的空气离子化，它的这一特征最常为人们所利用。镅可以用于制造烟雾探测器和内部允许电流通过的避雷针。

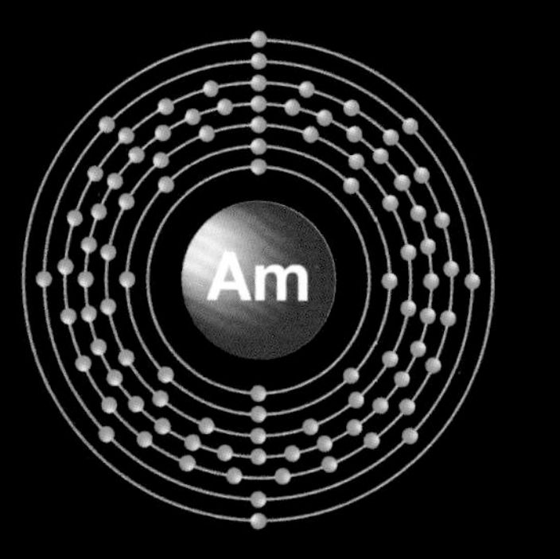

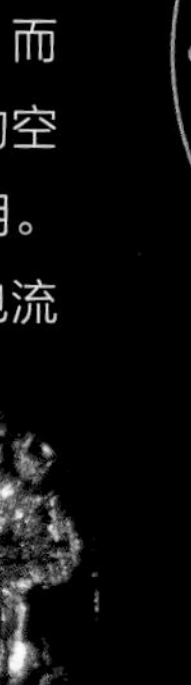

1s	2s	2p	3s	3p	3d	4s	4p	4d	4f	5s	5p	5d	5f	6s	6p	6d	6f	7s
2	2	6	2	6	10	2	6	10	14	2	6	10	7	2	6			2

镅的属性

原子质量：	243.06 u
原子半径：	173 pm
密度：	12 000 kg/m^3
摩尔体积：	1.763×10^{-5} m^3 /mol
熔点：	1 176 ℃
沸点：	2 607 ℃
晶体结构：	六方晶系

96 锔 Cm

锔的产生方式和镅类似，只不过它是通过 α 粒子轰击而非中子轰击产生的。和钋一样，锔也因居里夫妇而得名。锔单质是一种银白色金属，会在黑暗中发出微弱的紫色光芒，这是由于其具有放射性。人体会通过食物、水和呼吸过程摄入少量的锔，摄入的锔会沉积在肝脏和骨骼中，且可能引发肿瘤。

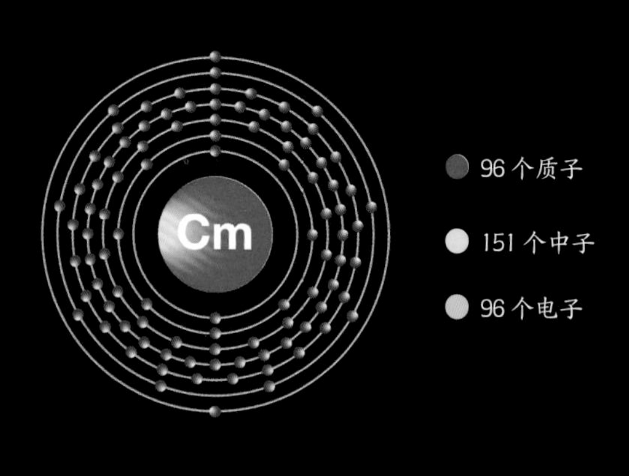

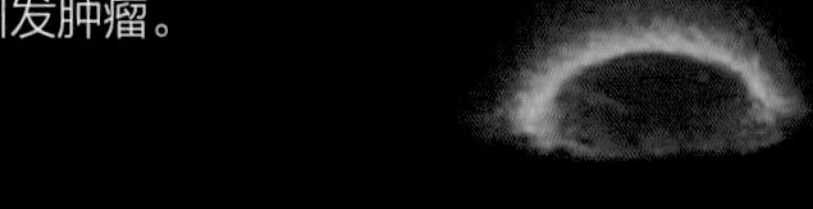

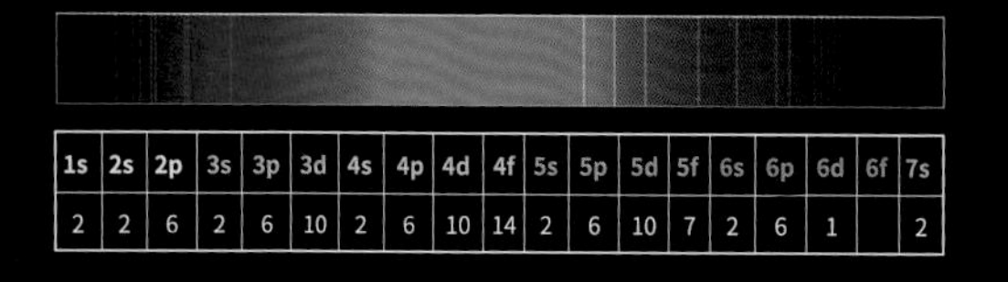

1s	2s	2p	3s	3p	3d	4s	4p	4d	4f	5s	5p	5d	5f	6s	6p	6d	6f	7s
2	2	6	2	6	10	2	6	10	14	2	6	10	7	2	6	1		2

锔的属性

原子质量：	247.07 u
原子半径：	174 pm
密度：	13 510 kg/m^3
摩尔体积：	1.805×10^{-5} m^3 /mol
熔点：	1 340 ℃
沸点：	3 110 ℃
晶体结构：	六方晶系

97 锫 Bk

1949 年，伯克利大学合成出原子序数为 97 的元素——锫。锫是一种银色的锕系元素，高温下容易被氧化，它是通过用 α 粒子轰击镅而获得的。和元素周期表中排在它前一位元素锔一样，锫也能渗入骨组织，进而损害人体健康。锫在工业和商业领域没有任何用途，仅作为科学研究的对象。

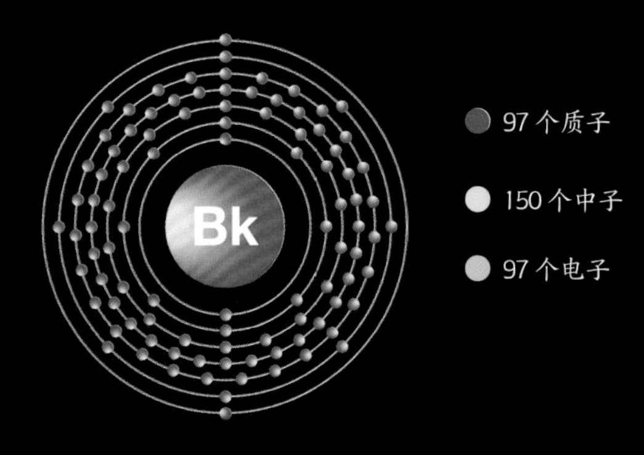

1s	2s	2p	3s	3p	3d	4s	4p	4d	4f	5s	5p	5d	5f	6s	6p	6d	6f	7s
2	2	6	2	6	10	2	6	10	14	2	6	10	9	2	6			2

锫的属性

原子质量：	247.07 u
原子半径：	170 pm
密度：	14 780 kg/m^3
摩尔体积：	16.71×10^{-6} m^3 /b mol
熔点：	986 ℃
沸点：	2 009 ℃
晶体结构：	六方晶系

98 锎 Cf

成功合成出锫元素的 1 年后，伯克利大学又合成出元素周期表中第 98 号元素——锎。锎元素是通过用 α 粒子轰击锔的方式人工产生的，其同位素锎 -252 是世界上最昂贵的金属（2014 年的价格为每克 2700 万美元）。锎可用于放射治疗，在对抗脑瘤和某类宫颈癌方面比较有效。

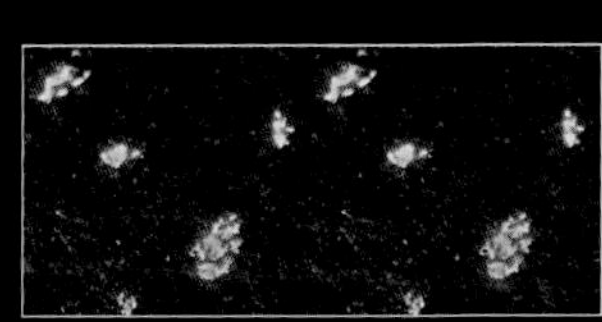

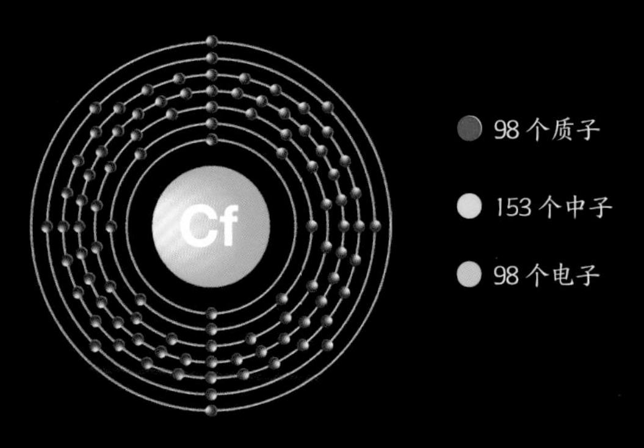

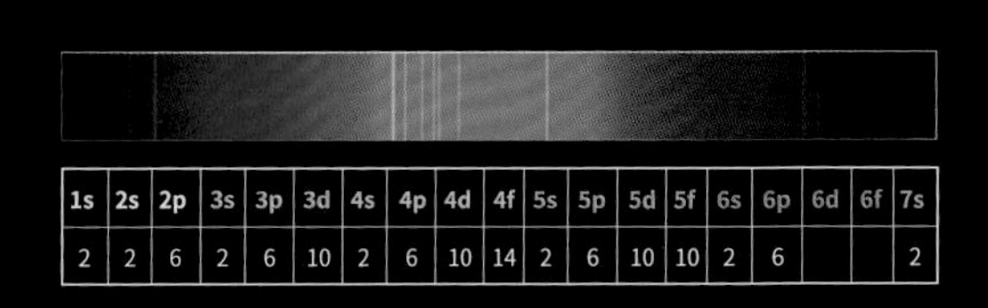

1s	2s	2p	3s	3p	3d	4s	4p	4d	4f	5s	5p	5d	5f	6s	6p	6d	6f	7s
2	2	6	2	6	10	2	6	10	14	2	6	10	10	2	6			2

锎的属性

原子质量：	251.08 u
原子半径：	186 pm
密度：	15.1 g/m^3
摩尔体积：	16.62×10^{-6} m^3 /b mol
熔点：	900 ℃
沸点：	1 470 ℃
晶体结构：	面心立方

分子

DNA 和 RNA

存在于生物体内的核酸有 DNA（脱氧核糖核酸）和 RNA（核糖核酸）两种。两者都是聚合大分子，负责保存和传递遗传信息。核酸的重复单元是核苷酸，由 1 个含氮碱基（或核酸碱基）、1 个磷酸和 1 个含有 5 个碳原子的糖组成。DNA 保存遗传信息，而 RNA 能够对遗传信息进行编码并合成不同的蛋白质。病毒体内只包含 DNA 和 RNA 中的一种，细菌以及所有高级生物的细胞则同时含有这两种核酸。所有生物体内都有一组基因，它们实际上是结构紧密的 DNA，被称为染色体。

弗雷德里希·米歇尔（Friedrick Miescher）于 1868 年发现了核酸，但是直到第二次世界大战结束，DNA 和 RNA 的作用才得以确定。1952 年，科学家詹姆斯·沃森（James D. Watson）和弗朗西斯·克里克（Francis Cric）发现了 DNA 的双螺旋结构。该发现为研究和了解地球的生命基础创造了超乎想象的广阔空间。

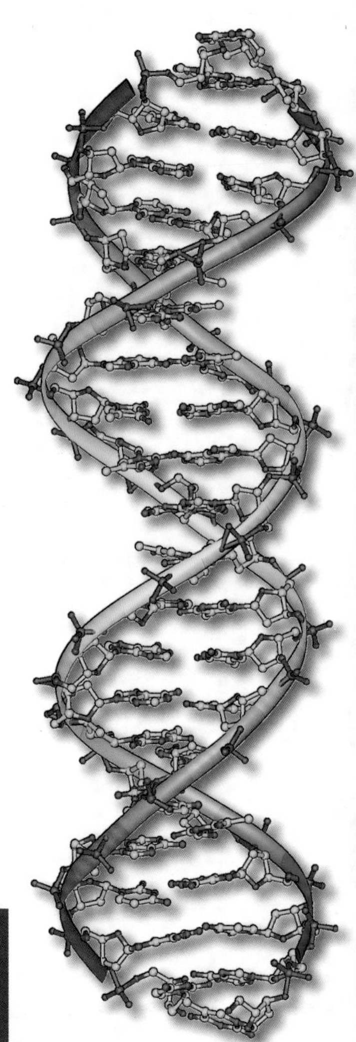

▲ DNA 是由 2 条多核苷酸链组成的有机聚合物，这 2 条多核苷酸链由核苷酸（核酸的单体）组成。核苷酸则由碳水化合物（脱氧核糖）、磷酸基和含氮碱基组成。这两条链以螺旋的形式彼此缠绕。

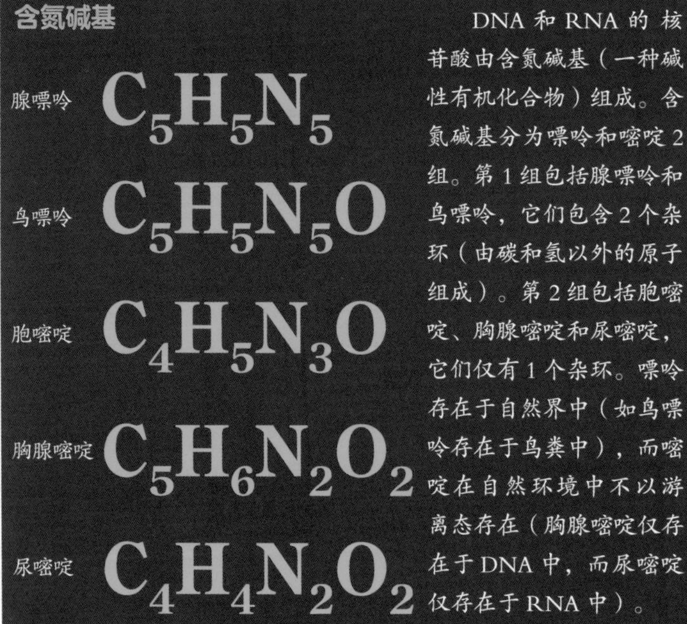

DNA 和 RNA 的核苷酸由含氮碱基（一种碱性有机化合物）组成。含氮碱基分为嘌呤和嘧啶 2 组。第 1 组包括腺嘌呤和鸟嘌呤，它们包含 2 个杂环（由碳和氢以外的原子组成）。第 2 组包括胞嘧啶、胸腺嘧啶和尿嘧啶，它们仅有 1 个杂环。嘌呤存在于自然界中（如鸟嘌呤存在于鸟粪中），而嘧啶在自然环境中不以游离态存在（胸腺嘧啶仅存在于 DNA 中，而尿嘧啶仅存在于 RNA 中）。

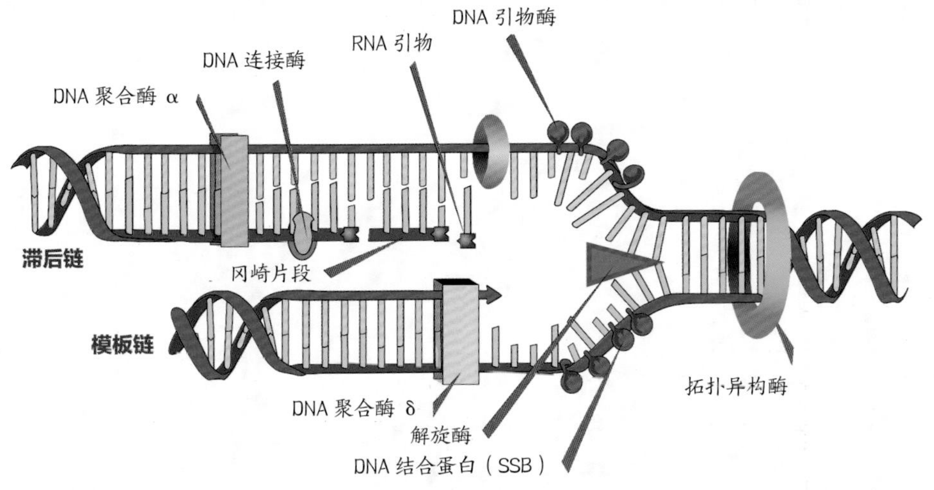

▲ DNA 通过复制将必要的信息传递下去，使遗传信息随着时间的推移始终稳定地保存在生物体细胞中，无论是保留在自身体内，还是传给后代。DNA 复制发生在细胞分裂之前，在拓扑异构酶、解旋酶、引物酶、连接酶和聚合酶的作用下完成。这些酶各司其职，为了一个共同的目的，即借助模板链（主链）和滞后链（第二链）用一个 RNA 小分子对原始的双螺旋进行复制。

▼ 细胞核（活的生物体的最小单位）中含有染色体，而染色体的作用是将基因遗传给后代。染色体的结构较为复杂，其中包含蛋白质和 DNA。人体细胞中共有 46 条成对排列的染色体，它们携带的遗传信息决定了个体的特征和新陈代谢。

▶ RNA 对于基因的编码、解码、形成和调节来说是必不可少的。RNA 是一条核苷酸链，几乎总是由一条折叠回自身的单链组成，这是它和 DNA 的区别之一（DNA 为双链）。DNA 和 RNA 的另一区别是存在于 RNA 中的是核糖，而存在于 DNA 中的是脱氧核糖。在 RNA 的链中，一些含氮碱基在不断轮换，并对数据进行转录。这些含氮碱基是彼此相连的腺嘌呤（A）和尿嘧啶（U），以及能形成桥梁的胞嘧啶（C）和鸟嘌呤（G）。

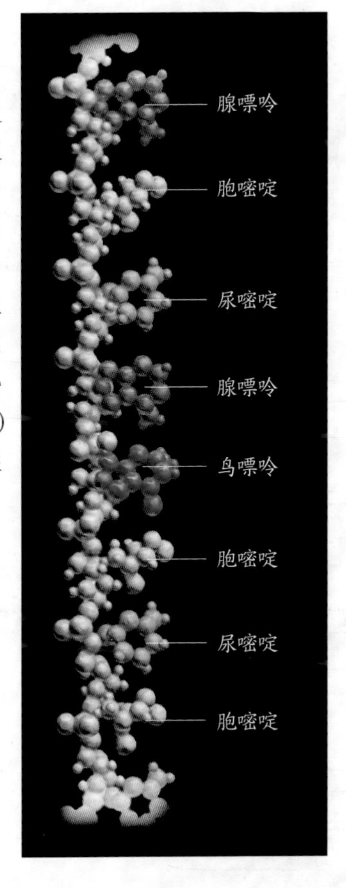

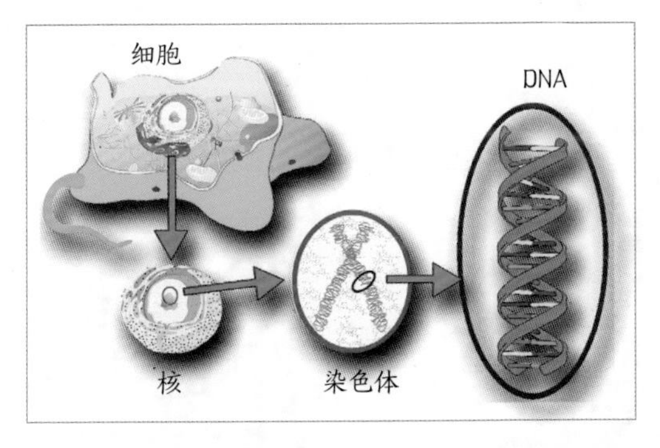

99 锿 Es

阿尔伯特·爱因斯坦（Albert Einstein）去世后不久，科学家就以他的名字命名了一种新元素——锿（Einstenio）。锿元素实际上是在爱因斯坦去世的 3 年前，即 1952 年首次被合成出来的。当时正值第一枚氢弹的试验期间，科学家们在研究核裂变的副产物的过程中合成出了锿，所用的方法同样是对钚进行中子轰击。锿最稳定的同位素是锿 -252，其半衰期约为 471 天。锿是元素周期表中第一个完全意义上的合成元素，没有任何已知的用途。

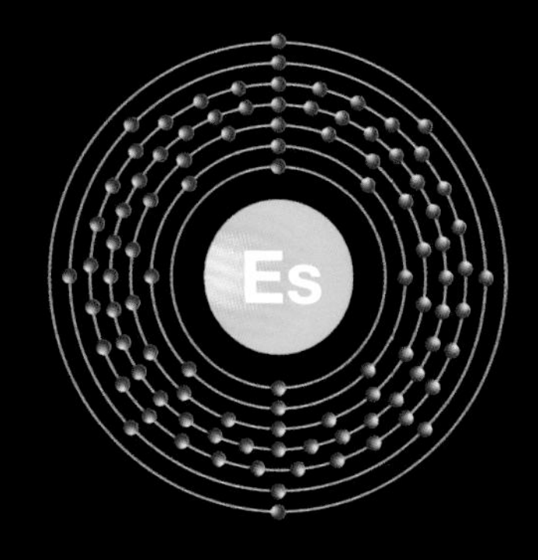

99 个质子

153 个中子

99 个电子

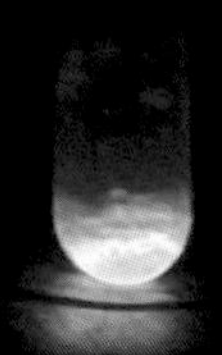

1s	2s	2p	3s	3p	3d	4s	4p	4d	4f	5s	5p	5d	5f	6s	6p	6d	6f	7s
2	2	6	2	6	10	2	6	10	14	2	6	10	11	2	6			2

锿的属性	
原子质量:	252.08 u
原子半径:	186 pm
密度:	8 840 kg/m^3
摩尔体积:	未知
熔点:	860 ℃
沸点:	未知
晶体结构:	六方晶系

100 镄 Fm

镄是一种放射性非常强的锕系元素，通过对钚进行中子轰击而合成。镄（Fermio）元素的名称是为了纪念意大利物理学家恩里科·费米（Enrico Fermi）而命名的。与前一种元素锿一样，镄也是在分析氢弹爆炸残留的产物时首先被检测到的。它最稳定的同位素是镄 -257，半衰期稍大于 100 天。镄同样只用于科学研究，其化学特性尚未明确。

迄今为止，只成功分离出极微量的镄。

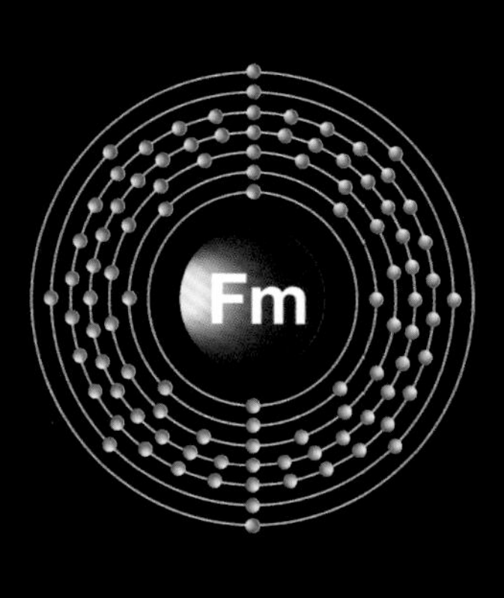

100 个质子

157 个中子

100 个电子

1s	2s	2p	3s	3p	3d	4s	4p	4d	4f	5s	5p	5d	5f	6s	6p	6d	6f	7s
2	2	6	2	6	10	2	6	10	14	2	6	10	12	2	6			2

镄的属性	
原子质量:	257.1 u
原子半径:	243 pm
密度:	6 146 kg/m^3（预计）
摩尔体积:	22.39 × 10^{-6} m^3 /b mol
熔点:	920 ℃（预计）
沸点:	3 457 ℃
晶体结构:	六方晶系

101 钔 Md

钔元素的名称是为了纪念“元素周期表之父”门捷列夫。钔是一种锕系元素，1955 年在伯克利大学首次合成出来，方法是用 α 粒子轰击锿。到今天为止，对钔的合成只限制在痕量水平，因此该元素在工业和商业上自然也就没什么应用。钔的化学性质与铥相似，是一种放射性非常强的重金属，可发出高强度的 α 射线。钔最稳定的同位素是钔 -258，半衰期为 52 天左右。

1s	2s	2p	3s	3p	3d	4s	4p	4d	4f	5s	5p	5d	5f	6s	6p	6d	6f	7s
2	2	6	2	6	10	2	6	10	14	2	6	10	13	2	6			2

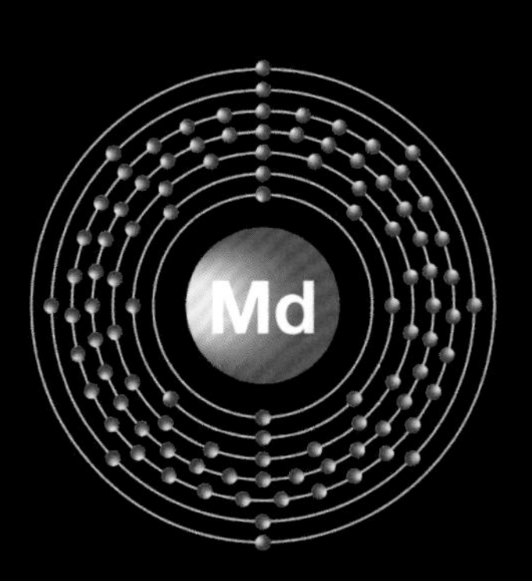

101 个质子

157 个中子

101 个电子

钔的属性

原子质量：	258.1 u
原子半径：	未知
密度：	10 300 kg/m^3
摩尔体积：	未知
熔点：	827 ℃
沸点：	未知
晶体结构：	面心立方

102 锘 No

锘单质的外观仍是未知的，但人们认为它会是一种银白色金属。伯克利大学于 1958 年宣布发现了新元素——锘，合成方法是借助线性离子加速器轰击锔。锘元素的名称来源于诺贝尔奖的创始人、炸药的发明者阿尔弗雷德·诺贝尔(Alfred Nobel)。锘是一种极不稳定的元素，其同位素中拥有最长半衰期（3 分钟多一点）的是锘 -259.1。锘是排在倒数第 2 位的锕系元素，排在最后的是铹元素。

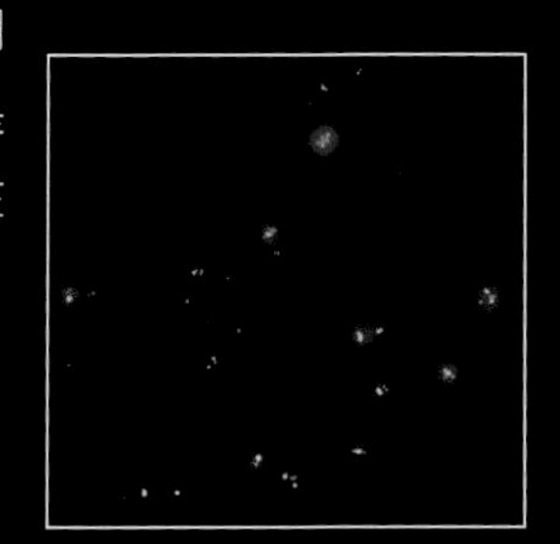

1s	2s	2p	3s	3p	3d	4s	4p	4d	4f	5s	5p	5d	5f	6s	6p	6d	6f	7s
2	2	6	2	6	10	2	6	10	14	2	6	10	14	2	6			2

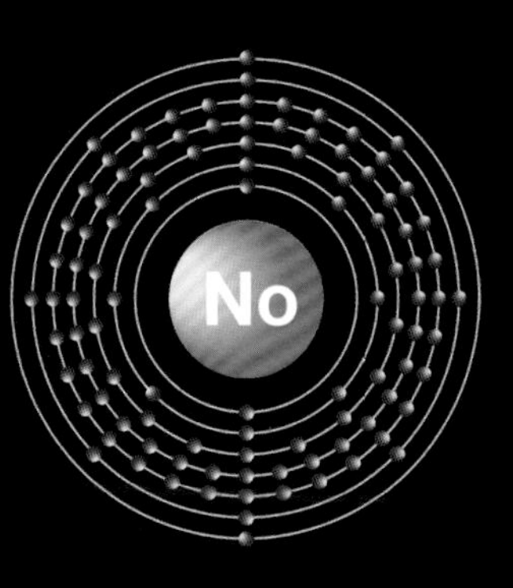

102 个质子

157 个中子

102 个电子

锘的属性

原子质量：	259.1 u
原子半径：	未知
密度：	9 900 kg/m^3
摩尔体积：	未知
熔点：	828 ℃
沸点：	未知
晶体结构：	面心立方

寻找元素

从钍到鿫

正如我们所见，元素周期表中排在前98位的元素以不同的百分比存在于自然界中，而其余的20种（截止到目前是从锿到鿫）是人工合成的，无法在实验室外被发现。原因可以归结为这些元素拥有较高的原子序数，这代表着它们极不稳定。如果说铅是最后一种拥有至少一种稳定同位素的元素，那么锎则刚好相反，它是第一种会自发裂变的元素，裂变过程使排在锎元素后面的元素不可能拥有半衰期较长的同位素。当原子核内的质子数达到105（𨧀）时，元素最稳定的同位素的半衰期只有几秒钟。

根据相关规律预测，元素随着原子序数的平方的不断增加，元素自发裂变的半衰期将会变短。科学家们因此相信，早晚可以发现拥有至少一种稳定同位素的超重合成元素。尽管目前仍未取得预期的结果，但研究仍在继续。最近一次发现和证实有新元素是在2015年，而科学家们对这一进程感到满意。最新发现的元素的原子核中包含118个质子，其最稳定的同位素的半衰期仅为14毫秒。

▲ 图中的格伦·西奥多·西博格（Glenn Theodore Seaborg, 1912—1999）正微笑着指向元素周期表中以他的名字命名的元素——𨭎。这位美国化学家在他的职业生涯中与他的合作者一同发现并合成了10种超铀元素。

新元素的创造

合成出一种新元素的原子还不足以将其正式地纳入元素周期表中，还需要经过另一个独立实验室的确认才可以。目前，有2个科学团队正在努力检测和合成原子序数为119和120的元素。

通常想要获得一种新元素，需要借助粒子加速器使已知元素的原子发生碰撞。图中展示的是1939年的一个模型。这些潜在的元素的原子质量极高，这就对实验投入的资源和周期提出了极高的要求。当然，也不能排除目前的技术不足以实现此目的的可能性。

▲ 欧内斯特·奥兰多·劳伦斯（Ernest Orlando Lawrence，1901—1958）发明了回旋加速器，这是历史上第一台圆形粒子加速器。多亏了这些加速器（圆形和线性），人类可以成功合成出超重和超铀元素，它们包括锫、钍和轮，以及原子序数比这几个元素低得多的元素——锝。

▲ 格伦·西奥多·西博格（Glenn T. Seaborg，右）和埃德温·麦克米伦（Edwin McMillan 1907—1911）因合成出了前5种超铀元素〔镎（由麦克米伦合成），钚（两人共同合成）、镅、锔和锫（由西博格合成）〕而获得了诺贝尔化学奖。

◀ 德国化学家奥托·哈恩（Otto Hahn，1879—1968）和莉泽·迈特纳（Lise Meitner，1878—1968，右）是一对合作伙伴，二人于1938年共同发现了铀和钍的核裂变。由于当时的社会男权当道，因而后者在这段合作中的贡献大多被算在了前者的身上。

◀ 图为埃德温·麦克米伦（Edwin McMillan，右）与劳伦斯的合影。麦克米伦是世界上第一个合成出超铀元素（镎）的人，他因发现了该种人造元素而赢得了1951年诺贝尔奖。

发现时间

元素	年份	元素	年份	元素	年份
90. 钍	1828年	**100. 镄**	1954年	**110. 鐽**	1994年
91. 镤	1917年	**101. 钔**	1955年	**111. 轮**	1994年
92. 铀	1789年	**102. 锘**	1958年	**112. 鎶**	1996年
93. 镎	1940年	**103. 铹**	1961年	**113. 鉨**	2004年
94. 钚	1940年	**104. 𬬻**	1968年	**114. 𫓧**	1999年
95. 镅	1944年	**105. 𬭊**	1970年	**115. 镆**	2004年
96. 锔	1944年	**106. 𬭳**	1974年	**116. 𫟷**	2000年
97. 锫	1949年	**107. 𬭛**	1981年	**117. 石田**	2010年
98. 锎	1950年	**108. 𬭶**	1984年	**118. 气奥**	1999年
99. 锿	1954年	**109. 鿏**	1982年		

103 铹 Lr

铹是元素周期表中最后一种锕系元素，以回旋加速器的发明者欧内斯特·劳伦斯的名字命名。铹也是在伯克利大学合成的，方法是轰击锎。尽管人们认为铹会是一种银白色金属，但由于当前产量过低，我们仍无法确切描述其外观。

铹的属性	
原子质量：	266.11 u
原子半径：	未知
密度：	12.41 g/cm³（估计）
聚集态：	固态（估计）
熔点：	1 627 ℃（预测）
晶体结构：	六方晶系（预测）

104 𬬻 Rf

𬬻是元素周期表中的第一种超锕系元素，具有很强的放射性。其最稳定的同位素𬬻-267 的半衰期只有短短几个小时。𬬻元素于 1964 年在苏联的杜布纳被合成，方法是用加速的氖离子轰击钚。美国对苏联首先发现该元素提出质疑，并最终获得了为其命名的权力——𬬻的名称是为了纪念欧内斯特·卢瑟福。

𬬻的属性	
原子质量：	267.11 u
原子半径：	150 pm(预测)
密度：	23.2 g/cm³（估计）
聚集态：	固态（估计）
熔点：	2 100 ℃（预测）
晶体结构：	六方晶系（预测）

105 𬭊 Db

在𬬻元素被发现的 4 年后，一种新的元素——𬭊被合成出来，地点也是在杜布纳（𬭊的名称正是来自这座城市），方法是在粒子加速器中用氮核轰击锎-249 的原子。该元素的发现者同样曾引起了争议，最终于 1997 年判定苏联科学家是𬭊的发现者。

𬭊的属性	
原子质量：	262.11 u
原子半径：	139 pm(预测)
密度：	29.3 g/cm³（估计）
聚集态：	固态（估计）
晶体结构：	等轴晶系（预测）

106 𬭳 Sg

美国和苏联同样因为𬭳元素的发现者而争夺不休。最终美国成为胜者，并将第 106 号元素命名为𬭳，以纪念瑞典裔化学家格伦·西奥多·西博格。𬭳最稳定的同位素的半衰期为几分钟。

𬭳的属性	
原子质量：	263.12 u
原子半径：	132 pm(预测)
密度：	35.0 g/cm³（估计）
聚集态：	固态（估计）
晶体结构：	等轴晶系（预测）

107 𬭛 Bh

𬭛元素是通过铬-54的重核轰击铋-204而获得的。1976年，杜布纳核研究所的苏联科学家首次合成出𬭛元素。迄今为止，该元素最稳定的同位素是𬭛-270，其半衰期只比一分钟多一点。

𬭛的属性

原子质量：	264.12 u
原子半径：	128 pm(预测)
密度：	37.1 g/cm^3(估计)
聚集态：	固态(估计)
晶体结构：	六方晶系(预测)

108 𬭶 Hs

德国达姆施塔特的德国科学家们于1984年首次合成出𬭶元素，方法是用锰轰击铋。𬭶的名称来源于其发现地点所属的地区——黑森州，其已知的同位素中最稳定的是𬭶-269，半衰期不足10秒。

𬭶的属性

原子质量：	265.13 u
原子半径：	126 pm(预测)
密度：	41.0 g/cm^3(估计)
聚集态：	固态(估计)
晶体结构：	六方晶系(预测)

109 鿏 Mt

首次合成出𬭶元素的2年前，在同一间德国实验室中科学家们首次发现了鿏元素，方法是用加速的铁-58的核轰击铋-209。鿏元素的名称是为了向奥地利物理学家莉泽·迈特纳（Lise Meitner）致敬。鿏元素最稳定的同位素的半衰期仅为3.4毫秒。

鿏的属性

原子质量：	266.13 u
原子半径：	128 pm(预测)
密度：	37.4 g/cm^3(估计)
聚集态：	固态(估计)
晶体结构：	等轴晶系(预测)

110 𫟼 Ds

人们认为𫟼单质是一种固态的金属（据其在元素周期表中的位置推测），但其高度的不稳定性（所有同位素的半衰期均不超过几毫秒）使得这一点到目前为止还无法被证实。𫟼元素于1994年在达姆施塔特首次被合成出来，方法是用镍的同位素轰击铅的同位素。𫟼是元素周期表中的第一种超重和超铀金属。

𫟼的属性

原子质量：	269 u
原子半径：	132 pm(预测)
密度：	34.8 g/cm^3(估计)
聚集态：	固态(估计)
晶体结构：	等轴晶系(预测)

21 世纪的化学

计算方法在化学中的巨大潜力为现代科学家们指明了一系列新的目标和方向，它们的丰富和复杂程度好像无穷无尽。

理论模拟是可以运用到现在的化学研究中的方法之一，其中包含的计算是一个人甚至整个专家团队都无法完成的。理论模拟能够在兼顾理论的同时，给出化学性质和物理量的相关结果。材料科学和遗传学这两门与化学在结果和方法上密切相关的学科都从这项创新中获得了决定性的收益。

在纯实验领域，理论模拟方法也取得了重大成功，这要得益于功能日渐强大和复杂的仪器。这些仪器有时会为当前的理论基础带来意想不到的刺激和新的挑战，但更普遍的情况是为假设和预测模型（先行提出，后经实验证实）提供支持。

▲ 当代化学已经达到甚至打破了许多原有的边界，为人们更好地了解原子和亚原子级物质的动力开辟了新的视野，如关于纳米粒子的研究。纳米粒子由铁、镍和钴原子及其化合物组成，对其磁性相互作用和磁操纵（magnetic manipulation）的研究是当前的一个开放研究领域，进展较为迅速。该领域的代表人物是法国化学家路易·欧仁·费利克斯·奈尔（Louis Eugène Félix Néel, 1904—2000）和瑞典化学家汉尼斯·奥洛夫·哥斯达·阿尔文（Hannes Olof Gösta Alfv é n, 1908—1995）。

◀ 桑格法是由弗雷德里克·桑格（Frederick Sanger，1918—2013）设计和完善的。这种诞生于 1975 年的方法是一种 DNA 测序技术，利用一种酶对核苷酸（通过放射或荧光的方式对核苷酸进行改变或标记）特定位置的作用为基础。桑格的团队也是首个使用手动方法对一种病毒的整个基因组进行测序的团队，他们以此为起点，最终于 1987 年设计出了自动模型。2001 年完成的人类基因组测序也是以该模型为基础的。

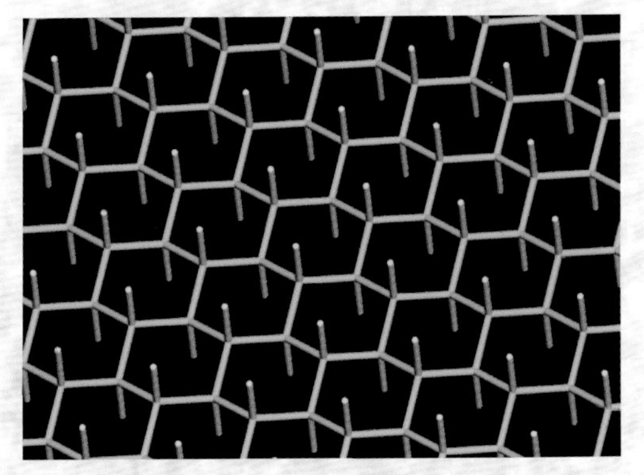

◀ 曼彻斯特大学于 2010 年设计并提出了氟化石墨（一种由碳和氟组成的材料）的二维结构（和一个分子一样厚），该结构的特性与特氟龙近似，但比特氟龙的质量更轻，并且薄得多。这种新材料因出色的坚固性而逐步取代了许多在工业和商业中应用的特氟龙。在过去的几十年中，材料科学的发展成果越来越突出，这预示着该领域将迎来更多的创新。

▼ 在所有的富勒烯（碳的同素异形体）中最稳定的是 C_{60}。和碳的其他一些同素异形体一样，C_{60} 也具有空心球状结构。它于 1985 年在英国萨塞克斯大学和美国得克萨斯州的休斯敦大学首次被检测到。C_{60} 可用于生产润滑剂的减磨剂，其在药理学领域的用途目前还在测试中。

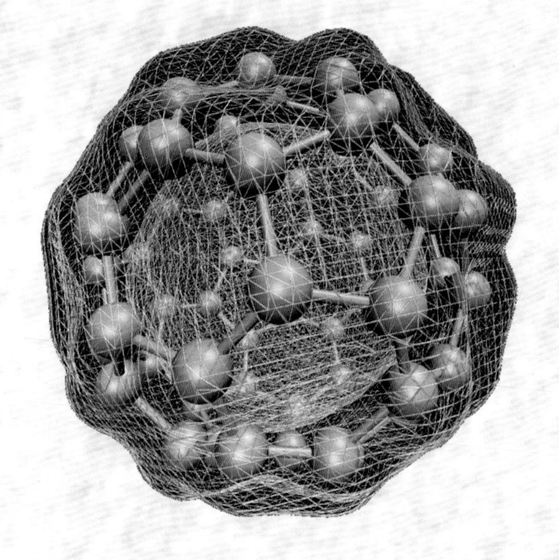

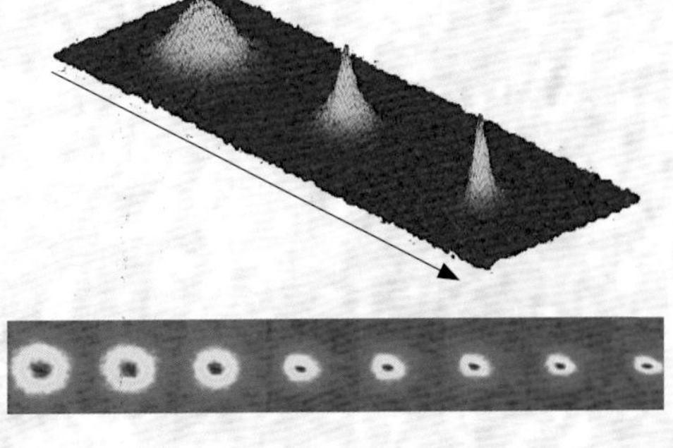

▲ 1925 年，玻色–爱因斯坦冷凝物在理论领域被提出。1995 年 6 月 5 日，埃里克·康奈尔（Eric Cornell）和卡尔·维曼（Carl Wieman）首次获得了该冷凝物。这种物质状态的获得借助了以激光应用为基础的冷却法，将一系列玻色子的温度降至接近绝对零度。当温度降到了 TC 标示的临界值以下时，玻色气体便会发生相变。

▶ 信息时代对所有实验科学来说意味着全新的可能性和全新的应用。信息科学提供了更精确、强大的仪器，如图中的电子显微镜，它对纳米材料的分析和生产极为重要。此外，信息科学还为理论化学或者说化学系统的模拟提供了无限的机遇。因此可以说，我们正在见证信息化学的蓬勃发展。

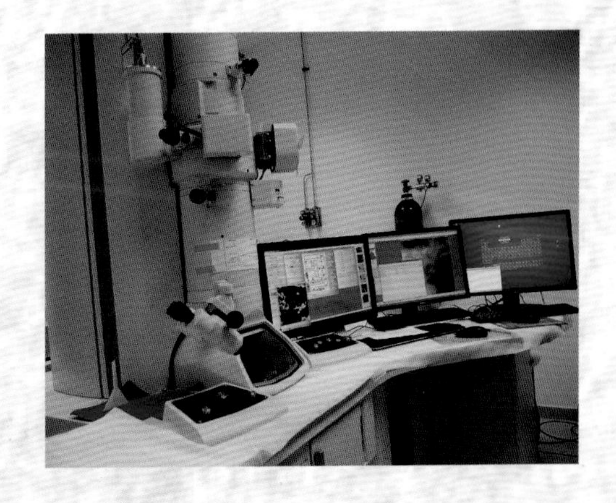

111 轮 Rg

轮元素的发现地点和年份与铋元素完全一致，均是在 1994 年的达姆施塔特。这一次，科学家们在线性加速器的帮助下用镍-64 轰击铋-209，最终合成出了 3 个轮原子。

轮的属性

原子质量：	272 u
原子半径：	138 pm(预测)
密度：	28.7 g/cm^3（估计）
聚集态：	固态（估计）
晶体结构：	等轴晶系（预测）

112 鎶 Cn

1996 年，同样是在达姆施塔特，科学家们合成出鎶元素，方法是在离子加速器中用锌原子轰击铅原子。到目前为止，鎶是已知的合成元素中唯一呈液态的。

鎶的属性

原子质量：	277 u
原子半径：	147 pm(预测)
密度：	29.3 g/cm^3（估计）
聚集态：	气态（估计）
晶体结构：	等轴晶系（预测）

113 鉨 Nh

2004 年，在日本理化学研究所 RIKEN，科学家们通过铋的一种同位素和锌的一种同位素之间的冷聚变反应合成出了鉨元素〔名称来自日本 (Nihon) 的国名〕，该元素最终于 2015 年年底被正式纳入元素周期表。

鉨的属性

原子质量：	278 u
原子半径：	170 pm(预测)
密度：	16 g/cm^3（估计）
聚集态：	固态（估计）
晶体结构：	六方晶系（预测）

114 𫓧 Fl

2017 年的研究表明，元素𫓧并不是真正的 ekaplomo（类铅），也就是说𫓧元素的特征与元素周期表中位于该位置的元素应有的特征并不相符。也许是因为质量较大，所以𫓧元素会受到相对论效应的影响，进而表现出了与稀有气体相近的特性。

𫓧的属性

原子质量：	289 u
原子半径：	180 pm(预测)
密度：	14 g/cm^3（估计）
聚集态：	气态（估计）
晶体结构：	六方晶系（预测）

115 镆 Mc

镆元素是由俄罗斯的杜布纳研究所和美国的劳伦斯利弗莫尔（Lawrence Livermore）国家实验室联合合成的，方法是用钙原子轰击镅原子，产生的镆原子在不到一秒钟的时间内就分解了。在元素周期表中，镆元素与鉨、鿬和鿫元素同属一个周期。

镆的属性

原子质量：	288 u
原子半径：	187 pm(预测)
密度：	13.5 g/cm^3（估计）
聚集态：	固态（估计）
晶体结构：	未知

116 鉝 Lv

鉝的属性

原子质量：	289 u
原子半径：	183 pm(预测)
密度：	12.9 g/cm^3（估计）
聚集态：	固态（估计）
晶体结构：	未知

鉝元素于 2000 年被合成出来，方法是用钙原子轰击钚 -244。鉝元素的名称是为了纪念加利福尼亚州的劳伦斯利弗莫尔国家实验室——联合发现该元素的两个实验室之一。

117 鿬 Ts

鿬可能是一种半金属元素，于 2010 年在杜布纳首次被合成出来，方法是用钙 -48 轰击锫 -249。在那之后，德国达姆施塔特的实验室与美国田纳西州的橡树岭国家实验室（Oak Ridge National Laboratory）共同证明了这一发现，该元素自此被正式纳入元素周期表。

鿬的属性

原子质量：	294 u
原子半径：	138 pm(预测)
密度：	7.2 g/cm^3（估计）
聚集态：	固态（估计）
晶体结构：	未知

118 鿫 Og

鿫的属性

原子质量：	294 u
原子半径：	157 pm(预测)
密度：	−4.9 ~5.1 g/cm^3（估计）
聚集态：	固态（估计）
晶体结构：	等轴晶系

鿫是元素周期表中的最后一种元素，原子序数为 118。鿫元素的名称来源于其发现者尤里 · 奥加涅相（Yuri Tsolakovich Oganessian），他也是首次合成出鿬元素的科学家之一。鿫的合成方法是用钙 -48 的离子轰击锎 -249。

附录 1

发现与发明年表

约公元前 450 年

恩培多克勒（Empedocles）确立了土、气、火和水 4 种“原素”。

约公元前 440 年

留基伯和德谟克里特创立了原子论，该理论认为物质是由不可分割的微小粒子组成的。

约公元前 360 年

柏拉图（Plato）根据元素的几何形状将“原素”进行了更为详细的分类：土由微小的立方体组成，水由二十面体构成，气由八面体组成，构成火的基本形状则是四面体。

约公元前 350 年

亚里士多德建立了自己的物质理论，向其中加入了第 5 种元素——存在于月表之下的以太。

约公元前 200 年

孟地斯（Mendes）的波洛斯（Bolus）完成了对化学现象的研究。

约公元前 50 年

提图斯·卢克莱修·卡鲁斯（Titus Lucretius Carus）在其哲理长诗《物性论》（*De Rerum Natura*）中对原子论进行了描述。

约 50 年

中国人蔡伦发明了纸张。

约 300 年

迄今为止发现的最古老的炼金术文献诞生，其作者是潘诺波利斯（Panopolis）的佐西默斯（Zosimus）。

约 770 年

贾比尔·伊本·哈扬发现了许多种酸，包括盐酸、柠檬酸、乙酸和王水。此外，他还确定了“贤者之石”的两大构成要素——硫和“哲人汞”。

约 1050 年

人们开始在 60° C 的环境中从葡萄酒中蒸馏酒精。

约 1100 年

马特乌斯·普拉特里乌斯(Matthaeus Platearius) 描述了如何用玫瑰水或精油进行蒸馏。

约 1160 年

克雷莫纳（Gerard）的杰拉德 (Gerard) 翻译了亚里士多德《气象汇论》（Meteorolosis）的前 3 本、贾比尔·伊本·哈扬《七十士译本》（*De septuaginta*）的第一本，以及医生兼哲学家阿尔·拉齐的《游离铝盐》（*Liber de aluminibus et salibus*）

约 1220 年

迈克尔·斯考特（Michael Scot）写成了《炼金术的艺术》（*Ars alchimiae*）。

约 1230 年

胡安·亚历山大完成了《自由的牧师》（*Liber sacerdotum*），其中列出了 207 种化学工艺。

约 1250 年

智者阿方索十世（Alfonso X el Sabio）的著作《宝石》（*Lapidarium*）问世。这是第一本用罗曼语写成的科学著作，其中详述了 360 种石材的特性及药理学作用。

1254 年

阿尔伯特·马格诺（Alberto to Magno）完成了《论矿物》（*De mineralibus*）一书，书中总结了当时所有与炼金术相关的知识。

1260 年

大阿尔伯特·马格诺（Alberto to Magno）发现了砷和硝酸银。

1267 年

罗杰·培根公布了自己所做的火药实验的成果。

1310 年

普苏多·格伯（Pseudo-Geber）认为所有金属都是由硫和汞以不同的比例构成的。

约 1400 年

第一批玻璃蒸馏器问世。

1530 年

巴拉赛尔苏斯创立化学医学派。

1540 年

关于无机化学、矿物学和冶金学的最重要的著作之一——巴诺乔·比林格塞奥（Vannoccio Biringuccio）所著的《火焰学》（*De la* 书被认为是世界上第一本系统论述化学的著作。

1614 年

伊萨克·卡苏朋（Isaac Casaubon）发现，三重伟大的赫尔墨斯的作品的完成时间在公元 4 世纪，并不像人们以为的那样年代久远。

1615 年

让·贝金（Jean Beguin）的作品《酪霉菌》（*Tyrocinium Chymicum*）出版，书中出现了史上第一个化学方程式。

1648 年

气体化学（pneumatic chemistry）的创始人、炼金术士让·巴蒂斯特·范·海尔蒙特（Jean Baptiste van Helmont）的作品《医学的源头》（*Ortus Medicinae*）在他逝世后出版。书中第一次对质量守恒定律进行了解释，也第一次出现“气体”（gas）一词。

Brand）通过蒸馏尿液的方式，从残留物中分离出了磷。

1692 年

艾萨克·牛顿出版《普通化学》（De natura acidorum），这是他唯一的化学著作。

1754 年

约瑟夫·布莱克分离了二氧化碳。

1757 年

路易斯·克劳德·卡代·德·加西考特（Louis Claude Cadet de Gassicourt）制得了“卡代氏发烟液体”（Cadet's fuming liquid），它被认为是第一种合成的有机金属化合物。

1760 年

约瑟夫·布莱克提出“潜热”和“比热”两个概念。

1766 年

1778 年

拉瓦锡为氧元素命名，并证实了氧在燃烧中的作用。

1787 年

拉瓦锡与他人共同发表了《化学命名法》（*Mé thode de nomenclature chimique*）。这是第一个现代化学命名体系。

1789 年

拉瓦锡的《化学基本论述》（*Trait é Él é mentaire de Chimie*）标志着现代化学的到来。

1797 年

约瑟夫·普劳斯特（Joseph Proust）提出“定比定律”（Law of Definite Composition or Proportion）。

1800 年

亚历山德罗·伏特发明了伏打电池（voltaic pile）。

1801 年

约翰·道尔顿提出道尔顿分压定律，该定律描述了混合气体各成分之间的关系。

1805 年

约瑟夫·路易·盖—吕萨克和亚历山大·冯·洪堡发现水是由两个体积的氢和一个体积的氧组成的。

1807 年

汉弗莱·戴维发现了电解过程，并凭借该方法发现了几种新元素。

1808 年

约翰·道尔顿提出道尔顿原子结构模型。

1811 年

阿莫迪欧·阿伏伽德罗（Amedeo Avogadro）提出阿伏伽德罗定律，揭示了气体体积和分子数间的关系。

1817 年

皮埃尔·约瑟夫·佩尔蒂埃（Pierre Joseph Pelletier）和约瑟夫·卡旺图（Joseph Caventou）分离出了叶绿素。

1820 年

汉斯·奥斯特发现电流附近的指南针指向会发生偏离，从此电磁学诞生了。

1825 年

弗里德里希·沃勒（Friedrich Wöhler）和尤斯图斯·冯·李比希（Justus von Liebig）推断，同分异构现象（isomery）是由于分子中原子的分布不同所致。

1827 年

威廉·普鲁特（William Prout）将生物分子分为碳水化合物、蛋白质和脂质。

1834 年

迈克尔·法拉第发现电解定律（即法拉第定律）。

1840 年

吉尔曼·盖斯（Germain Hess）提出能量守恒定律的初步设想。

1847 年

赫尔曼·科尔贝（Hermann Kolbe）从无机物中获得了乙酸。

1848 年

开尔文（Kelvin）勋爵创立“绝对零度”概念。

1849 年

路易斯·巴斯德（Louis Pasteur）发现，合成酒石酸是一种外消旋混合物（外消旋体，racemate）。

1852 年

爱德华·弗兰克兰（Edward Frankland）创立了“价”（valence）和“链”（chain）两个概念。

1856 年

威廉·亨利·柏金（William Henry Perkin）合成了第一种人工色素苯胺紫（Mauveine，又称“柏金紫”或“紫色苯胺”）。

1857 年

奥古斯特·凯库勒（August Kekul é）提出碳有 4 个不同的化学键（碳四价）。

1859—1860 年

罗伯特·本生（Robert Bunsen）和古斯塔夫·基尔霍夫（Gustav Kirchhoff）创立了光谱学，目的是对化学物质进行分析和分离。

1860 年

斯坦尼斯劳·坎尼扎罗（Stanislao Cannizzaro）编写出一张原子量表。

1861 年

欧内斯特·索尔维（Ernest Solvay）研制出一种廉价的生产碳酸钠的方法，该方法获得了专利。

1862 年

亚历山大—埃米尔·贝古耶·德·尚古图斯(Alexandre-Emile Béguyer de Chancourtois)发表了第一个三维版本的元素周期表。

1864 年

约翰·纽兰兹（John Newlands）提出了元素八音律，即根据原子量对元素进行分类。

1864 年

朱丽斯·罗塔尔·迈耶尔（Julius Lothar Meyer）发布了元素周期表，表中含有 28 种元素。

1864 年

卡托·马克西利安·古德贝格（Cato Maximilian Guldberg）和彼得·瓦格（Peter Waage）提出了质量作用定律（law of mass action）。

1865 年

奥古斯特·凯库勒提出苯为环状结构，他认为该结构中单键和双键交替存在。

1867 年

阿尔弗雷德·诺贝尔发明的炸药（硝化甘油）获得了专利。

1869 年

德米特里·伊万诺维奇·门捷列夫发布了首版现代元素周期表，其中包含 66 种元素，它们按照原子量的顺序排列。

1873 年

雅各布斯·亨里克斯·范托夫（Jacobus Henricus van’t Hoff）和约瑟夫·安歇尔·勒贝尔（Joseph Achille Le Bel）建立了化学键合模型。

1876 年

约西亚·威拉德·吉布斯（Josiah Willard Gibbs）阐明了“自由能”（free energy）的概念（一般称为“吉布斯自由能”），这个概念对化学平衡的基础做了解释。

1877 年

路德维希·玻尔兹曼（Ludwig Boltzmann）用统计法推得了许多物理概念和化学概念，如“熵”（entropy）的概念。

1883 年

斯凡特·阿伦尼乌斯（Svante Arrhenius）发展出一种离子理论（阿伦尼乌斯理论），用以解释电解质的电导率。

1884 年

赫尔曼·埃米尔·费歇尔（Hermann Emil Fischer）重建了嘌呤的化学结构，并开始研究葡萄糖的化学性质。

1886 年

尤金·戈德斯坦（Eugene Goldstein）将阴极射线和阳极射线命名为“隧道射线（canal ray）。

1894—1898 年

威廉·拉姆齐发现了稀有气体。

1897 年

约瑟夫·约翰·汤姆森借助阴极射线管发现了电子。

1897 年

费利克斯·霍夫曼（Felix Hoffmann）合成了稳定的乙酰水杨酸（即阿司匹林）。

约 1900 年

欧内斯特·卢瑟福发现放射性是由于原子的分解产生的。

1907 年

利奥·贝克兰德（Leo Baekeland）生产出了“贝克莱特”（baquelite，即电木）——第一种合成树脂。

1909 年

瑟伦·索任生（Søren Sørensen）提出用 pH 值来衡量物质的酸碱度。

1911 年

欧内斯特·卢瑟福、汉斯·威廉·盖格（Hans Wilhelm Geiger）和欧内斯特·马斯登（Ernest Marsden）证明了原子核模型的有效性。

1912 年

彼得·德拜（Peter Debye）阐述了“分子偶极子”（molecular dipole）（偶极矩，dipole moment）的概念。

1913 年

尼尔斯·玻尔提出了一个原子模型，该模型预见了电子的定义明确（稳定）的轨道。

1913 年

亨利·莫塞莱提出了“原子序数”的概念。

1913 年

弗雷德里克·索迪（Frederick Soddy）提出了“同位素”的概念。

1916 年

吉尔伯特·路易斯提出了“价键”（valence-bond）的概念。

1923 年

吉尔伯特·路易斯根据酸碱交换电子对的能力来对它们进行分类（电子对理论）。

1923 年

乔纳斯·尼克劳斯·布朗斯特（Johannes Nicolaus Brønsted）和托马斯·马丁·劳里（Thomas Martin Lowry）根据交换 H+ 离子的可能性来定义酸和碱（布朗斯特—劳里酸碱理论）。

1924 年

路易·德布罗意（Louis de Broglie）提出了原子结构的波动模型。

1926 年

欧文·施罗丁格提出了施罗丁格方程式。

1927 年

沃纳·海森伯格（Werner Heisenberg）陈述了不确定性原理。

1932 年

詹姆斯·查德威克（James Chadwick）发现了中子。

1938 年

奥托·哈恩发现了铀和钍的核裂变过程。

1949 年

威拉德·弗兰克·利比（Willard Frank Libby）设计出放射性碳定年法（Carbon-14 dating，又称“碳 -14 年代测定法”）。

1953 年

詹姆斯·杜威·沃森（James Dewey Watson）和弗朗西斯·克里克（Francis Crick）发现了 DNA 的双螺旋结构。

1953 年

居里奥·纳塔合成出等规聚合物和间规聚合物。

1960 年

西奥多·哈罗德·梅曼（Theodore Harold Maiman）制造出第一台激光器。

1974 年

马里奥·莫利纳（Mario Molina）和弗兰克·舍伍德·罗兰（Frank Sherwood Rowland）发出氯氟碳化合物（Chlorofluorocarbons）会破坏臭氧层的警告。

1983 年

凯利·穆利斯（Kary Mullis）以极小的初始量制造出了大量 DNA。

1985 年

亚历克·杰弗里斯（Alec Jeffreys）发现了识别 DNA 基因组印迹的方法。

1995 年

埃里克·阿林·康奈尔和卡尔·威曼首次合成出玻色—爱因斯坦凝聚。

2001 年

克雷格·温特（Craig Venter）和弗朗西斯·科林斯（Francis Collins）对人类基因组进行了测序。